教育部"一村一名大学生计划"教材

# 森 林 培 育
## （第2版）

主编　贾黎明　郭素娟

国家开放大学出版社·北京

图书在版编目（CIP）数据

森林培育/贾黎明，郭素娟主编．—2版．—北京：国家开放大学出版社，2021.1（2022.1重印）
教育部"一村一名大学生计划"教材
ISBN 978-7-304-10755-0

Ⅰ.①森… Ⅱ.①贾…②郭… Ⅲ.①森林抚育-开放教育-教材 Ⅳ.①S753

中国版本图书馆CIP数据核字（2021）第040985号

版权所有，翻印必究。

教育部"一村一名大学生计划"教材

森林培育（第2版）
SENLIN PEIYU
主编　贾黎明　郭素娟

| | |
|---|---|
| 出版·发行：国家开放大学出版社 | |
| 电话：营销中心 010-68180820 | 总编室 010-68182524 |
| 网址：http://www.crtvup.com.cn | |
| 地址：北京市海淀区西四环中路45号 | 邮编：100039 |
| 经销：新华书店北京发行所 | |

| | |
|---|---|
| 策划编辑：王　普 | 版式设计：何智杰 |
| 责任编辑：王　普 | 责任校对：张　娜 |
| 责任印制：武　鹏　马　严 | |

印刷：三河市吉祥印务有限公司
版本：2021年1月第2版　　　2022年1月第2次印刷
开本：787mm×1092mm　1/16　　　印张：13.75　字数：307千字

书号：ISBN 978-7-304-10755-0
定价：31.00元

（如有缺页或倒装，本社负责退换）
意见及建议：OUCP_KFJY@ouchn.edu.cn

# 序

"一村一名大学生计划"是由教育部组织、中央广播电视大学①实施的面向农业、面向农村、面向农民的远程高等教育试验。令人高兴的是计划已开始启动，围绕这一计划的系列教材也已编撰，其中的《种植业基础》等一批教材已付梓。这对整个计划具有标志性意义，我表示热烈的祝贺。

党的十六大报告提出全面建设小康社会的奋斗目标。其中，统筹城乡经济社会发展，建设现代农业，发展农村经济，增加农民收入，是全面建设小康社会的一项重大任务。而要完成这项重大任务，需要科学的发展观，需要坚持实施科教兴国战略和可持续发展战略。随着年初《中共中央国务院关于促进农民增加收入若干政策的意见》正式公布，昭示着我国农业经济和农村社会又处于一个新的发展阶段。在这种时机面前，如何把农村丰富的人力资源转化为雄厚的人才资源，以适应和加速农业经济和农村社会的新发展，是时代提出的要求，也是一切教育机构和各类学校责无旁贷的历史使命。

中央广播电视大学长期以来坚持面向地方、面向基层、面向农村、面向边远和民族地区，开展多层次、多规格、多功能、多形式办学，培养了大量实用人才，包括农村各类实用人才。现在又承担起教育部"一村一名大学生计划"的实施任务，探索利用现代远程开放教育手段将高等教育资源送到乡村的人才培养模式，为农民提供"学得到、用得好"的实用技术，为农村培养"用得上、留得住"的实用人才，使这些人才能成为农业科学技术应用、农村社会经济发展、农民发家致富创业的带头人。如果这一预期目标能得以逐步实现，就为把高等教育引入农业、农村和农民之中开辟了新途径，展示了新前景，作出了新贡献。

"一村一名大学生计划"系列教材，紧随着《种植业基础》等一批教材出版之后，将会有诸如政策法规、行政管理、经济管理、环境保护、土地规划、小城镇建设、动物生产等门类的三十种教材于九月一日开学前陆续出齐。由于自己学习的专业所限，对农业生产知之甚少，对手头的《种植业基础》等教材，无法在短时间内精心研读，自然不敢妄加评论。但翻阅之余，发现这几种教材文字阐述条理清晰，专业理论深入浅出。此外，这套教材以学习包的形式，配置了精心编制的课程

---

① 编辑注：2012年中央广播电视大学更名为国家开放大学。

学习指南、课程作业、复习提纲，配备了精致的音像光盘，足见老师和编辑人员的认真态度、巧妙匠心和创新精神。

在"一村一名大学生计划"的第一批教材付梓和系列教材将陆续出版之际，我十分高兴应中央广播电视大学之约，写了上述几段文字，表示对具体实施计划的学校、老师、编辑人员的衷心感谢，也寄托我对实施计划成功的期望。

教育部副部长 吴启迪

2004 年 6 月 30 日

# 目 录

绪论 ·············································································································· 1

## 第一章 种子生产 ························································································· 3
第一节 林木结实 ························································································ 3
第二节 林木良种生产基地及其经营 ································································ 7
第三节 种实采集和调制 ············································································· 13
第四节 种实贮藏 ······················································································ 19
第五节 林木种子品质检验 ·········································································· 23
第六节 林木种子休眠与催芽 ······································································· 30

## 第二章 苗木培育 ························································································ 35
第一节 苗圃土壤耕作、施肥和轮作 ······························································ 35
第二节 播种苗培育 ··················································································· 43
第三节 营养繁殖苗培育 ············································································· 53
第四节 移植苗培育 ··················································································· 65
第五节 苗木调查、质量评价和出圃及贮运 ····················································· 66
第六节 容器育苗与温室育苗 ······································································· 69

## 第三章 森林营造 ························································································ 77
第一节 森林营造概述 ················································································ 77
第二节 造林地与树种选择 ·········································································· 82
第三节 林分密度和种植点配置 ···································································· 94
第四节 人工林树种组成 ··········································································· 104
第五节 造林地整地 ················································································· 113
第六节 造林方法和技术 ··········································································· 120
第七节 人工幼林的抚育管理 ····································································· 127
第八节 造林规划设计和造林检查验收 ························································· 129

## 第四章　森林抚育 134

第一节　森林抚育概述 134
第二节　林地抚育 135
第三节　抚育采伐 138
第四节　人工修枝 147
第五节　林分改造 149

## 第五章　森林主伐与更新 156

第一节　森林主伐与更新概述 156
第二节　皆伐与更新 157
第三节　渐伐与更新 161
第四节　择伐与更新 164

## 教学实验 168

林木种子品质检验 168

## 教学实习 191

Ⅰ.苗圃教学实习 191
Ⅱ.森林营造教学实习 201
Ⅲ.森林经营教学实习 210

## 参考文献 213

# 绪　　论

> **学习目标**
>
> 重点掌握：森林培育的概念与内涵。
> 掌握：我国森林培育工作取得的成就与存在的问题。
> 了解：我国的森林资源。

森林是陆地生态系统的主体，在维护整个地球的生态环境中起着极其重要的作用。全世界普遍关心的气候变暖、生态环境恶化、生物多样性锐减等环境问题，都和森林有着密切的关系。我国是一个拥有14亿人口的发展中大国，也是一个缺林少绿的国家。森林资源总量相对不足、质量不高，水土流失严重，土地沙漠化等生态环境问题还比较突出。这些问题的解决，在很大程度上与森林培育有关。发展森林和保护森林是关系生态文明建设、人类生存与发展的大事，在可持续发展中具有不可替代的作用。

## 一、我国的森林资源

我国幅员辽阔，气候多样，森林资源丰富。据第九次（2014—2018年）全国森林资源清查，全国森林面积$2.20 \times 10^8$ $hm^2$，森林覆盖率22.96%。除港、澳、台地区外，全国林地总面积$3.24 \times 10^8$ $hm^2$，活立木总蓄积$1.90 \times 10^{10}$ $m^3$，森林蓄积$1.76 \times 10^{10}$ $m^3$。全国森林植被总生物量183.64亿t，总碳储量89.80亿t。天然林面积$1.39 \times 10^8$ $hm^2$，天然林蓄积$1.37 \times 10^{10}$ $m^3$；人工林面积$7.95 \times 10^7$ $hm^2$，人工林蓄积$3.39 \times 10^9$ $m^3$，人工林面积继续保持世界首位。

## 二、我国森林培育工作取得的成就与存在的问题

中华人民共和国成立70多年来，森林培育工作取得了举世瞩目的成就。目前，人工林面积位列世界首位，森林面积位居世界第五位，森林蓄积量位居世界第六位。自20世纪80年代末以来，我国森林面积和森林蓄积连续30年保持"双增长"，成为全球森林资源增长最多的国家，初步形成了国有林以公益林为主、集体林以商品林为主、木材供给以人工林为主的格局，森林资源步入了良性发展的轨道。

虽然我国森林资源建设取得了很大的成就，但问题依然比较突出，我国还是一个缺林少绿的国家，森林资源总量相对不足、质量不高、分布不均，森林生态系统功能脆弱的状况未得到根本改变。目前，我国森林资源覆盖率22.96%，低于全球30.7%的平均水平；人均森林面积$0.16$ $hm^2$，不足世界人均森林面积$0.55$ $hm^2$的1/3；人均森林蓄积$12.35$ $m^3$，仅为

世界人均森林蓄积75.65 m$^3$的1/6；森林每公顷蓄积94.83 m$^3$，只有世界森林蓄积平均水平130.7 m$^3$的72%。陕西、甘肃、青海、宁夏、新疆等的土地面积占国土面积的32%，森林覆盖率仅为8.73%，森林资源十分稀少。

### 三、森林培育学的概念与内涵

森林培育是从林木种子、苗木、造林更新到林木成林、成熟和收获更新的整个过程中，按既定培育目标和客观自然规律所进行的综合培育活动，它是森林经营活动的主要组成部分和不可或缺的基础环节。森林培育学是研究森林培育的理论和实践的学科，是林学主要的二级学科。

森林培育既然是涉及森林培育全过程的理论和实践的学科，它的内容就应该包括森林培育全过程的理论问题，如森林立地和树种选择、森林结构及其培育、森林生长发育及其调控等基本理论问题；也包括全培育过程各个工序的技术问题，如林木种子生产和经营、苗木培育、森林营造、森林抚育及改造、森林主伐更新等。森林培育可按林种区别设定不同的培育目标，技术体系应与培育目标相适应。一些特定林种的培育学科，由于事业发展需要和培育特点明显，已陆续独立为单独的课程，如经济林学、防护林学等，它们统属于森林培育学科群。

森林培育一般把树木为主体的生物群落作为生产经营对象，它的活动必须建立在生物群落与生态环境相协调统一的基础上。因此，对以树木为主体的生物体及其群落的本质和系统的认识，以及对生态环境本质和系统的认识，是森林培育必需的基础知识。植物学、植物生理学、遗传学、群落学、植物病理学、昆虫学等学科为代表的生命科学，以及以气象学、土壤学、水文学、地质学等学科为代表的环境科学，是为森林培育提供基础理论和知识的主要源泉。

森林培育在本质上是一门栽培学科，与作物栽培学、果树栽培学、花卉栽培学等处于同等地位。与其他学科的不同之处是森林培育的对象（林木）种类多、体积大、培育周期长、群体结构复杂、培育方向和集约程度分异等。

# 第一章 种子生产

> **学习目标**
>
> 重点掌握：林木结实周期性的成因及控制途径；影响林木种子产量和品质的主要因子；种实调制；影响种子生活力的内因和环境因子；种子贮藏方法；种子物理性状；种子发芽能力；种子休眠；催芽。
>
> 掌握：林木开花结实的习性；林木开始结实年龄；我国林木良种生产基地建设主要形式；种实采集；种子生活力和优良度。
>
> 了解：我国林木种子区区划及种子调拨；种子寿命；种子样品抽样技术。

## 第一节 林木结实

### 一、林木开花结实的习性

林木属于种子植物，经过开花、传粉和授精、胚的发育，最后产生种子，利用种子繁衍后代。林木又是多年生多次结实的植物，从种子萌发开始到植株衰老死亡，大体上经历幼年期、青年期、壮年期和老年期。但林木必须达到一定年龄和发育阶段，并经过适当光照周期和季节性温度变化，林木顶端分生组织才能接受花诱导，并朝着成花方面发展而出现花原基时，才有开花能力。

林木进入开花结实阶段，每年形成的顶端分生组织，开始时不分叶芽与花芽，到了一定时期，它的芽要分化成叶芽和花芽，这一过程称为花芽分化。花芽分化一般认为是特殊的成花激素的作用。花芽形成是由林木本身内部因素与外界环境因素的相互作用所诱导的。

多数树种的花芽分化是在开花前一年夏季到秋季之间进行的。例如，泡桐在7月前后开始花芽分化，杉木的雄球花与雌球花6月开始分化。但也有树种在春季进行花芽分化，如油茶在4月。有的树种每年多次花芽分化、多次开花，如柠檬桉和八角，一年有2次。

林木开花习性因树种而不同。有些树种是两性花，如刺槐、泡桐、油茶等；多数树种是单性花，如松科、杉科、壳斗科（栎属植物）、胡桃科、桦木科等树种；有些树种是雌雄异株，如杨属、槭属的各类树种以及水曲柳等。针叶树一般在春季开花；阔叶树的种类多，从全国来说，在春、夏、秋三季都有开花树种；南方的常绿阔叶树种，如油茶和茶树等在秋、冬开花。

## 二、林木开始结实年龄

林木幼年期不能接受花诱导，只有进入青年期才开始开花结实，而幼年期长短因树种不同而不同。一般喜光、速生的阳性树种幼年期较短，开始结实早；耐阴的、生长缓慢的树种幼年期较长，开始结实晚。如桉、油桐的幼年期为3~6年，杉木的幼年期为6~8年，华北落叶松的幼年期约14年，而银杏的幼年期为20年左右，冷杉、云杉的幼年期更长，为50~60年。灌木开始结实早，如紫穗槐和荆条等一般是2~3年开始结实。我国主要造林树种开始结实年龄见表1-1。

表1-1 我国主要造林树种开始结实年龄

| 树种 | 开始结实年龄/年 | 地区 | 树种 | 开始结实年龄/年 | 地区 |
|---|---|---|---|---|---|
| 红松 | 80~140 | 小兴安岭（天然林） | 杨属树种 | 4~6 | 江西（孤立木） |
| 红松 | 20年左右 | 小兴安岭（人工林） | 刺槐 | 4~5 | 华北 |
| 油松 | 7~10 | 山西关帝山 | 板栗 | 5~8 | 华北 |
| 杉木 | 8~12 | 长江中下游（林木） | 核桃 | 6~8 | 内蒙古 |
| 杉木 | 4~8 | 长江中下游（孤立木） | 文冠果 | 3 | 华北 |
| 马尾松 | 10~20 | 长江中下游（林木） | 紫穗槐、胡枝子 | 2~3 | 华北 |
| 马尾松 | 5~8 | 长江中下游（孤立木） | 柠条锦鸡儿 | 1~2 | 西北 |

环境条件、林木起源及生长发育状况等条件的改变，也会造成同一树种开始结实年龄的不同。林木在气候土壤条件好的情况下，开始结实早；孤立木比林内树木结实早；人工林比天然林结实早；用营养繁殖法营造的林分比实生林结实早；生长健壮的林木比生长差的结实早。

尽管林木开始结实的年龄存在差异，但通过改善营养条件和光照条件，可促进林木提早结实。

某些特殊情况（如土壤贫瘠、干旱、病虫害、火灾等）的影响，也会造成林木过早结实。这是其营养生长受到强烈抑制，个体早衰的结果，属不正常现象。

## 三、林木结实周期性的成因及控制途径

已经开始结实的林木，每年结实的数量不一样，有的年份结实多，有的年份结实少。结实多的年份称为大年（种子年或丰年）；结实少的年份称为小年（歉年）；结实量中等的年份称为中年。林木结实丰年和歉年交替出现的现象称为林木结实周期性。而两个丰年之间的间隔年数称为间隔期。

间隔期的长短，因树种或环境条件不同而异。如杨属、柳属、榆属、桉属等树种丰歉年

不明显，各年种子产量比较稳定；马尾松、杉木、刺槐以及泡桐等树种结实间隔期短，一般是1~2年；大多数高寒地带的针叶树种（红松、落叶松、云杉、冷杉等）丰歉现象明显，各年种子产量很不稳定，结实间隔期一般为3~5年（红松3~6年）；灌木（胡枝子、紫穗槐等）结实间隔期不明显，常见林木结实间隔期见表1-2。

表1-2 常见林木结实间隔期

| 树种 | 结实间隔期/年 | 地区 |
| --- | --- | --- |
| 红松 | 3~6 | 黑龙江 |
| 落叶松 | 3~5 | 山西、吉林、黑龙江 |
| 云杉、冷杉 | 3~5，4~5 | 黑龙江、吉林 |
| 油松 | 2~3 | 华北 |
| 水曲柳、黄檗、胡桃楸 | 1~3 | 吉林、黑龙江 |
| 泡桐属树种、油茶 | 1~2 | 江苏、浙江 |
| 杉木、马尾松 | 1~2 | 福建、浙江 |
| 杨属、柳属、榆属、桦木属等各类树种以及刺槐 | 0~1 | 辽宁、华北 |
| 桉 | 0~1 | 福建、广东 |
| 胡枝子、紫穗槐 | 0 | 东北、华北 |

林木出现结实周期性现象的原因较多，一般认为是营养问题，另外还受内源激素和环境因子的影响。

林木体内营养物质的积累达到一定程度后才能形成花。林木在种子丰年年份消耗了大量的营养物质，不仅消耗了当年所合成的营养物质，还消耗了其体内过去所积累的淀粉，因而造成下一年结实所需的营养物质不足，当年的花芽分化不能正常进行。即使花芽进行了分化，数量也少，会造成下年开花结实少，形成歉年。但是当年花芽少又会使叶芽和枝芽的形成增多，使树木个体得到生长，为下一次的大年做物质准备，因而形成了林木结实的丰歉年。

林木体内含有成花激素与抑制激素。成花激素能促进花芽分化，而抑制激素则抑制花芽分化。当成花激素与抑制激素的含量达到平衡状态时，才有利于形成花芽。林木在种子丰年年份，会消耗大量的成花激素，影响花芽的分化和形成。

林木生长受环境条件影响很大，如气候条件好、土壤肥沃，树体营养物质积累快，结实间隔期就会缩短。灾害性天气会扰乱与破坏林木的正常生理功能，从而延缓结实。

实践证明，林木结实的丰歉年现象，并不是不能改变的，只要为林木创造良好的营养条件，实行集约栽培，科学管理，减轻或消除不利影响，就可以缩短甚至消除结实的间隔期，做到常年丰年。

## 四、影响林木种子产量和品质的主要因子

影响林木种子产量和品质的因子很多,归纳起来包括母树条件、土壤条件、气候和天气及生物因子。

### (一) 母树条件

**1. 林木的年龄**

林木结实量与母树年龄有密切关系。母树在正常生长发育的情况下,开始结实时的结实量很少,随着年龄的增长,种子产量逐渐增加,壮年期结实量最多。例如,北京地区的栓皮栎,20~30年生的母树,平均单株产量为0.55 kg;40~60年生的母树,平均单株产量为3.8 kg;80~100年生的母树,平均单株产量为5.3 kg。进入老年期时,林木种子的产量和品质会明显下降。

**2. 林木的生长发育状况**

林木的生长发育状况是其开花结实的基础,生长发育、光照与营养条件良好的林木,开花结实数量多,品质也好。

同一林分,年龄相同的母树,其种子产量与树冠大小有关。发育良好而开阔的树冠,有利于光合作用和营养物质的积累,从而促进开花和结实,提高林木种子的产量和品质。

**3. 郁闭度**

郁闭度直接影响林内光照、温度和林地的营养状况。郁闭度小的林分,林内的光照充足,温度高,土壤微生物活动旺盛,林地的枯落物中矿物质养分释放多,母树营养条件好,树冠大,因此结实量多,种子品质也好。

**4. 传粉条件**

林木的传粉条件对种子的产量和品质有很大影响。林木中有许多树种是单性花,如松科、柏科、杉科的许多树种以及桦木科、壳斗科和胡桃科等的许多阔叶树种。雌花常着生于树冠顶部或枝条顶端,雄花着生于树冠中下部,如果花粉粒轻,容易被风吹扬。另外,雌雄花开放时期不一致,也会造成授粉困难。有些树种如鹅掌楸、刺槐以及泡桐等为两性花;有些树种是雌雄异株,如银杏、杜仲等。

大多数林木都是异花授粉,要在不同植株间相互传粉,受精后发育成有生命力的种子。雌雄同株的孤立木,虽然光照、营养充分,有的结实量多,但其容易形成自花授粉,种子品质差。雌雄异株的孤立木,往往不结实,或产生果实空瘪等现象。

在林分中,雌雄异株的树木中雄株的比例太小或分布不均,以及雌雄同株的树木雄花比例小等,都会影响授粉的效果及种实的数量和品质。

### (二) 土壤条件

土壤条件对林木种子的产量和品质影响很大。一般情况下,在肥沃、湿润、排水良好的土壤上林木结实量多,种子品质也高。在肥力很差的土壤上,林木生长缓慢,结实晚而且结实量小,品质也低。土壤水分含量的多少与林木开花结实也有很大关系。在开花前和果实发

育期，水分供应不足会造成开花少和果实发育不良、种粒不饱满或早期脱落。

在干旱地区，因水分和养分不足，林木生长不正常，常出现提早开花结实现象，种子产量和品质都很低。

恰当的人为措施，如细致整地、增施肥料、中耕除草、间种绿肥和合理灌溉等，可以改良土壤，提高土壤肥力，促进林木生长发育，提高种子产量和品质。

### （三）气候和天气

1. 温度

温度对林木开花结实有重要影响。气候温暖的地区，林木生长期较长，积累营养物质的时间长，营养物质积累得多，种子的产量高、品质好。这些地区若温度比历年平均温度高，则林木开花结实多，会出现丰年；相反，则结实少，会出现歉年。在高纬度和高海拔地区，温度低，不利于林木生长，更不利于花芽的分化和形成。气温还影响林木结实间隔期，如麻栎在温暖地区几乎每年的结实量都很大，但越向北推移，结实间隔期越明显。

2. 光照

林木结实必须有充足的光照，光照的强弱影响温度的高低，也影响林木的光合作用及营养物质的积累，从而影响其开花结实的早晚和种子的产量与品质。另外，光周期即昼夜长短，对林木开花很重要。需长日照的树种，如红松、樟子松、白桦等，适宜在高纬度地区培育，若是在短日照的地区，其虽能生长却不能开花。

3. 湿度

林木开花后，花粉的传播主要靠风和昆虫来完成。若在开花期间连续下雨，雨水会冲走花粉，并且湿度大、气温低会影响风媒花传粉；另外，低温多雨会限制昆虫活动，使虫媒花授粉困难。这些都会影响种子的产量和品质。

4. 各种灾害性因子

大风、冰雹、病虫害等灾害性因子对林木开花结实也会造成一定影响。风有利于花粉的传播，但是大风会导致落花落果。林木在开花和果实生长期间，若遭到冰雹、病虫害等灾害性因子的袭击，种子的产量和品质会严重受影响。

### （四）生物因子

林木的果实在生长发育过程中常常遭受各种病、虫、鸟、兽的为害，使种子减产，有时也会使种子品质下降。例如，壳斗科栎属植物类果实常遭象鼻虫的为害，针叶树的球果常被鸟啄食和鼠啃食，桦木科树木的果实常受真菌的为害，从而导致种子产量大大降低。

## 第二节　林木良种生产基地及其经营

林木种子是绝大多数树种繁殖后代的主要材料，是森林培育的重要基础物质。种子品质的好坏，直接关系到造林绿化的速度和质量。劣质种子，不但会影响造林的成效，而且会影响林木的速生、丰产和增强林木的抗逆性、适应性。良种是经过遗传改良，具有优良性状

（速生、丰产、抗性强、适应性强）的品种。良种的使用，有利于加快造林绿化进程，提高森林生产率，使森林发挥其最大效益。因此，建立良种生产基地，以保存和利用林木种质资源，提供品质好、数量多的种子，是逐步实现种子生产专业化、种子品质标准化、造林绿化良种化的目标。

## 一、我国林木良种生产基地建设主要形式

我国林木良种生产基地建设主要有母树林、种子园和采穗圃三种形式。具体到每个树种采用哪种形式为主，要根据树种改良的现实水平、繁殖特性和用种量多少而定。

### （一）母树林的疏伐改建技术

1. 母树林的概念与优点

母树林是在人工林或天然林的优良林分基础上，经过留优去劣的疏伐改造，为生产品质较好的林木种子而建立的采种林分。母树林又称种子林、采种母树林。

母树林是良种生产的初级形式，具有以下优点：

（1）从营建到投产，时间短，结实早。

（2）种子的遗传品质和播种品质得到一定的改善，种子产量高。

（3）面积集中，便于管理和采集种子。

（4）技术简单，投资少。

2. 母树林的林分选择

拟改建成母树林的林分，必须是地理起源清楚的优良林分。其主要标志是林木生长迅速而健壮，优良木占优势，伐除劣型和生长衰弱的林木后，林分的疏密度不低于0.6，被保留下来的林木，多数可作为采种母树。母树林一般选择同龄林，如选择异龄林，母树间树龄不能相差太大，林分的平均树龄要根据树种的不同来确定，一般要求林分处于盛果期，速生树种的树龄可适当降低。母树林以纯林为好，如果选择混交林，则目的树种的株数应占50%以上。母树林应选择实生林分。

3. 母树选择

母树林确定后，要对林分内林木的生长状况及其分布状况进行调查，从生长量、干形、树冠结构和冠幅、抗病虫害能力等方面对林分进行评价，性状良好的植株应作为母树选留；生长差、干形弯曲、冠形不整、侧枝粗大、明显受病虫害感染和结实差的植株应去除。

4. 疏伐改建技术

母树林改建的关键技术是疏伐。疏伐可改善光照、水、肥及卫生条件，促进母树生长发育，提高种子产量和品质。

疏伐的原则是留优去劣。雌雄异株树种应保持适当的比例，雄株分布应均匀，以利于授粉。疏伐的强度对母树的生长发育影响较大，要根据树种的特点、郁闭度、林龄和立地条件等确定。第一次疏伐强度可大些，在50%~60%，使林分郁闭度降至0.5左右，保留树冠间距离1~2 m；以后可根据母树生长和开花结实状况隔数年疏伐一次，以提高单位面积的种

子产量。

母树林疏伐改建后，林分郁闭度会突然下降，林地暴露，杂草易滋生，应进行除草松土；为提高种子产量和品质，还应进行合理的水肥管理，以促进母树开花结实；此外，还要加强病虫害及火灾的防治工作。

**（二）种子园的营建和管理技术**

1. 种子园的概念与优点

种子园是由选择的优树无性系或家系建成的、以生产遗传品质和播种品质较高的种子为目的人工林。该林分需与外界花粉隔离，集约经营，以保证种子的优质、高产、稳产。

种子园具有以下优点：

（1）种子遗传品质好。

（2）提供良种快。

（3）面积集中，便于管理，有利于机械化操作。

（4）可促进树体矮化，便于采集种实，降低采种成本。

（5）经济效益显著，投资相对较少。

2. 种子园的分类

种子园有很多种，可按繁殖方式、改良程度进行分类：

（1）按繁殖方式可分为无性系种子园和实生苗种子园。无性系种子园是用优树的枝条通过嫁接或扦插方法建立起来的种子园，是当前种子园的主要形式；实生苗种子园是用优树种子培育实生苗建立起来的种子园。

（2）按改良程度可分为初级种子园和改良种子园。用未经子代测定的优树繁殖材料建立起来的种子园称为初级种子园；用子代优良的优树通过嫁接或扦插方法建立起来的种子园称为改良种子园，改良种子园又可分为去劣疏伐种子园和第一代改良种子园。前者是根据子代测定结果，从初级种子园中淘汰不良无性系后而建成；后者是用子代优良无性系重新建园。

3. 园址选择与规划设计

1）园址选择

每个种子园的供种范围都有一定的区域限制，只有在适宜的区域内利用其提供的良种，才能获得最大增产潜力。种子园应建立在供种区域的中心，以利于种子采收、分配和调拨。

种子园园址应面积集中、交通方便、地势平缓开阔、排水良好、土壤肥沃、接近水源。丘陵山区应选阳光充足的阳坡或半阳坡。园址周围应该与同种其他林分有一定的花粉隔离距离。隔离的有效距离根据各树种花粉传播距离确定，而花粉的传播距离又取决于花粉的构造、地形地势、花期主风方向和风速等因子。一般最好有 200~300 m 以上的隔离带。

种子园的规模应根据供种区域的造林计划和种子需要量，以及对种子园单位面积产量的预测确定，并为进一步发展和调整种子园留一定余地。

2）规划设计

种子园内为管理和无性系配置方便应划分经营大区和配置小区。经营大区的面积由管理程度和地形等因素决定，一般在 3~10 hm²；配置小区根据无性系配置方式、无性系数量、内容和定植时间划分，常在 0.3~1 hm²，小区内各无性系植株可有一定重复。

种子园无性系数量应根据种子园的规模，并考虑减少近亲繁殖和初级种子园的去劣疏伐而确定。10~30 hm² 的初级种子园要有 50~100 个无性系；大于 30 hm² 的要有 100~200 个无性系；改良种子园为初级种子园的 1/3~1/2；实生苗种子园的家系数量应多于无性系种子园的无性系数量。

4. 无性系种子园的营建技术

无性系种子园的营建技术环节包括栽植密度的确定、无性系间的配置、繁殖材料的准备等。

1）栽植密度的确定

栽植密度因树种特性、立地条件及种子园类型的不同而定。一般情况下，速生树种、立地条件好、改良种子园、无性系数量少时，栽植密度小；而慢生树种、立地条件差、初级种子园、无性系数量多时，栽植密度大。

2）无性系间的配置

无性系间的配置是指配置小区内各重复无性系植株间的相对位置。对于初级种子园，无性系间充分自由交配和近交出现概率最小是设计宗旨。同一无性系植株应间隔 3 m 以上，或大于 20 m 的距离，尽量避免各无性系间有固定邻居。常用的配置方式有：重复随机配置、分组随机配置、顺序错位配置等。

3）繁殖材料的准备

砧木的优劣不仅影响嫁接的成活率，而且影响无性系植株的寿命。接穗采集的时期根据嫁接方法而定。嫁接方法详见本书第二章第三节。

5. 无性系种子园的管理技术

加强种子园的管理是促进种子园高产、稳产，提高种子品质的重要措施。与母树林相比，种子园经营管理的集约程度要求更高、更严。其主要内容有土壤管理、树体管理、花粉管理、技术档案管理等。

1）土壤管理

土壤管理可改善土壤的理化性质，调整根系分布和保证养分供应，能有效地提高种子的产量。因此，种子园要及时松土、除草、适当灌溉、合理施肥，为母树的生长和开花结实提供充足的水肥条件。

2）树体管理

树体管理包括培养有利于开花结实的冠形、疏伐和病虫害防治。为了培养良好冠形，应及时去除砧木萌条，进行树干截顶和树体整形修剪；疏伐是改善母树营养状况、促进结实、提高种子产量的重要措施，要根据子代测定的结果、开花结实情况及母树生长状况进行疏伐，一般在树冠即将出现交接时开始疏伐；病虫害防治是保证母树健壮生长和正常结实的重要措施。

3）花粉管理

花粉管理主要是进行人工辅助授粉。用优树或优势木的花粉辅助授粉，可提高种子产量。花期用风力灭火器搅扰园内花粉有显著效果。

4）技术档案管理

技术档案管理对种子园来说很重要，可为今后种子采收及种子园管理提供依据，也是集约经营的一个重要标志。技术档案管理包括建园和生产管理资料，植株生长、结实和子代测定资料。

（三）采穗圃的营建与管理技术

1. 采穗圃的概念与优点

采穗圃是用优树或优良无性系作材料，为生产遗传品质优良的无性繁殖材料（接穗或插穗）而建立起来的良种繁育基地。采穗圃分为初级采穗圃和高级采穗圃。前者是用从未经测定的优树上采集的繁殖材料建立起来的，而后者是用从经过测定的优良无性系或优良品种上采集的繁殖材料建立起来的。高级采穗圃比初级采穗圃更具插穗产量高、品质好、成本低、管理方便等优点。

2. 采穗圃的建立

由于采穗圃是为造林和育苗提供种条（遗传品质优良的枝条、接穗和根段）的场所，所以它一般建在固定苗圃内。采穗圃面积可根据造林和育苗任务，以及单位面积提供的种条数量决定，一般为育苗面积的1/10左右。为了管理方便，采穗圃用地应按品种或无性系分区。采条母树的株、行距以利于种条生产和管理为准，但因树种不同而异。

为提高种条的产量和品质，采穗圃采条母树的树形培养很重要。根据不同树种的生长特点，树形的培养也有所不同。一般培养成灌丛式树形（图1-1），以提供更多更好的种条。针叶树类在扦插繁殖中具有明显的年龄效应，因此多将其采条母树培养成篱笆式树形，目的是控制树体的高生长，以获得保持幼嫩状态的种条，从而提高扦插生根率。

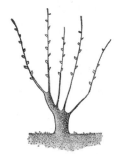

图1-1 灌丛式采条母树树形

3. 采穗圃的管理

采穗圃的管理包括土壤管理、采条母树的树体管理、档案管理等。土壤管理同一般苗圃管理。采条母树的树体管理有树体的整形修剪、平茬、抹芽及复壮。一般采穗圃连续采条5年以后，随着土壤肥力的降低和根桩年龄的增加，出现长势衰退、病虫害加重的现象，从而影响种条的产量和品质。为了恢复树势，可在秋末冬初或早春地表化冻前平茬复壮，如果采穗母树失去培养前途，应该重新建立采穗圃并更新轮作，但为了不影响种条产量，要分次进行。建圃后要及时建立各项技术档案，为不断总结经验，提高经营管理水平奠定基础，应记载采穗圃的基本情况、优树名称和来源、采取的经营管理措施、产量和品质变化情况等内容。

## 二、我国林木种子区区划及种子调拨

### （一）林木种子区区划的意义

种源是指某一批种子的产地及其立地条件。不同种源的种子，在同一地区造林，其成活率、生长量、木材性质及林分稳定性等都有很大差异。造林必须做到适地、适树、适种源，只有这样，才能保证造林成活、成材，并最大限度地发挥林地的生产力。因此，必须进行林木种子区区划。

进行种子区区划，是为了使造林用种来源可靠，并有明确的记载。有了明确的种子区，在造林时，才能找到最佳种源，避免随便采用一个种源的种子，造成林木生长不良，甚至造林失败。

### （二）林木种子区区划的方式

林木种子区区划的方式有两种：一种是不分树种，统一区划，就是在全国或一个地区内划分出各树种统一适用的种子区；另一种是分树种进行区划，就是每个树种在全国或一个地区单独划种子区。就每个树种而言，种子区区划的基本单位为种子区。对于分布很广、林木生长趋势和稳定性又基本一致的较大范围，也可以划分种子大区。

### （三）种子调拨

1. 种子调拨的理论基础

同一树种，在不同外界环境条件的长期作用下，可形成遗传上有差异的生态型。树木的生态型可分为气候生态型和土壤生态型。只有在适宜的气候、土壤条件下，树木才能正常生长。把种子调拨到与原产地气候、土壤条件相差太大的地区造林，会导致造林失败。

同一树种在不同环境条件的长期影响下，形成了适应各自气候、土壤条件的特性。例如，同一树种，生长在温暖地区，其林分生长速度快，结实早，种子产量较高，品质也好；生长在寒冷地区，其林分结实较晚，种子的产量和品质都与上述相反，但寿命较长。用温暖地区生长的松树种子在寒冷地区育苗造林，其林木对严寒很敏感，低温会造成死亡率大、树干弯曲、生长不正常、木材利用价值低的后果。

树木生态特性的差异，与其所处的地理位置有直接关系，如水平分布（纬度）、垂直分布（海拔高度）等，因此，生态型与地理型难以截然分开。

2. 种子调拨的原则

为了科学合理地使用种子，在种子调拨时应遵循以下原则：

（1）要在种子区内调拨种子，选择最适种源区。

（2）若没有最适种源区，也要在造林地附近地区调拨种子；若在造林地附近地区无适宜种源区，则要选择气候条件和土壤条件与造林地相同或相似的地区，尽可能减小差异。

（3）在我国自然条件下，种子由北向南和由西向东调拨的范围比相反的方向大。

（4）地势高低对气候影响很大，垂直调拨种子时，从高海拔向低海拔调拨范围比相反方向大，一般不超过300~500 m。

（5）采用外来种源时，最好先进行种源试验，试验成功后才能大量调进种子。

## 第三节　种实采集和调制

### 一、种实采集

种实采集的关键是适时。采种期确定有误，会影响种子的产量和品质。因此，正确地确定适宜采种期是至关重要的。准确判别种实的成熟期，并了解其脱落特点，是确定采种期的关键。

#### （一）种实的成熟

当种胚成长发育出胚根、胚芽、子叶、胚轴等部分，具有发芽能力时，种子即为成熟。种子的成熟包括两个过程，一般先经过生理成熟，而后进入形态成熟，但也有少数树种（如银杏）例外。

1. 生理成熟

种胚发育到具有发芽能力时，称为生理成熟。生理成熟时种子的特点是：含水量高，种子内部的营养物质处于易溶状态，种皮不致密，保护组织不健全，因而不易防止水分的散失，内部易溶物质也容易渗出种皮，易感染病、失去生命力，因此不耐贮藏。

2. 形态成熟

果实具有成熟时的正常大小和颜色，种皮坚硬致密，种子含水量较低，内部营养物质转化为难溶状态，称为形态成熟。此时种子本身的质量不再增加或增加很少，呼吸作用很弱，抗性增强，耐贮藏。因此，对于一般树种的种子，应在形态成熟时进行采种。

3. 生理后熟

有的树种生理成熟和形态成熟的时间几乎一致，如杨属、柳属等树种。但绝大多数树种的种子是先生理成熟，隔一定时间才能达到形态成熟，如松科、柏科以及豆科槐属等树种。还有少数树种，如银杏、水曲柳、白蜡树、红豆杉、冬青等树种的种实，虽然在形态上已呈现成熟的特征，但种胚还未发育完全，只有采收后经过层积处理（详见本章第六节种子休眠与催芽），种胚才逐渐伸长至正常的大小而具有发芽能力，这种现象称为生理后熟。

4. 影响种实成熟的因素

种实的成熟期因树种不同而异。例如，杨属、柳属等树种在春季成熟；黑荆、桑等在初夏成熟；相思树、檫木等在夏末成熟；松科、柏科、杉科等大部分树种在秋末或冬初成熟；苦楝、女贞、樟、楠木等树种的种实成熟期在冬季。

同一树种因生长地区的地理位置不同，种实成熟期也有差别。例如，杉木在华中地区10月上、中旬即开始成熟，而在福建、广东、广西11月才开始成熟。

同一树种，虽处同一地区，但因所处地形、地势及环境条件不同，成熟期也不同。生长在阳坡或低海拔地区的树种成熟较早，生长在阴坡或高海拔地区的树种成熟较晚。天气状况对成熟期也有影响。一般气温高、降雨少的年份，种实成熟早；反之则较迟。土壤条件也会影响种实的成熟，如生长在沙土和沙质土壤上的树木比生长在黏重和潮湿土壤上的种实成熟早。甚至同一株树上，树冠上部和向阳面的种子比下部和阴面的种子成熟早。

此外，人类的经营活动也会使林木种实的成熟期提早或推迟，如合理化水肥管理以及改善光照条件，能使成熟期提早。

5. 种实成熟的外部特征

大多数树种的种子在成熟后，果实皮色由绿色变为黄褐色或褐色、黄色等。球果类如油松球果会由绿色变为黄褐色；银杏果实会由绿色变为黄色；荚果类果实会由绿色变为黄褐色，荚皮会由软变硬而紧缩；壳斗科的壳斗会变成黄褐色。在生产上，一般根据种实的外部形态特征可确定采种期。

（二）种实的脱落

果实成熟后，果柄形成离层就会逐渐从树上脱落下来。不同树种果实的脱落方式、持续期和脱落期均不同。

1. 脱落方式

对于针叶树，如杉木、马尾松、柳杉等树种，一般在种子成熟后果鳞开裂，种子脱出；但对于个别树种，如落叶松、雪松、冷杉等树种，果鳞和种子一起脱落；对于阔叶树，如坚果类、肉质果类、翅果类等树种，一般整个果实脱落；对于蒴果类、荚果类等树种，在种子成熟后，果实干裂，种子脱落，但杨属、柳属、桉属、泡桐属等树种的种子连同果皮一起脱落。

2. 脱落的持续期

有些树种（如杨属、柳属、榆属、桦木属等树种）的种实成熟后立即（几小时）散落；桑、黄栌、栓皮栎等树种在种实成熟后经较短时间（几十天）散落；油松、侧柏等树种在种实成熟后经一定时间（几个月）散落；刺槐、紫穗槐、臭椿等树种在种实成熟后经较长一段时间（几个月到几年）才散落。脱落期可分为早期、中期、晚期（初期、盛期、终期）三个阶段，一般早期脱落的种子品质好。因此，采种时间应尽可能提早。

3. 脱落期

多数树种的种实在秋季或初冬季果实成熟后散落。但也有例外，如少数热带松树种实的散落会延长到第二年春季。杨属、柳属、榆属等树种的种实在春季散落。

4. 环境因子对种实脱落的影响

种实脱落除因树种不同而异外，还受环境因子的影响，如温度、光照、降水、空气湿度、风和土壤水分等。一般高温、空气干燥、风速大时，果实失水快，脱落早；反之则晚。

（三）采种期

1. 采种早晚对种子产量和品质的影响

一般，种实在形态成熟时即应采集，采集过早或过晚，对种子的产量和品质均有影响。

（1）种子未充分成熟会严重降低种子品质，种子发芽率低。

（2）形态未成熟的种子，含水率高，不易贮藏，易发生虫害。

(3) 未成熟的种子，在调制时容易发生机械损伤。
(4) 对某些易飞散的种子，采种过晚常采不到或采种数量受影响。
(5) 采种过晚易造成种子遭受鸟、虫害，降低种子品质，并减少种子产量。

2. 确定采种期的原则

(1) 成熟期和脱落期非常相近，种子轻小、有翅或有毛、成熟后易随风飞散的种子，如杨属、柳属、榆属等树种，应在成熟后脱落前采收（春末、夏初成熟）。

(2) 成熟后虽不立即脱落，但一经脱落，不易从地面收集的种子，如落叶松、油松、侧柏等，应在种子脱落前从树上采集球果（秋季成熟）。

(3) 成熟后经较短时期即脱落的大粒种子，如栎属、栗属、胡桃属、银杏属等树种，可在成熟脱落后在地面上收集。

(4) 成熟后较长时间不脱落的阔叶树种，如苦楝、皂角、槐等，虽然可延长采种时期，但不能延迟太长，以免长期挂在树上降低种子品质。

**（四）采种方法**

采种方法要根据种实成熟、脱落的特点，种实的大小及作业条件而确定，主要有以下几种。

(1) 立木采集法：在树上采种，适用于种子轻小、有翅或有毛、成熟后易随风飞散的树种（如杨属、柳属、榆属、泡桐属、木荷属等）。大多数针叶树种（如松科、杉科、柏科等）、浆果类树种（如樟属、楠属、檫木属等）及稀有和珍贵树种都要在树上采种。

(2) 地面收集法：在地面上收集从树上脱落的种子，适用于大粒种子，如壳斗科栎属、槭树科、椴树科、山茶科山茶属油茶、大戟科油桐属、银杏科等树种。采用地面收集法时，要在种子脱落前，先将地面杂草和死地被物进行清除，以便收集落下的种实。

(3) 伐倒木采集法：结合伐木进行采集，从伐倒木上采种，仅适用于种子成熟至脱落期间进行伐木作业的情况。

(4) 水面收集法：在水面上收集种子，适用于水边生长的树种或种子成熟后飘落在水面上的树种。

在上述4种采种方法中，最常用的是立木采集法和地面收集法。

**（五）采种前的准备工作及采种注意事项**

采种是获得种子的一个重要过程，采种前必须做好各项准备工作，否则，不仅会导致当年种子产量和品质的下降，还会影响来年种子的收成。

1. 组织准备

采种前，首先，实地检查采种林分，确定可靠的采种地点、面积等；其次，制定采种方案，组织专业队伍，划分任务，对采种人员要进行技术培训，以保证采种质量。

2. 工具准备

采种工具的好坏，不仅直接影响工作效率，对母树的保护、采种人员的安全也有很大影响。因此，采种前，一定要做好工具准备工作。常用的工具有剪枝剪、高枝剪、采摘刀、蹬树鞋、木梯、软梯、升降机、震动机、采种网等。另外，还应准备好凉棚、晒种场等，以备采种后立即进行种实处理，避免种实堆积时间太长而发热腐烂。

3. 采种注意事项

尽可能在干燥天气采种，下雪或下雨应中断采种，大风天气不能上树采种；采集的种实堆高不能超过20~30 cm；采种时要严格保护母树，不得损伤树皮、树干、大枝等；要注意采种人员安全；采种现场应有技术人员的指导。

4. 种子登记

为了分清种子来源，确保种批的同一性，合理使用种子，保证种子品质，必须建立种子登记制度，每批种子应按照要求的内容分别填写种子采收登记表。

## 二、种实调制

种实是种子和果实的总称。林业生产上所用的种子，有的是种子，如油松等；有的是果实，如白蜡树、水曲柳、榆树、糖槭等。种实调制又称为种实处理，即把种子从果实中取出来的工序。其目的是获得纯净的、便于运输、贮藏或播种的优良种子。种实调制的内容包括脱粒、净种、干燥、种粒分级。

（一）脱粒

我国树种繁多，为了种实调制工作的方便，一般把种实脱粒特点相近、可以采用相似调制方法的种实归并分类为球果类、干果类和肉质果类。种实种类不同，脱粒方法也不相同。脱粒应遵循以下原则：对含水量高的种实，采用阴干法干燥脱粒；对含水量低的种实，采用阳干法干燥脱粒。

1. 球果类种实的脱粒

在自然条件下，球果成熟后，逐渐失去水分，鳞片裂开，种子从球果中脱出。因此，要从所采集的尚未裂开的球果中取得种子，就必须使球果迅速干燥开裂，脱出种子，干燥方法分为自然干燥法（阳干法）和人工干燥法。

1）自然干燥法

自然干燥法是利用阳光暴晒，使球果干燥，多数球果鳞片失去水分后，向外反曲，球果开裂，种子即脱出。自然干燥法是生产中应用最广的一种方法，油松、落叶松、杉木、云杉、侧柏、湿地松、火炬松、加勒比松等种子的干燥均可采用此法。红松的球果不易脱粒，干燥后敲打可得种子。马尾松球果富含松脂，鳞片不易开裂，需将球果堆放在阴湿处进行堆沤，而后摊晒，鳞片即可开裂，种子脱出。

自然干燥法调制球果，除堆积法外，一般不会因温度过高而降低种子品质，但常受到天气变化的影响，干燥速度较慢，因此生产效率较低。

2）人工干燥法

某些地区气温低，湿度大，球果种子靠自然干燥不易尽快脱落，必须采用人工干燥法，如干燥室。人工干燥法是以人为加热措施使球果干燥脱粒的方法。采用人工干燥法可缩短脱粒时间，但这种方法要求条件较高，干燥的温度和气体交换等控制不好，易使种子受损伤，降低种子的生命力。

(1) 干燥温度。干燥球果的温度因树种不同而异。一般干燥温度在 40～55 ℃，球果含水量低时，干燥温度也可再高一些，如落叶松不超过 40 ℃，樟子松和云杉不超过 45 ℃，湿地松和火炬松不超过 50 ℃。干燥球果必须先进行预干，否则会降低种子的品质。预干温度一般保持在 20～25 ℃。

(2) 干燥通气。在干燥过程中，当空气不流动时，球果将迅速地被一层水分饱和的空气包围，水分不易散发出去，而延长干燥时间。因此，应用鼓风机排出球果周围被水汽所饱和的热空气，使相对干燥的暖空气能够流入。这是干燥过程的决定性因素。

在我国，常用室内干燥法（干燥箱法）进行球果脱粒。具体方法是：在具有温度和湿度控制设备（如暖气、蒸汽管或电气加热等设备）的干燥室内，将球果置于干燥架上（或干燥柜中），使球果脱粒。发达国家如美国、日本、瑞典（图 1-2）等国设计了生产效率较高的人工干燥室，球果的脱粒、净种、干燥和分级等能够一次性完成。

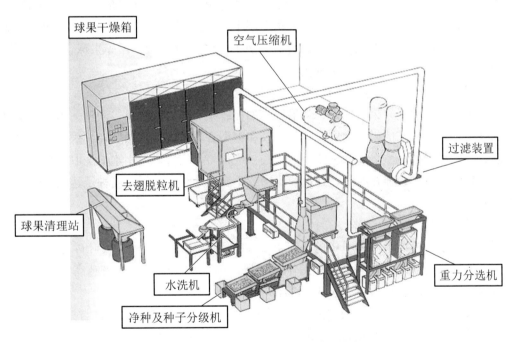

图 1-2 瑞典某公司生产的自动干燥室

2. 干果类种实的脱粒

干果类种实包括的种类很多，如荚果、蒴果、翅果、坚果等。它们在构造、含水量、大小、坚硬程度等方面差异很大，因而，适用的脱粒方法也有所不同。

1) 荚果类

所有豆科树种的种子均属于荚果类种实，如刺槐、皂角、合欢、相思树等。荚果类种实一般含水量低，种皮坚硬致密，可用阳干法摊开暴晒，并敲打使种粒脱出。对于种皮特别坚硬的，如皂角，晒干后要用石碾压碎荚壳，取出种子。我国的槐树荚果肉质紧包，采集后要用清水浸泡，揉去果皮，洗净晒干，才得净种。另外，紫穗槐、胡枝子等荚果，一般可不去荚壳，只清除杂物即可。

2）蒴果类

含水量高且种粒极小的杨属、柳属等蒴果，不宜采用阳干法，以免种子强烈失水而丧失生命力。采集后要立即放入干燥室，将蒴果放在帘子上摊开，厚度为 3~6 cm，经常翻动，干裂后用手搓揉使种子脱粒。油桐、油茶等含水量高的大粒蒴果，一般采用阴干法脱粒。桉、泡桐、香椿等含水量低的蒴果，可用阳干法调制。

3）翅果类

枫杨、臭椿、白蜡树等的翅果，晒干后揉去果翅，或不必去翅，只清除夹杂物即可。杜仲、白榆等翅果，只能用阴干法。

4）坚果类

壳斗科栎属、栗属（如板栗）的坚果，以及榛子等坚果类，含水量高，宜采用阴干法。对板栗，应在成熟后脱落前连总苞一并采集，阴干裂开或捣破总苞，挑出种实；也可以先堆积盖草，洒水保湿，使总苞软化，十天后摊开阴干，15~20 天后，碾碎果球，用枝条抽打，去毛脱粒。

3. 肉质果类种实的脱粒

肉质果类种实包括浆果、核果、梨果等，如樟、桑、檫木、核桃、油桐、山楂、银杏等树种的果实。这类果实的果皮肉质多汁，果胶和糖类含量较高，容易腐烂，采集后应立即予以调制，否则种子的品质会降低。处理的方法一般是将果实捣烂后用水淘洗取出种子，再去掉果皮、果肉和渣滓，摊在席子、其他铺垫物或干燥的地板上阴干，当种子达到适宜的含水量时即可贮藏。

(二) 净种

净种是为了去掉混杂在种子中的夹杂物，如鳞片、果皮、果柄、枝叶碎片、土块、石砾、异类种子、空粒、废粒等。净种工作越细致，种子净度越高，等级越高，越有利于贮藏。净种方法有筛选、风选、水选、粒选。

（1）筛选：用筛子筛去夹杂物精选种子的方法。筛选时，要根据种粒与夹杂物的大小、轻重不同，选用不同孔径的筛子。筛选可清除大于或小于种子的夹杂物，一般适用于中小粒种子。

（2）风选：用风力除去轻于种子的夹杂物精选种子的方法，适用于中小粒种子。

（3）水选：依据种子和夹杂物的密度不同，用水精选种子的方法。例如，银杏、红松、湿地松、女贞等种子浸入水中稍加搅拌，虫粒、空粒、瘪粒及其他夹杂物漂浮，良种下沉。但种皮软薄、种粒极小或油脂含量高的种子，如白榆、泡桐、油茶等，一般不宜采用水选。水选时，种子浸水不能太久，以免夹杂物吸水下沉，难以区分，经过水选后的种子不能暴晒，只能阴干。

（4）粒选：是种粒分级的手段，适用于大粒种子，如核桃、板栗、油桐等。

（三）干燥

经过净种以后的种子，在调运或贮藏前必须进行干燥，使种子的含水量达到能维持生命活动所需的最低限度的含水量，即安全含水量。种子干燥主要采用自然干燥法。一般，含水量高的种子采用阴干法，含水量低的种子采用阳干法。不同树种的安全含水量不一样。我国主要树种的种子安全含水量见表1-3。

表1-3 我国主要树种的种子安全含水量

| 树种 | 安全含水量 | 树种 | 安全含水量 |
| --- | --- | --- | --- |
| 杉木 | 8%～10% | 杨属树种 | 6% |
| 油松 | 7%～9% | 桦木 | 8%～9% |
| 马尾松 | 9%～10% | 大叶桉 | 7%～8% |
| 侧柏 | 8%～11% | 木荷 | 8%～9% |
| 柏木 | 11%～12% | 臭椿 | 9% |
| 华北落叶松 | 11% | 白蜡树 | 9%～13% |
| 椴树 | 10%～12% | 杜仲 | 13%～14% |
| 皂角 | 5%～6% | 樟树 | 16%～18% |
| 刺槐 | 7%～8% | 油茶 | 24%～26% |
| 白榆 | 7%～8% | 麻栎 | 30%～40% |

（四）种粒分级

将同一批种子按种粒大小加以分类称为种粒分级。在生产上，种粒分级对育苗和造林都有重要意义。同一批种子，种粒越大、越重，其发芽能力越强。种粒分级能提高种子的利用率，使出苗整齐，苗木生长发育均匀，减轻苗木分化，有利于经营管理。

种粒分级的方法依种粒大小而定。大粒种子如栎属、桃属等树种的种子可用粒选，中小粒种子可用筛选分级。分级后的种子应贴上标签，分别进行包装、贮藏和播种。

## 第四节 种实贮藏

林木种子经过调制后，有的树种如杨属、柳属、榆属、桑属等树种的种子可以直接进行播种，而绝大多数树种的种子都要经过贮藏到来年春天才能播种。另外，林木结实有丰年和歉年，为了保证每年有足够数量的优质种子供育苗造林的需要，必须在丰年时大量采集优良的种子，处理后进行贮藏。

种子成熟后，还未脱离母树时就已进入休眠状态。休眠状态的种子，生命活动并未停止，还要进行呼吸，消耗贮藏的营养物质。呼吸作用越强，贮藏的时间越久，消耗的营养物质就越多。同时，呼吸作用越强，营养物质分解产生的二氧化碳、水和热量也越多，使种子生活力降低。如果贮藏条件不佳，呼吸作用产生的二氧化碳、水和热量不能很快散发，附着在种子表面产生"自热"和"自潮"现象，呼吸作用的性质就会发生变化，转化为无氧呼吸。无氧呼吸产生的酒精和二氧化碳对种子有毒害作用。因此，只有控制种子在贮藏期间的呼吸作用，使之降低至最微弱的程度，才能延长种子的寿命。

## 一、种子寿命

种子寿命是指种子保持生活力的时间。各树种种子在自然条件下保持生活力时期的长短不一，可分为长寿、中寿和短寿种子三类。

（1）长寿种子：寿命达 10~100 年或更长，如刺槐、合欢、皂荚等树种。

（2）中寿种子：寿命为 3~10 年，如松科的各类松树，杉科的云杉、冷杉，木犀科的水曲柳及椴树科的椴树等树种。

（3）短寿种子：寿命在 3 年以内，如杨属、柳属的各类树种，以及白榆、桑等树种。

虽然种子寿命分为上述三类，但种子寿命的长短是相对的、可变的。长寿种子如果贮藏不当，则会变成短寿种子；而短寿种子采用适当的贮藏措施，则可延长寿命。

## 二、影响种子生活力的内因和环境因子

为了延长种子的寿命，必须创造和控制种子贮藏的适宜条件。要达到这个目的，首先应了解影响种子生活力（寿命）的内因和环境因子。

### （一）内因

1. 种子的解剖和生理特性

（1）种皮结构。种皮坚硬致密、不易透水透气的种子比种皮薄、膜质容易透水透气的种子寿命长，如刺槐、皂荚等种子比杨属、柳属等树种的种子寿命长。

（2）种子内含物。一般含脂肪和蛋白质多的种子寿命长，如松科、豆科等树种的种子；含淀粉多的种子寿命短，如壳斗科、桦木科等树种的种子。因为脂肪、蛋白质在呼吸作用过程中转变为可利用状态需要的时间比淀粉长，呼吸释放的能量也比淀粉高，在单位时间内消耗的量就少。因此，含脂肪和蛋白质多的种子比含淀粉多的种子寿命长。

2. 种子含水量

种子含水量的高低直接影响种子呼吸作用的强度和性质，因此，种子含水量对种子生活力的保持影响很大，它常是使种子失去生活力的主导因子。

当种子含水量高时，存在于种子内的水分在细胞间自由游离活动，酶的活性和水解能力提高，使呼吸作用加强、代谢加快，不利于种子生活力的保持；而当种子含水量低时，种子内的水分处于与蛋白质、淀粉牢固结合的状态，不能自由流动，几乎不参加代谢活动，呼吸作用十分微弱，有利于种子生活力的保持。

一般，种子贮藏时，要将其含水量降低到安全含水量（表1-3）。但安全含水量不是一个恒定数值，还受多种因素影响，如贮藏方法和环境湿度等。

3. 种子成熟度

种子成熟度对种子生活力有很大影响。没有充分成熟的种子，含水量高，种子内部的营养物质处于易溶状态，种皮不致密，保护组织不健全，因而不易防止水分的散失，内部易溶物质也容易渗出种皮，受微生物感染，故不利于种子生活力的保持。只有种子充分成熟，种皮坚硬致密，种子含水量较低，内部营养物质转化为难溶状态时，才有利于种子的贮藏。

4. 种子净度和损伤状况

净度不高的种子不耐贮藏。一般，夹杂物的含水量较高，吸湿性也较强，容易使种子受潮腐坏；受损伤的种子不耐贮藏，因为种子没有种皮的保护，空气中的水分可以自由进入，种子的呼吸作用会加强，种子生活力会降低。

（二）环境因子

1. 温度

温度是影响种子寿命的主要环境因子之一。种子的生命活动在一定温度范围内（0~55 ℃）呼吸强度会随着温度升高而加强，加速贮藏物质的消耗，从而缩短种子寿命。当温度升高到60 ℃时，超过了酶的活动范围，呼吸作用急剧下降，蛋白质开始凝固，种子就会死亡。高含水量类型的种子，当温度过低，长期低于0 ℃以下，种子内的游离水就会结冰，种子生活力就会丧失。实践证明，对于多数树种的种子，贮藏温度控制在0~5 ℃范围内最适宜。

种子对温度的反应因含水量不同而异。含水量较低，无论是高温还是低温，对种子的危害都较轻。因此，也可通过控制种子的含水量，减少温度发生剧烈变化对种子产生的危害。

2. 空气相对湿度

种子是一种多孔毛细管亲水胶质体，其含水量能随着空气相对湿度的变化而改变。在贮藏期间，当种子从空气中所吸收的水分和释放的水汽达到平衡时，其含水量称为平衡含水量。

不同树种的种子，由于种皮结构、种粒大小以及内含物成分不同，受空气相对湿度的影响也不同，其吸湿性表现出一定差异。一般种皮薄、透性强，蛋白质、淀粉含量高的种子吸湿性大；反之，种皮坚硬致密，脂肪含量高的种子吸湿性小。据测定，蛋白质吸收的液态水可达其本身质量的180%，淀粉吸收的液态水可达70%，而脂肪几乎不能从空气中吸收水分。

为了保持种子的干燥状态，贮藏室的空气相对湿度应控制在65%以下。长期贮藏最好密封。

3. 通气条件

通气条件对种子生活力的影响程度与种子本身的含水量，空气的相对湿度、温度有关。

当种子含水量低时，其呼吸作用微弱，需氧很少，在通气少或密封的条件下也能长久地保持生活力；当种子含水量高时，其呼吸作用强烈，如果通气不良，种子呼吸产生的二氧化碳、水汽及热量就不能及时排出，则会影响种子的生活力。因此，对于含水量高的种子，一定要创造良好的通气条件。

4. 生物因子

在贮藏期间，种子堆里常常有大量的微生物和昆虫，鼠类等动物也会对种子为害。生物对种子的为害程度与环境的温度、湿度及种子含水量有密切关系。研究表明，种子含水量达到8%～9%时昆虫可活化，种子含水量达到9%～10%时细菌会活化，种子含水量达到12%～14%时霉菌会活化，当温度达到20 ℃时，霉菌便很快会发育。因此，降低种子含水量，控制好贮藏室内的温度和湿度，能使种子遭受的生物为害程度降低。

总之，贮藏期间影响种子生活力的因素是多方面的，它们之间相互联系又相互制约。一般情况下，只要种子本身状态良好，达到一定质量要求，然后再给予良好的外界环境条件，种子的生活力就能得以长久保持。

### 三、种子贮藏方法

根据种子含水量的高低，种子贮藏方法分为干藏法和湿藏法。

#### （一）干藏法

将充分干燥的种子置于干燥的环境中贮藏，称为干藏法。这种贮藏方法要求一定的低温和适当干燥的条件，适用于安全含水量比较低的种子，如大部分针叶树和杨属、柳属、榆属、桑属、桦木属等树种，以及刺槐、白蜡树、紫穗槐、皂荚、桃、杏等树种的种子。

根据种子贮藏时间的长短和所采取措施的不同，干藏法又分为普通干藏法和密封干藏法。

1. 普通干藏法

大多数树种的种子适宜采用普通干藏法，又称为短期贮藏。方法是将充分干燥的种子装入普通的麻袋、箩筐、桶、箱、罐等容器中，放在消过毒、低温、干燥、通风的室内，也可置于仓库、地窖或种子库。

2. 密封干藏法

密封干藏法是种子在贮藏期间与外界空气隔绝，不受外界空气湿度变化的影响，长期保持原有的干燥状态。方法是将充分干燥到安全含水量的纯净种子装入已经消过毒的密封容器内进行贮藏。密封干藏法是长期贮藏种子的最好方法。凡是安全含水量低、需要长期贮藏的种子，或是种粒小、容易吸湿的种子，如杨属、柳属、桉属、榆属等树种，采用此法效果良好。

密封干藏法的容器以金属制品为好，也可采用玻璃瓶或铅桶等容器，放干燥剂，如氯化钙、木炭、变色硅胶等，加盖后用石蜡等密封，密封后最好贮藏在低温的种子库、地窖或地下室。

### (二) 湿藏法

湿藏法是把种子置于湿润、低温、通气的环境中进行贮藏的方法，适用于安全含水量高的种子，如银杏、板栗、核桃、油茶等树种的种子。

湿藏期间要求温度为 0～3 ℃，最高不能超过 3 ℃；保持湿润；通气良好。

湿藏法很多，主要有露天埋藏法和室内堆藏法。

1. 露天埋藏法

露天埋藏法又称为坑藏。具体方法是：选择地势高燥、排水良好、背风、便于管理的地方挖坑，坑长 2 m 或根据种子多少而定，坑宽 1.0～1.5 m，坑深应根据当地的气候和地下水位高度而定，原则上在地下水位以上和冻土层以下，一般为 1 m 左右；在坑底铺粗沙石一层，在坑中央每隔 1 m 插一束秸秆或带孔的竹筒，以便通气；然后将种子与湿润沙子按 1∶3 的容积比混合拌匀堆放坑内，一直堆至坑沿 20～40 cm 为止，种子也可与湿润沙子分层放置，每层厚 5 cm 左右，沙子湿度以其饱和含水量的 40%～60% 为宜；最后覆盖沙子及草帘，顶部搭成屋脊形，以便排水，并在坑的周围挖排水沟。

在种子埋藏期间，要经常检查。一般每半个月至 1 个月检查一次，发现问题及时解决。

露天埋藏法兼有低温催芽的作用，做法与低温催芽相似，只是温度和湿度条件不同（详见本章第六节种子的休眠与催芽）。这种方法在我国北方地区应用较普遍。

2. 室内堆藏法

室内堆藏法是将种子置于通风、阴凉的房间或地下室进行贮藏的方法。具体方法是：先在地面上洒一些水，铺一层 10 cm 左右厚的湿沙，然后将种子和湿润沙子按 1∶3 的容积比混合或分层放置，堆成高 50～80 cm、宽 1 m、长根据室内面积大小而定的堆，堆的中间每隔 1 m 插一束秸秆或带孔的竹筒，以便通气，堆与堆之间要留出通道，以便检查。

这种方法适用于气温较高、降水量较大、露天埋藏种子容易霉烂的南方地区。

## 第五节　林木种子品质检验

种子品质包括遗传品质和播种品质。遗传品质是指亲本传递给子代的全部遗传因子（基因）的总和。根据种子的内部和外部性状很难判别其是否为遗传育种研究的范畴。一般只能强调从性状优良的母树上采种。因此，种子品质检验主要是指对播种品质的检验。播种品质包括种子物理性状、发芽能力、生活力和优良度。播种品质好的种子，发芽率高，发芽整齐，幼苗生长健壮，产量高；反之，苗木产量和品质很低。由此可见，正确鉴定种子的播种品质，了解种子的使用价值，是使种子生产经营走向科学化管理的重要手段。

为保证和提高种子品质，减少种子的损失和浪费，凡是经营和使用种子的单位，在采收、贮藏、调制和播种时，均须进行种子品质检验。

## 一、种子样品抽样技术

林木种子品质检验是从大量的种子中抽取一部分具有代表性的样品,通过对样品的检验来评定种子的品质。因此,抽样的正确与否,对种子品质检验的准确性影响很大。如果样品没有整体代表性,无论检验工作如何细致准确,其结果也不能代表整批种子的品质,只能是浪费时间。

### (一) 种批

种批又称种子批,根据《林木种子检验规程》(GB 2772—1999),同一批种子具备下列条件:

(1) 在个县范围内采集的。

(2) 采种期相同。

(3) 加工调制和贮藏方法相同。

(4) 种子经过充分混合,使组成种批的各成分均匀一致地随机分布。

(5) 不超过规定数量。特大粒种子(如核桃、板栗、麻栎、油桐等)为 10 000 kg;大粒种子(如油茶、山杏、苦楝等)为 5 000 kg;中粒种子(如红松、华山松、樟树、沙枣等)为 3 500 kg;小粒种子(如油松、落叶松、杉木、刺槐等)为 1 000 kg;特小粒种子(如桉、桑、泡桐、木麻黄等)为 250 kg。质量超过规定5%时需另划种批。

通常以一批种子作为一个检验单位进行种子品质检验。如果种批的质量超过规定值,应另划种批,但种子集中产区可以适当加大种批数量。

### (二) 样品

样品是从种批中抽取的小部分有整体代表性的、用作品质检验的种子。由于样品是按照一定的检验规程和手续抽取的,因此,样品分为初次样品、混合样品、送检样品和测定样品。

(1) 初次样品。从一个种批的不同部位或不同容器中分别抽样时,每次抽取的种子,称为初次样品。

(2) 混合样品。从一个种批中取出的全部初次样品,均匀地混合在一起,称为混合样品。

(3) 送检样品。按照国家规定的分样方法和数量,从混合样品中分取一部分供做检验用的种子,称为送检样品。一个种批抽取一个送检样品寄送检验站。

(4) 测定样品。从送检样品中,分取一部分直接供做某项测定用的种子,称为测定样品。

### (三) 样品的抽取

1. 抽样程序

抽样人员在抽样前,要了解该批种子的采收、加工和贮藏等情况,并用下述抽样方法抽取初次样品和混合样品,按国家规定的质量提取送检样品、含水量送检样品(表1-4)。混合样品的质量一般不能少于送检样品的10倍。

抽样后，对送检的种子要按种批做好标志，防止混杂。

表1-4  各树种种子送检样品、含水量送检样品的最低量

| 树种 | 送检样品重/g | 含水量送检样品重/g | 树种 | 送检样品重/g | 含水量送检样品重/g |
|---|---|---|---|---|---|
| 栎属树种、文冠果、锥栗 | 500粒以上 | 120粒以上 | 侧柏、刺槐、柠条锦鸡儿、臭椿、花棒 | 260 | 50 |
| 板栗 | 300粒以上 | 120粒以上 | | | |
| 核桃 | 300粒以上 | 80粒以上 | 紫穗槐、沙棘 | 85 | 30 |
| 红松 | 1 200 | 100 | | | |
| 沙枣 | 800 | 50 | 樟子松、白榆、胡枝子 | 60 | 30 |
| 槐树 | 600 | 100 | | | |
| 水曲柳 | 400 | 50 | 梭梭、落叶松 | 35 | 30 |
| 油松 | 250 | 50 | 枸杞、桑 | 15 | 30 |
| | | | 杨属树种 | 6 | 30 |

2. 抽样方法

（1）容器盛装种子的抽样：可用扦样器或徒手抽样。抽样件数为5个容器以下，每个容器都扦取，扦取初次样品的总数不得少于5个；抽样件数为6~30个容器，每3个容器至少扦取1个，但总数不得少于5个；抽样件数为31个容器以上，每5个容器至少扦取1个，但总数不得少于10个。

（2）散装种子的抽样：在库房或围囤中大量散装的种子，可在堆顶的中心和四角（距边缘要有一定距离）设5个扦样点，每点按上、中、下3层扦样。扦样也可与种子的风选、晾晒和出入库结合进行。

3. 分样方法

分样是从混合样品中分取送检样品或从送检样品中分取测定样品，可根据设备条件选用下列方法。

（1）四分法：把种子倒在平滑的桌面上或玻璃板上铺平，两手各拿一块分样板，从相反的方向把种子拨到中间使其成长条形，再将长条两端的种子拨到中间，这样重复3~4次，使种子混合均匀，而后将其铺成正方形。大粒种子厚度不超过10 cm，中粒种子不超过5 cm，小粒种子不超过3 cm。然后用分样板沿对角线把种子分成4个三角形，将对顶2个三角形的种子装入瓶中备用，取其余2个对顶三角形的种子混合起来，按前法继续分取，直到达到所需数量为止。

（2）分样器法：适用于种粒小、流动性大的种子。分样前，先将种子通过分样器分成质量大体相等的2份。如质量之差不超过2份种子平均质量的5%，则分样器是准确的；如超过5%，则应调整分样器。分样时，先将种子通过分样器分3次，使种子充分混合，然后

开始分取样品。取其中 1 份，继续分取，直到种子减至所需质量为止。

4. 送检样品的包装和发送

送检样品用木箱、布袋等容器进行包装。供含水量测定用的送检样品，要装在防潮容器内加以密封。加工时种翅不易脱落的种子，须用木箱等硬质容器盛装，以免因种翅脱落增加夹杂物的比例。

每个送检样品必须分别分装，填写两份标签，注明树种、种子采收登记表编号和送检申请表的编号等。一份放入包装内，另一份挂在包装外面。

送检样品包装后，要尽快连同种子采收登记表和送检申请表寄送至种子检验单位。

5. 样品的保管

种子检验单位收到送检样品后，要进行登记并从速进行检验。一时不能检验的样品，须存放在适宜的场所。另外，送检样品要妥善保存一部分，以备复检。

## 二、种子物理性状

种子物理性状主要包括净度、千粒重和种子含水量。

### （一）净度

1. 净度的概念

净度是纯净种子质量占测定样品各成分总质量的百分率。它是种子品质检验的重要指标之一。

测定种子净度的目的是确定纯净种子在该批种子中所占比例，并由此推算该种批的纯净程度，为评定种子等级和计算播种量提供依据。净度也是种子贮藏时需要考虑的重要因素，夹杂物多、吸湿性强、含水量高会为病毒的活动创造条件，从而不利于种子寿命的保持。通过测定种子净度，可鉴定样品中有无其他树种的种子及无生命杂质，以便做好贮藏前的准备工作。

2. 净度测定

净度测定的关键是准确地判断纯净种子、废种子及夹杂物的成分。分类的标准如下。

（1）净种子：完整的、没有受伤害的、发育正常的种子；发育虽不完全（如瘦小的、皱缩的）但无法断定其为空粒的种子；虽已发芽但仍具有发芽能力的种子。

带翅种子中，凡种子调制时种翅容易脱落的，其纯净种子是指除去种翅的种子；调制时种翅不容易脱落的则不必除去，其纯净种子是指带翅的种子，但已脱离种子的种翅碎片应归为夹杂物。壳斗科的种子，应把壳斗与种子分开，把壳斗归为夹杂物。

（2）废种子：能明显识别空粒、腐坏粒、已发芽的显著丧失发芽能力的种子；严重损伤的种子和无种皮的裸粒种子。

（3）夹杂物：不属于净种子的其他树种的种子；子叶、鳞片、苞片、果皮、种翅、种子碎片、土块和其他杂质；昆虫的卵块、成虫、幼虫和蛹。

### （二）千粒重

种子的质量通常用千粒重表示。千粒重是指 1 000 粒气干纯净种子的质量，以克为单位。同一树种的种子，千粒重大的说明种子饱满充实，贮藏的营养物质多，播种以后将出苗整齐、健壮。

1. 测定千粒重的目的

比较同一树种、不同种批间的种子质量，可作为确定播种量依据之一。

2. 测定千粒重的方法

（1）千粒法：从净度测定所得的纯净种子中，随机数取1 000粒种子并称重。

（2）百粒法：从净度测定所得纯净种子中随机数出8个100粒，共800粒，分别称重，计算每百粒平均重，按照有关精度要求，推算出千粒重。

（3）全量法：若纯净种子少于1 000粒，可全部称重，然后推算出千粒重。

3. 测定千粒重的仪器

一般采用人工数粒，或采用数粒仪或数粒设备。

### （三）种子含水量

种子含水量是种子样品体内水分占种子总质量的百分率。计算公式为

$$种子含水量 = \frac{种子烘干前质量 - 种子烘干后质量}{种子烘干前质量} \times 100\%$$

1. 测定种子含水量的目的

种子含水量的高低决定了贮藏的难易，因此，贮藏前了解种子含水量对贮藏措施的制定是极为重要的。例如，如果种子含水量高于贮藏安全含水量，应在贮藏前对种子进行再干燥，然后才能贮藏。

2. 测定种子含水量的方法

测定种子含水量常用标准法（恒重法）测定，该方法适用于所有的种子。

## 三、种子发芽能力

种子发芽能力是种子品质中最重要、最直接的指标，包括发芽率、发芽势、平均发芽时间。种子发芽能力比其他检验方法精确可靠，但需要的时间稍长，适用于休眠期短的种子。

### （一）概念

1. 发芽率

种子发芽率是指在规定条件和时期（规定的发芽终止日期）内，正常发芽的粒数占供测定种子总数的百分率。例如，规定马尾松种子的发芽测定温度为25 ℃，发芽测定终止日期为20天，若有100粒种子，在此期间内有60粒种子发芽，则发芽率为60%。

2. 发芽势

种子发芽势是指以日平均发芽数达到最高的那一天为止，正常发芽的种子数占供检种子总数的百分率。例如，100粒油松种子，第8天种子发芽数达到最高，在8天内有85粒种子发芽，则发芽势为85%。同一树种的种子，当种子发芽率相同时，发芽势越高，说明种子发芽越快且出苗越整齐，种子品质越好。

对于测定发芽率和发芽势的天数，《林木种子检验规程》（GB 2772—1999）中有明确的规定。种子发芽率高，则播种后种子出苗率高。因此，种子发芽率是决定播种量和种子价格的主要依据，是种子品质的重要指标之一。

3. 平均发芽时间

平均发芽时间是指供测种子发芽所需的平均时间（以天或偶用小时表示），是衡量种子发芽快慢的重要指标。同一树种的种子，平均发芽时间越短，发芽越快，则发芽能力越强，种子品质越好。

（二）种子发芽的过程

种子发芽过程是指种子吸水膨胀到种胚开始生长的过程，包括下列3个相互连接而不能截然分开的阶段。

1. 种子吸胀

种子吸胀是一个物理过程，水分经由种皮内渗，种子开始膨胀，其结果是种皮破裂，内部开始萌动。

2. 种子萌动

种子萌动是一个生化过程，其间酶的活性加强，使种子内贮藏的营养物质水解为可溶性化合物，这时呼吸作用加强，氧气需要量大。

3. 种子生长

种子生长是一个生理过程，种胚吸收利用可溶性化合物，细胞开始增大和分裂，整个种胚突破种皮，幼小植物开始生长。

（三）种子发芽的条件

要进行种子发芽的测定，需要创造适宜的条件。种子的正常发芽，需要满足以下条件。

1. 水分

水分是首要条件。首先，种子必须吸水膨胀，贮藏的营养物质才能逐渐转化为可供种胚吸收利用的可溶性化合物，胚才开始生长，一般，种子在含水量40%~60%时开始萌发；其次，一些硬皮种子只有吸水膨胀，使种皮软化破裂，芽才能突破种皮长成幼苗。

2. 温度

种子发芽要有适宜的温度，温度过低或过高，都不利于种子发芽。温度过低，酶活性低；温度过高，蛋白质解体，或微生物侵袭。一般，种子发芽所能适应的温度范围都比较宽，有的树种甚至在一定范围内的不同温度下发芽并无显著区别。不过多数树种都会有一个最适宜的发芽温度。最适宜的发芽温度因树种不同而不同。例如，桉属树种的最适宜的发芽温度，杏仁桉为15 ℃，大叶桉为20 ℃，柠檬桉和蓝桉为25 ℃，赤桉为30 ℃。多数树种最适宜的发芽温度在25 ℃左右，或在20~30 ℃。在自然界，种子发芽所经历的是昼夜变动的温度。许多试验也证明，变温比恒温更有利于种子发芽。

3. 通气条件

种子在萌发过程中，要进行呼吸，需要源源不断地供给氧气，同时排出呼吸过程中释放出来的二氧化碳。因此，要具有一定的通气条件。否则，氧气供应不足，二氧化碳积累太多，种子不能进行正常呼吸，发芽会受到抑制，甚至引起种子霉烂。

4. 光

田间种子一般是在土中无光条件下进行发芽的，但有的树种在光照条件下发芽较好，因此一些树种必须在光照条件下进行发芽测定，光照时间约8小时。要求在变温条件下进行发芽测定的树种，可在高温阶段同时施以光照。

（四）测定方法

种子发芽能力一般采用发芽床或发芽箱进行测定。

## 四、种子生活力和优良度

（一）种子生活力的测定

当种子由于种种因素不能进行发芽测定时，如受条件限制且种子休眠期长，而又需在短期内了解种子发芽能力，可采用一些快速方法测定种子生活力。

1. 种子生活力概念

种子生活力是指种子潜在的发芽能力，用有生活力的种子占供检种子总数的百分率表示。

2. 测定方法

常用的测定方法有四唑染色法和靛蓝染色法。

（1）四唑染色法：是将去掉种皮的种子放入配制好的四唑水溶液中染色6~24小时，依据种子着色的部位和比例大小鉴定种子生活力的方法。四唑水溶液是一种无色溶液，但其与种子活组织接触一段时间后，四唑被脱氢酶还原生成稳定的不溶于水的红色物质，而将种子活组织染成红色，种子坏死的部位则不显示这种颜色。鉴定时主要依据种子着色的部位和比例大小，而不是染色的深浅来判别种子有无生活力。

（2）靛蓝染色法：是将种胚完好无缺地剥离种子，置入配制好的靛蓝水溶液中染色2~4小时，根据种胚染色部位和比例大小来判断种子生活力的方法。靛蓝是一种蓝色粉末，能透过种胚死细胞组织而使其染色。但它不能透过活细胞的原生质体，因此不能让活细胞染色。

值得注意的是，四唑染色法是使活组织染色，而靛蓝染色法是使死组织染色。

（二）种子优良度的测定

优良度是说明种子质量优劣程度的指标。种子优良度的测定是根据种子外观和内部状况来判断种子的优劣程度，适用于种子采收贮运的现场快速测定，以及作为种子发芽能力测定的补充，也适用于发芽困难又不能用染色法测定及尚未研究出有效测定方法的种子的测定。但因判断上的主观差异，其准确程度比种子发芽能力测定和生活力测定低。

实践中常用感官检验法、解剖法（切开法）、挤压法或软X射线（伦琴射线）摄影法测定种子优良度。

1. 感官检验法

感官检验法是利用视觉、触觉、味觉判断种子的优劣，主要根据种皮的颜色、光泽、气味、滋味和弹性等鉴别种子优劣情况。

2. 解剖法（切开法）

解剖法是切开种子，检验胚、胚乳（或子叶）的饱满程度、色泽、气味等，并根据"种子解剖法鉴定标准表"做出判断。

3. 挤压法

挤压法适用于小粒或特小粒种子，是将种子置于两块玻璃板间挤压（含油脂的特小粒种子，可放在两张纸间滚压），观察挤出种仁的色泽等，而后做出判断。

4. 软X射线（伦琴射线）摄影法

（1）测定原理：射线穿透物体时，一部分光线滞留而被吸收，另一部分穿透物体使感光材料感光成像。物体的厚、薄、密度不尽相同，对射线的吸收量也不完全一样，因而形成不同的图像，从图像上判别种子品质。

（2）测定项目：检查种子发育程度，如空粒、半饱满粒、胚缺陷、涩粒等；检查种子的机械损伤；检查种子感染病虫害的情况，如种子内部隐藏的病虫害、种子受害部位、虫的排泄物等。

## 第六节　林木种子休眠与催芽

### 一、种子休眠

林木种子成熟后，种皮坚硬致密，含水量较低，细胞内含物发生了深刻变化，内部营养物质转化为难溶状态，新陈代谢微弱，进入休眠状态。

（一）种子休眠的概念和类型

种子休眠是指有生活力的种子，由于某些内在因素或外界条件的影响，而一时不能发芽或发芽困难的自然现象。它是植物长期自然选择的结果，即植物在系统发育中形成的适应特殊环境而保持物种不断发展进化的生态特性。这种特性对林木种子、保存和繁衍是十分有利的，但在育苗过程中却带来很大的麻烦。特别是在干湿冷热交错的北方地区，种子往往需要经过一定时间的休眠才能萌发。种子具有的休眠特性给生产造成了一定困难。只有深入了解种子休眠的类型及原因，才能采取相应的措施解除休眠。种子休眠可分为以下两种类型。

1. 强迫休眠

种子已具有发芽能力，但由于环境未达到发芽所需的基本条件（适宜的温度、水分和氧气），种子被迫处于静止状态，如能满足这些条件，种子就能很快发芽，这种休眠叫强迫休眠，也称为被迫休眠，又称浅休眠。例如，杨属、柳属、桦木属、栎属等树种，以及油松、樟子松、马尾松、落叶松、云杉、侧柏、杉木等树种的种子均属于此类。

### 2. 生理休眠

种子成熟后，即使给予适当的发芽条件仍不能萌发，这种情况称为深休眠。其主要是由种子内在生理条件所造成的，也称生理休眠。例如，红松、白皮松、银杏、卫矛、水曲柳、元宝槭、白蜡树、桦叶槭、椴树、漆、山楂、黄栌、胡桃楸、紫杉等树种的种子属于此类。

通常所说的种子休眠是指生理休眠。

### （二）种子休眠的原因

#### 1. 种皮引起的休眠

1）种皮的不透水性

有的种子，如豆科等树种的种子，种皮坚硬致密，阻止了水分的透入，即使将种子浸入水中，也不能吸水膨胀，因此种子不能萌发。这类种子寿命长。

2）种皮的不透气性

有的种子，如椴树的种子，种皮内部有一层"株心同膜"，阻碍气体交换，去掉后发芽率显著提高。水曲柳、刺楸等种子也如此。

3）种皮的机械约束作用

种皮坚硬，形成一种机械约束力，使胚不能顶破种皮向外伸长，如桃、李、榛子、橄榄等种子属于这种情况。

#### 2. 抑制物质引起的休眠

许多研究表明，不少种子中存在着某些抑制发芽的物质，并从种皮、胚乳和胚中将这些物质分离出来。抑制物质的种类很多，其中很重要的是脱落酸（ABA）和乙烯，还有许多酚酸（咖啡酸、水杨酸等）和其他酚类化合物等。

抑制物质对种子发芽的抑制作用是没有专一性的，也不是绝对的，在一定条件下，也可能转化为刺激作用，如乙烯在高浓度时对种子萌发有抑制作用，而在低浓度时对种子萌发有刺激作用。种子的休眠程度与脱落酸的含量有关，脱落酸的含量越高，种子的休眠程度越深。

#### 3. 种胚未成熟引起的休眠

有些树种的种子存在生理后熟现象，虽然外部形态上已成熟，但不能发芽，如银杏、七叶树、冬青等树种的种子。根据不同情况，种胚未成熟引起的休眠又分为两种类型：一是种子的胚分化不完善；二是种子的胚已分化完善，但没有发育成熟。

#### 4. 综合因素引起的休眠

有些树种的种子休眠是由上述几种原因综合作用造成的，如红松、水曲柳等树种的种子。

## 二、催芽

催芽是用人为的方法打破种子休眠，并使种子露出胚根的处理。实践证明，催芽可使种子早萌发、早出土，达到"苗齐、苗全、苗壮"的目的。催芽是育苗成败的关键措施之一。常用的催芽方法有以下几种。

### （一）低温层积催芽

在低温条件下把种子与湿沙混合或分层放置，促进种子萌发的方法称为低温层积催芽。

这种方法适用于所有树种，是目前国内外催芽效果最好的方法。

1. 低温层积催芽的作用

（1）软化种皮，增加透性。

（2）使种子内含物发生变化，消除抑制物质。

（3）使种胚完成后熟过程。

（4）低温层积催芽过程与种子萌发过程一致，因而有利于解除休眠。

2. 低温层积催芽的条件

种子的发芽需要在适宜的温度、湿度、氧气条件下进行，而催芽是为了让种子发芽，因此，在催芽过程中应为种子发芽创造条件。

（1）温度：多数树种适宜发芽的温度为0～5℃，极少数树种可达6～10℃。

（2）湿度：发芽的湿度以沙子饱和含水量约60%为适宜，即手捏成沙团不滴水，手松碰触时散开。

（3）通气：通常利用秸秆或带孔的竹筒作通气孔。

3. 低温层积催芽的方法

在地势高燥、排水良好、背风向阳的地方挖坑。坑深0.8～1.0 m、宽1.0 m、长度按种子多少决定。种子入坑前要消毒，并用45℃的水浸泡一昼夜。种子入坑时先在坑底铺10～20 cm厚的河卵石和沙子，坑内每隔1～2 m插通气管（如秸秆），然后把混拌好的比例为1∶3的种子和湿沙（含水量约60%）混合物或一层种子一层湿沙交替放入坑内，种沙厚度以50～70 cm为宜。在种沙距地面20 cm左右时，覆盖沙子与地面齐平，最后培土封顶，做成屋脊形，以便排水，并在坑周围挖排水沟，如图1-3所示。

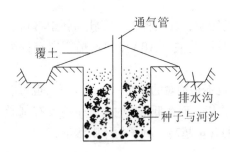

图1-3 低温层积催芽示意

低温层积催芽时间长，容易引起种子霉烂。所以，要定期检查。特别是在春季播种前要经常检查，以防催芽过度。可用覆盖物调节坑中的温度。重要树种低温层积催芽日数见表1-5。

表1-5 重要树种低温层积催芽日数

| 树种 | 催芽日数/日 | 树种 | 催芽日数/日 |
| --- | --- | --- | --- |
| 白皮松 | 120～150 | 杜仲 | 40～60 |
| 樟子松 | 40～60 | 紫穗槐 | 30～40 |
| 油松 | 30～60 | 沙棘 | 30～60 |
| 圆柏 | 150～250 | 沙枣 | 60～90 |
| 侧柏 | 15～30 | 文冠果 | 90～120 |
| 水曲柳 | 150～180 | 核桃 | 60～90 |
| 白蜡树 | 80 | 山楂 | 90～120 |
| 杜梨 | 40～60 | 山桃、山杏 | 80 |

## （二）水浸催芽

水浸催芽就是将种子浸泡在水中。它的作用是软化种皮，使种子吸水膨胀、酶的活性增强，促进贮藏物质的转化，以供胚生长发育的需要。

浸种的水温和时间根据种皮厚薄和种粒大小而不同。浸种时水应没过种子约 3 cm。浸种期间每天要换水 1～2 次。注意：浸种的水温指的是开始的温度，而不是始终保持这个温度。一般种皮致密的种子需要较高的水温。部分树种浸种水温及时间见表 1-6。

表 1-6　部分树种浸种水温及时间

| 树种 | 温度/℃ | 浸种时间/昼夜 |
| --- | --- | --- |
| 杨属、柳属、榆属、泡桐属等各类树种 | 冷水 | 0.5 |
| 臭椿、落叶松、樟子松、沙棘、柠条锦鸡儿 | 30～40 | 1 |
| 油松、华山松、白皮松、侧柏、文冠果、臭椿 | 40～60 | 1～3 |
| 槐、君迁子、苦楝 | 60～70 | 1～3 |
| 刺槐、紫穗槐 | 70～90 | 1 |

## （三）其他催芽方法

除以上催芽方法外，国内外还采用以下方法催芽。

1. 植物生长调节剂处理

与低温层积催芽相比，使用植物生长调节剂对种子进行处理是较新的方法。在植物生长调节剂中，已被证明能够有效地打破种子休眠的有赤霉素、乙烯、细胞分裂素等。不同植物生长调节剂配合使用，有时会收到更好的效果。

2. 药剂处理

药剂处理是利用化学药剂处理种子，以达到解除休眠的目的。一般，对于具有油蜡质的种子，如漆、水曲柳、乌桕、花椒等种子，可用碱性溶液如小苏打、草木灰处理；对于种皮坚硬致密的种子，如刺槐、皂荚等种子，用浓硫酸处理，可腐蚀种皮，增强通透性，浸后反复用清水冲洗；松树陈种子用浓度 1% 的稀硫酸或稀盐酸浸种，可提高发芽率；用硫酸锌（浓度 0.1%～0.2%）、过氧化氢（浓度 3%）等溶液处理落叶松、云杉等种子，有良好的效果。

3. 机械处理

机械处理主要是对那些种皮坚硬而导致休眠的种子进行处理。常用的方法有裂口、摩擦等，其作用是破坏种皮，以增加其透性。

另外，用渗透剂聚乙二醇（PEG）、电磁场、超声波、稀土等处理种子，可达到催芽效果。

## 复习思考题

1. 什么是丰年？什么是歉年？什么是林木结实周期性？什么是林木结实的间隔期？
2. 影响林木种子产量和品质的因子有哪些？
3. 什么是母树林？有何优点？简述母树林的疏伐改建技术。
4. 什么是种子园？有何优点？简述种子园园址选择的原则。
5. 什么是采穗圃？有何优点？采条母树的培养方式有哪些？
6. 种实调制时应遵循哪些原则？
7. 采种过早或过迟对种子产量和品质有哪些影响？简述确定采种期的原则。
8. 净种的方法有哪些？净种后干燥时，种子应干燥到什么程度？
9. 简述影响种子生活力的内因和环境因子。
10. 为什么说贮藏期间种子含水量的高低是决定种子生活力的重要因素？
11. 简述种子贮藏的方法。哪些树种的种子适于干藏？哪些树种的种子适于湿藏？
12. 什么条件下应用种子生活力测定？采用哪些方法？
13. 什么是种子休眠和催芽？催芽方法有哪些？
14. 简述种子休眠的类型及原因。为什么生理休眠的种子进行低温层积催芽效果好？

# 第二章 苗木培育

> **学习目标**
>
> 重点掌握：苗圃土壤耕作；育苗作业方式；苗圃施肥；1年生播种苗的年生长规律；播种；扦插育苗；嫁接育苗；移植育苗技术；苗木质量评价。
>
> 掌握：播种前准备工作；育苗管理；移植育苗的目的；容器育苗；温室育苗。
>
> 了解：轮作和连作；苗木密度与播种量；组织培养；苗木调查；苗木出圃及贮运；工厂化育苗。

苗木是植树造林的物质基础，而优质健壮的苗木是保证造林成功的重要条件。

培育优良苗木的基地称为苗圃。无论是建立临时苗圃还是固定苗圃，选择好苗圃地是至关重要的。苗圃地的好坏直接影响苗木的品质、产量和育苗成本。只有选择适宜的苗圃地，并加以科学管理，才能培育出优质健壮的苗木。苗圃地选择不当，会造成不可弥补的损失。

## 第一节 苗圃土壤耕作、施肥和轮作

### 一、苗圃土壤耕作

苗圃土壤是苗木生存的重要基础环境。为了提高苗木的品质和产量，必须采取一系列措施，提高土壤肥力，改善土壤环境条件，满足苗木生长和发育的需要，而苗圃土壤耕作（以下简称土壤耕作）就是其中重要的措施。

#### （一）土壤耕作的作用

土壤耕作可以起到以下几个方面的作用：

（1）降低土壤紧实度，有利于苗木根系伸展和有机质的分解。

（2）改善种子发芽、苗木生根及幼苗出土的生长发育条件，提高出苗率。

（3）消除杂草，减少竞争。

（4）保蓄水分，提高抗旱能力。

（5）耕翻肥料，增加土壤肥力，改进土壤结构，预防病虫害。

（6）便于育苗施工，保证施工质量。

#### （二）土壤耕作的技术

土壤耕作包括浅耕灭草、耕地、耙地、镇压和中耕等环节，总的要求是适当深耕、精耕细作，除净石块和杂草。

1. 浅耕灭草

浅耕灭草是在耕地前进行，其目的是减少水分蒸发，消灭杂草和病虫害，减少耕地时的土壤机械阻力，提高耕地质量。但如果前茬不是农作物或新开垦的苗圃地，可不进行浅耕。

浅耕的时间和深度要根据耕作的目的和对象而定，农作物收获后，地表裸露，土壤毛细管水分损失很快，宜迅速浅耕，避免下层毛细管水上升所造成的水分损失。浅耕的深度一般为 4~7 cm。新开垦的苗圃地，杂草根系盘结，应加深到 10~15 cm。

2. 耕地

耕地是翻耕苗木根系主要分布层的土壤耕作措施，其关键是耕地的深度和季节。

1）耕地的深度

播种苗培育年限短，苗木主要根系分布为 5~25 cm，耕地深度以 25 cm 为宜；移植苗和插条苗，根系分布较深，耕地深度以 30~35 cm 为宜。

2）耕地时间

（1）秋耕：有利于蓄水保墒，改良土壤，消灭病虫害，故适于北方干旱地区和盐碱地地区，也适于南方。

（2）春耕：沙地如果耕后闲置时间过长，易引起风蚀，因此为了防风蚀，宜春耕。

（3）夏耕：雨季降水丰富，如果在雨季前耕好地，可截持地表径流，提高土壤含水量，有利于蓄水，因此山地苗圃宜在雨季前翻地。

（4）冬耕：适于南方。

总的来说，秋耕是最适宜的，其他几种只是在特别的情况下采用。耕地的具体时间因墒情而定，在土壤含水量为饱和含水量的 50%~60% 时为宜，这时土壤阻力小，耕地效果好。

3. 耙地

耙地是耕地后耙平表土的耕作环节。其目的主要是整平圃地，粉碎土坷垃，清除杂草，混拌肥料，镇压保墒。耙地时，要求做到耙实耙透，达到平、松、匀、碎。

耙地的时间，干旱、盐碱地区应随耕随耙，积雪不化的北方宜当年秋季留伐不耙，翌春顶凌耙地。

4. 镇压

镇压是把表层疏松的土壤镇紧压实的土壤耕作环节。其目的是恢复土壤毛细管作用，使表土湿润，促进种子发芽。在春旱风大地区，对疏松的土壤进行镇压，可减少气态水的损失，有蓄水保墒作用。作床、作垄后的镇压，可防床、垄的变形。但是镇压有可能会增加毛细管水的损失，在这种情况下，应将镇压和轻耙结合起来。

5. 中耕

中耕是在苗木生长期苗行间进行的松土耕作。其目的是清除杂草，较深地疏松土壤，以减少水分蒸发。苗期及时进行中耕，可使苗木所需的水分、养分和光照条件有所改善，从而促进苗木的生长。

## 二、育苗作业方式

目前，生产上常用的育苗方式有两种：苗床育苗和大田育苗。

### （一）苗床育苗

苗床分为高床（图2-1）和低床，具体规格如图2-2和图2-3所示。高床和低床的规格、优缺点及适用树种见表2-1。

图2-1　高床作业

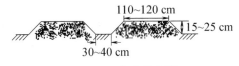

图2-2　高床示意图

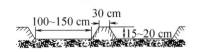

图2-3　低床示意图

表2-1　高床和低床的规格、优缺点及适用树种

| 苗床 | 规格 | 优点 | 缺点 | 适用树种 |
| --- | --- | --- | --- | --- |
| 高床 | 床面高出步道15~25 cm，床面宽110~120 cm，床面长度一般15~20 m，最长不超过50 m，步道宽为30~40 cm | 排水良好，增加肥土层厚度，通透性好，土温较高，便于侧方灌溉，床面不易板结 | 作床和管理费工，灌溉费水 | 对土壤水分较敏感，既怕干旱又怕涝，要求排水良好的树种，如油松等 |
| 低床 | 床面低于步道15~20 cm，床面宽100~150 cm，床面长度一般15~20 m，最长不超过50 m，步道宽为30 cm | 土壤保墒条件好，作床省工，灌溉省水，适于降水少、较干旱、雨季无积水的地区 | 灌溉后床面易板结，土壤通透性差，不利于排水，起苗比高床费工 | 适于大部分阔叶树种及部分针叶树种，如侧柏、圆柏等 |

## （二）大田育苗

大田育苗便于机械化操作，分为高垄和平作。高垄除具备高床的优点外，还具有苗木行距大、通风透光好、苗木根系发达、质量高的优点。高垄底宽为 60~80 cm，垄高 16~18 cm，如图 2-4 所示。其适用树种同高床。平作是在育苗前，将苗圃地整平后直接进行播种和移植育苗，适用树种同低床。

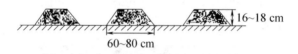

图 2-4　高垄示意图

## 三、苗圃施肥

苗木在生长过程中，需要吸收大量的营养元素，如碳、氢、氧、氮、磷、钾、硫、钙、镁、铁、硼、铜、锌等。碳、氢、氧由大气供给，苗木较容易获得，其余元素一般由土壤提供，其中氮、磷、钾需要量大，而土壤中这三种元素的含量较低。苗木出圃时，归还给土壤的养分很少，根系还会带走部分养分。此外，连年灌溉和降雨，淋洗了一些可溶性营养元素。因此，在苗圃育苗中，为了满足苗木生长需要的各种营养，必须年年进行施肥。

### （一）苗圃施肥的作用

苗圃施肥就是将有机质或无机质（肥料）输送到苗圃土壤中、土壤上或植物上的过程。苗圃施肥可起到如下作用：

（1）提供苗木生活需要的营养元素。

（2）改善土壤的物理性质，即施肥以后，土壤结构疏松，水、肥、气、热状况可得到改善，有利于土壤微生物活动，加速有机质分解，提高土壤肥力。

（3）改善土壤的化学性质，即施肥可以调节土壤的化学反应，如 pH、盐碱度，减少养分的淋洗和流失，促进某些难溶性物质的溶解，提高土壤可供给养分的含量。

### （二）肥料的种类与性质

肥料指的是为了促进植物的生长，提高其产量或者改善其品质，直接地或间接地供给它的一切物质。直接供给是指溶解后的肥料或多或少地被植物根系直接利用；而间接供给是指肥料的作用首先是改良土壤，进而提高整体营养水平，或者只是补偿有害物质的影响。肥料根据性质和肥效的不同，可分为有机肥料、无机肥料和生物肥料 3 类。

**1. 有机肥料**

有机肥料又称农家肥料。是由植物的残体或人畜的粪尿等有机质经过微生物的分解腐熟而成的肥料。有机肥料具有改良土壤和提供营养元素的双重作用。苗圃中常用的有：堆肥、厩肥、绿肥、泥炭、人粪尿、饼肥和腐殖酸肥等。

有机肥的特点是：含有氮、磷、钾等多种营养元素，而且肥效长，可以满足苗木整个生长周期中对养分的需求，还能改善土壤的通透性，水、气、热状况和土壤结构，为土壤中微生物活动和苗木根系生长提供了有利的条件。但是，有机肥见效慢，只靠施有机肥很难完全保证苗木生长的需要，因此，必须补充一定数量的无机肥。

2. 无机肥料

无机肥料又称化学肥料，主要由矿物质构成，包括氮、磷、钾肥三大类，还有微量元素等，主要起提供营养元素的作用。其特点是：见效快、易溶于水、苗木容易吸收、肥效快。但无机肥肥分单一，对土壤改良作用远远不如有机肥。连年单纯施用无机肥料，会使土壤结构变坏，肥力降低。

3. 生物肥料

生物肥料是用从土壤中分离出来的对苗木生长有益的微生物制成的肥料，如菌根菌、磷化细菌、根瘤菌及固氮细菌等。

（三）施肥方法

在苗圃中，常用的施肥方法有施基肥、种肥和追肥三种。

1. 施基肥

基肥是在播种或栽植以前施用的肥料。施基肥的目的是保证长期、不断地给各种苗木提供养分以及改良土壤等。用作基肥的肥料以肥效期较长的有机肥料为主。一些不易淋失的肥料如硫酸铵、碳酸氢铵、过磷酸钙等也可作基肥。具体方法是：将充分腐熟的有机肥料均匀撒在地面，通过翻耕，使其翻入耕作层中（15~20 cm）。床用饼肥、颗粒肥和草木灰等作基肥时，可在作床前均匀撒在地面，通过浅耕等施在上层土壤中。

2. 施种肥

种肥是在播种时施用的肥料，施种肥的主要目的是比较集中地提供苗木生长所需的营养元素。多以颗粒磷肥作种肥，与种子混合播入土中。

3. 追肥

追肥是在苗木生长期中施用肥料。追肥的目的是补充基肥和种肥的不足。追肥多用无机肥料和人粪尿。一般，追肥可分为土壤追肥和根外追肥两种。

1）土壤追肥

土壤追肥是将肥料施于土壤中，它是苗木追肥的主要方法。

（1）沟施：在行间，距苗木10 cm处开沟，沟深6~10 cm，施后随即覆土。

（2）浇施：将肥料稀释后全面喷洒在苗床上或配合灌溉浇灌于田畦中。

（3）撒施：将肥料均匀撒在床面，然后灌水。

以上3种以沟施效果最好，利用率较高。

2）根外追肥

根外追肥是将营养元素的溶液，喷洒在苗木的茎叶上，营养液通过皮层，被叶肉吸收利用。根外追肥可避免土壤对肥料的固定和淋失，肥料用量少、效率高，供应养料的速度比土壤中追肥快。常用肥料溶液的浓度：尿素0.2%~0.5%，过磷酸钙0.5%~2.0%，硫酸钾、磷酸二氢钾0.3%~1.0%，其他微量元素0.2%~0.5%。根外追肥应在早晚或无风天进行。

根外追肥最大的意义在于消除短期出现缺肥对苗木的不利影响。一般在干旱的情况下，根系分布层没有足够的水分，也就难以吸收和利用养分，因此，易出现这种短期缺苗现象；或者在一次长时间的降雨后，减少了土壤和叶片中贮藏的养分，以至苗木表现出微量元素缺乏症。根外追肥可消除出现的微量元素缺乏症。苗木能够得到正常的养分供给时，就不必进行根外追肥。

根外追肥时，由于叶面喷洒后，肥料溶液易干燥，浓度稍高时，易灼伤苗木地上部分，叶面吸收的养分量不足以保证对苗木所需养分的供给，故根外追肥只是作为补充营养的辅助措施，只有与土壤追肥配合施用才能取得更好的效果。

4. 接种菌根菌

1）接种菌根菌的意义

在松属、栎属、杨属等树种以及侧柏、桑等的根部，都有菌根菌与苗木共生，这种共生关系使菌根菌和苗木相互都有好处。在种子萌发出土期，菌根菌就侵入苗木幼根表皮中，苗木通过光合作用所制造的养分，可以满足菌根菌的生长发育需要。而菌根菌以密生的菌丝网，代替根毛吸收水分和养分，可成倍地增加根系的吸收面积，扩大苗木从土壤中吸收各种营养物质的范围。另外，菌丝还能分泌一些物质，有助于土壤中有机物的分解和保护苗根不受病菌危害。实践证明，松属、栎属等树种的苗木接种菌根菌后，不仅生长旺盛，茎秆粗壮，叶色浓绿，成苗率也高（图2-5）。

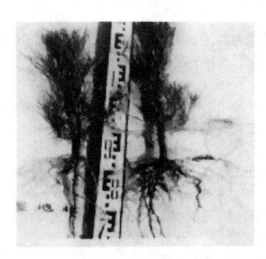

图2-5 湿地松苗：左为对照，右为菌根化苗木

2）接种菌根菌的方法

通常一定的菌种只能在一定范围的植物上起作用，所以，一定要根据树种选择适当的菌种。苗木接种了菌根菌后就会终身受益。

一般苗木接种菌根菌的方法有：森林菌根土接种、菌根"母苗"接种、菌根真菌纯培养接种、子实体接种、菌根菌剂接种。

（1）森林菌根土接种：在与接种苗木相同的老林中或老苗圃内，选择菌根菌发育良好的地方，挖取根层的土壤，而后将挖取的土壤与适量的有机肥和磷肥混拌后，开沟施入接种苗木的根层范围，接种后要浇水。容器苗接种菌根菌一般在种子发芽后1个月左右进行，接种时，取相同树种根际40 cm处的土层，将菌根土覆盖在容器的土壤表面。

菌根土是最常用的一种天然菌根接种体。菌根土接种方法简单、接种效果非常明显、菌根化程度高，但需要量大、运输不方便，也有可能带来新的致病菌、线虫和杂草种子。远距离运输时，应注意保持菌根土的湿润。土壤消毒后接种菌根土效果更好。

（2）菌根"母苗"接种：在新建苗圃的苗床上移植或保留部分有菌根的苗木作为菌根"母苗"，对新培育的幼苗进行自然接种。接种时，在苗床上每隔1~2 m移植或保留一株有菌根的苗木，在其株行间播种或培育幼苗。通常菌根真菌从"母苗"向四周扩展的速度是每年40~50 cm。一般，苗床经过2年时间就可充分感染菌根真菌。待幼苗感染菌后，母株即可移出。注意：用菌根"母苗"接种最好在消毒土壤上进行。

（3）菌根真菌纯培养接种：从固体马铃薯葡萄糖琼脂培养基（PDA）、Modified Melin – Norkrans Medium（MMN培养基）或酸化麦芽汁培养基上刮下菌丝体，或从液体发酵培养液中滤出菌丝体，直接接种到土壤中或幼苗侧根处。

（4）子实体接种：各种外生菌根真菌的子实体和孢子均可作为幼苗和土壤的接种体，特别是须腹菌属、硬皮马勃属和豆马勃属等真菌产生的担孢子，更容易大量收集，用来进行较大面积的接种。接种时，将采集到的子实体捣碎后与土混合，或直接将孢子施于苗床上，然后翻入土内，或制备成悬浮液浇灌，或将苗根浸入悬浮液中浸泡，或将子实体埋入根际附近。还可以采用两种或多种子实体混合接种，效果更好。此外，用担孢子对种子进行拌种也是一种接种方法。

（5）菌根菌剂接种：近年来，人工培养的菌根菌剂——Pt菌根剂得到了广泛应用，对于松属、杨属、柳属，以及云杉、核桃等都适用，施用方法主要有浸种处理、浸根处理和喷叶处理。

### （四）施肥原则

苗圃施肥虽然重要，但施肥不当则会产生不良后果。施肥太少，达不到施肥的效果；施肥太多又会烧苗，造成环境污染，对人体健康产生危害。因此，只有合理施肥，才能取得最好效果。合理施肥就是处理好土壤、肥料、水和苗木之间的关系，正确选择施肥的种类、数量和方法。施肥时应遵循以下原则：

（1）有机肥和化肥合理搭配，施足基肥，适当追肥。
（2）按树种、苗木生长规律合理施用基肥和追肥。
（3）根据气候、土壤的养分状况施肥，如黄土高原地区以补充氮肥、磷肥为主。
（4）应进行施肥的经济效益分析，收入应大于支出。

### （五）常用肥料的施用方法

常用肥料的施用方法见表2-2。

表 2-2　常用肥料的施用方法

| 肥料 | | 施用方法 |
| --- | --- | --- |
| 氮肥 | 尿素 | 可作基肥和用于追肥。作基肥时要深施。土壤追肥时用量：3~5 千克/亩[①]，每 1 kg 加水 360~600 kg。在碱性土壤上易挥发。根外追肥时溶液浓度为 0.2%~0.5%，每次 0.5~1.0 千克/亩 |
| | 硫酸铵 | 可作基肥和用于追肥。作基肥时与有机肥混合施用较好，不宜常在酸性土上施用，不能与碱性肥混。土壤追肥时用量：7~12 千克/亩，每 1 kg 加水 180~300 kg |
| | 硝酸铵 | 用于追肥。土壤追肥时用量：4~8 千克/亩，每 1 kg 加水 240~360 kg。不宜在沙土上施用，也不能与碱性肥混用 |
| 磷肥 | 过磷酸钙 | 可作基肥，也用于追肥。作基肥时与有机肥混合施用效果好，施肥深度比种子应深 3~5 cm。土壤追肥时用量：4~6 千克/亩，与钾肥混用，每 1 kg 加水 120 kg。根外追肥时溶液浓度 0.5%~1.0%，每次 1.5~2.5 千克/亩 |
| 钾肥 | 氯化钾 | 可作基肥和用于土壤追肥。应结合石灰施用。土壤追肥时用量：4~6 千克/亩，每 1 kg 加水 180~300 kg。根外追肥时溶液浓度为 0.3%~0.5%，每次 0.75~1.5 千克/亩 |
| | 草木灰 | 可作基肥和用于追肥。不能与人畜粪混放，也不能与铵态氮肥混用 |
| 有机肥 | 人粪尿 | 可用于追肥。用量：200~300 千克/亩，腐熟后，每 50 kg 加水 210~240 kg。 |
| | 猪粪、牛粪 | 可作基肥 |
| | 马粪、羊粪 | 可作基肥 |
| | 堆肥 | 可作基肥。可与人畜粪尿混用加快肥效 |
| | 绿肥 | 可作基肥 |

## 四、轮作与连作

### （一）轮作

轮作是在同一块圃地上轮换种植不同树种的苗木或其他作物（如农作物或绿肥作物）的栽植方法。轮作又叫换茬，它是改良土壤的措施之一，在我国有悠久的历史。"换茬如上粪"充分证明轮作对提高苗木品质、产量的重要性。

1. 轮作的意义

（1）轮作可以充分利用土壤中的各种养分。

（2）苗木与作物或牧草轮作，可以增加土壤有机质，使土壤形成团粒结构，提高土壤肥力。

---

[①] 亩：为非法定单位，1 亩 ≈ 666.667 m²。

（3）轮作可以改变原有苗木病菌和杂草的生活环境，使它们失去原来的生存条件而逐渐死亡。

（4）通过轮作可以收获部分农产品和饲料，对苗圃开展多种经营、综合利用、增加经济效益具有重要意义。

2. 轮作的方法

（1）苗木与牧草轮作。苗木与牧草轮作，能增加土壤中有机质，使土壤形成团粒结构，调整土壤内的水、肥、气、热状况，从而改善土壤肥力条件。生产上常见的有苗木与紫云英、苕子、草木犀、紫苜蓿等进行轮作。

（2）苗木与农作物轮作。苗圃地适当种植农作物对增加土壤有机质，提高土壤肥力有一定作用。生产上常用的有苗木与豆类或小麦、高粱、玉米、水稻等作物进行轮作，如落叶松与水稻轮作效果良好。苗木不能与蔬菜、土豆进行轮作。

（3）苗木与苗木轮作。这种轮作方法是在育苗树种较多的情况下，为了充分利用土地，可根据各种苗木对土壤肥力的不同要求将乔灌木树种进行轮作。通常针叶树与阔叶树、豆科与非豆科树种、深根树种与浅根树种等进行轮作，如油松与板栗、各类杨属树种、刺槐、紫穗槐等轮作。

在进行苗木与苗木轮作时，应注意不要选择有共同病虫害的树种进行轮作。落叶松不能与杨属、桦木属等树种轮作，云杉不能与稠李，圆柏不能与苹果属、梨属等树种进行轮作。

（二）连作

在同一块圃地上连续多年培育同一树种苗木的方法，称为连作。连作会使苗木质量和产量下降，其原因是：

（1）某些树种对某些营养元素有特殊的需要和吸收能力，在同一块圃地上连续多年培育同一树种的苗木，容易引起某些营养元素缺乏，导致苗木生长不良，降低抗性。

（2）长期培育同一树种的苗木，给某些病原菌和害虫造成适宜的生活环境，使它们容易发展，诱发猝倒病、蚜虫等。

## 第二节　播种苗培育

对播种苗的培育，最关键的是使苗木安全、健康地度过第一个生长周期。在以后的生长期，苗木稍大，抗性增强，相对来说，苗木的培育就显得简单多了。因此，本节仅对1年生播种苗进行讨论。

### 一、1年生播种苗的年生长规律

苗木从种子播入土壤并形成小苗到当年进入休眠的整个生长过程中，在外部形态、生理机能和内部特征等方面都有一系列的变化，这些变化表现出不同的阶段性。根据每一阶段的苗木地上和地下的生长特点和对环境条件的要求，1年生播种苗的整个生长过程可分为出苗期、幼苗期、速生期和苗木硬化期4个阶段。这样便于在育苗时针对每一阶段制定相应的育苗技术措施。

### (一) 出苗期

出苗期是从播种到幼苗地上部出现真叶、地下部出现侧根时为止的这一阶段（图2-6）。

1. 生长特点

种子发育成幼苗，子叶虽然出土，但尚未出现真叶（子叶留土的树种真叶未展开）；地下部分已经长出主根，还未长出侧根；地下部分生长较快，地上部分生长较慢；幼苗的营养来源，主要靠种子内部贮藏的营养物质；幼苗嫩弱，抗性差。

2. 育苗技术要点

这一阶段最重要的是让幼苗出土早，整齐而多。因此，在技术上应做到选择优质种子，做好催芽工作，适时播种，创造良好的土壤水分、温度和通气条件；提高播种技术（如覆土及下种要均匀等），加强播种后的管理（如遮阴等），做好病虫害的防治工作。

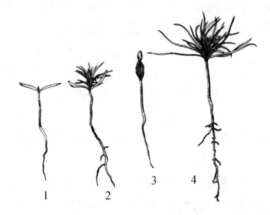

1—杉木出苗期；2—杉木幼苗期；3—云南松出苗期；4—云南松幼苗期。

图2-6 林木出苗期、幼苗期示意

### (二) 幼苗期

幼苗期是从幼苗地上部出现真叶，地下部分长出侧根时开始，到幼苗的高生长量大幅度上升时为止的这一阶段（图2-6）。

1. 生长特点

幼苗开始自行制造营养物质，但非常幼嫩，对外界高温、干旱、病虫害、鸟兽害、低温等危害的抵抗力差；根系生长快，生出较多的侧根，高生长很缓慢，其持续期大约为1个月。

2. 技术要点

幼苗期主要是保苗并促进根系生长，给速生期打基础。这一阶段外界环境因子对幼苗影响很大：水分不足，幼苗生长会停滞；光照不足，幼苗生长纤弱；温度高，幼苗易遭受日灼；温度过低，不仅影响幼苗生长，有时幼苗也会受冻害。这一阶段幼苗对养分的需要量虽然不多，但对磷、氮较敏感。因此，在技术上应加强松土除草，适当灌溉、间苗，合理少量追肥，加强病虫害的防治。

### （三）速生期

速生期是从苗木高生长量大幅度上升时开始到高生长量大幅度下降时为止的这一阶段。

1. 生长特点

速生期是苗木生长最快的时期，其特点是高生长显著加快，叶量增多，叶面积加大，直径生长迅速，地上和根系的生长量占全年的 1/2 或 2/3 以上。此阶段苗木的根系多分布在数厘米至 20 cm。此时，影响苗木生长的因素是养分、水分和气温。

2. 育苗技术要点

速生期是决定苗木质量的关键时期。苗木在速生期生长最快，需要肥水最多，故需进行适时适量的施肥与灌溉，还需要适宜的光照。在后期为了促进苗木硬化、提高苗木的抗性，要适时停止灌溉和施用氮肥。

### （四）苗木硬化期

苗木硬化期是从苗木高生长量大幅度下降时开始，到苗木的根系生长结束为止的这一阶段。

1. 生长特点

苗木硬化期，高生长急剧下降到停止，继而出现冬芽。阔叶落叶苗木叶柄形成离层脱落，植物体内水分逐渐减少，营养物质转为贮藏状态，苗木逐渐木质化。

2. 育苗技术要点

苗木硬化期的关键是防止苗木徒长，促进苗木木质化，提高苗木对低温和干旱的抗性，并做好防寒工作。

## 二、播种前准备工作

### （一）土壤处理

在播种前，为消灭土壤中残存的病原菌（如猝倒病）和地下害虫（如蝼蛄），应进行土壤处理。常用的方法有高温处理和药剂处理。高温处理是在圃地上放柴草焚烧，达到灭菌的目的；药剂处理时，常用的药剂有以下几种。

1. 杀虫剂

（1）辛硫磷：一种新杀虫剂，用于防治金龟子幼虫、蝼蛄等地下害虫，用辛硫磷乳油拌种，药与种子的比例为 0.3:100，也可用 5% 的颗粒剂撒施在土壤上，施用量为 30~45 kg/hm$^2$。

（2）西维因：在耕地前可用 5% 西维因粉剂，用量为 7.5~15 kg/hm$^2$。

2. 杀菌剂

（1）五氯硝基苯混合剂：以五氯硝基苯为主加代森锌（或苏化911、敌克松等）的混合剂，混合比例为：五氯硝基苯 75%，其他药剂 25%，施用量为 4~6 g/m$^2$。具体用法是：将药配好后与细沙土混匀做成药土，播种时将药土先撒在播种沟中，撒种后再用药土覆盖种子。

（2）硫酸亚铁（绿矾）：用2%~3%的硫酸亚铁药液喷洒土壤，施用量为9 L/m$^2$，或雨天用细干土加入2%~3%的硫酸亚铁粉剂制成药土，施用量为1 500~2 250 kg/hm$^2$。

（3）福尔马林（甲醛的水溶液）：用福尔马林50 mL/m$^2$加水6~12 L，在播种前10~20天洒在播种地上，用塑料布覆盖，在播种前1周打开塑料布，等药味全部散失后再播种。

### （二）种子处理

在播种前，为了预防苗木发生病虫害，保证种子发芽迅速、整齐，出苗率高，一般要对种子进行精选、消毒和催芽等工作。

1. 精选

为了培育壮苗，就必须在播种前对种子施行精选。精选方法可采用风选、水选、筛选，大粒种子可进行粒选。精选的种子出苗率高，幼苗出土整齐，苗木粗壮，造林成活率高。

2. 消毒

常用的消毒药剂有以下几种：

（1）高锰酸钾：将种子浸泡在浓度为0.5%的高锰酸钾溶液中1~2小时，捞出种子后用清水冲洗。

（2）硫酸铜：用0.3%~1%的硫酸铜溶液浸种4~6小时。

（3）福尔马林：播种前1~2天将种子浸泡在0.15%的福尔马林溶液中（1份40%的福尔马林加260份水稀释），浸泡时间为15~30分钟，捞出种子后将其密封2小时，而后用清水冲洗，将种子阴干就可播种。每千克药液可消毒种子10 kg。

（4）敌克松：用敌克松粉剂拌种时，药量为种子质量的0.2%~0.5%，先用药量10~15倍的土配成药土，然后再拌种。这种方法预防猝倒病效果较好。

（5）硫酸亚铁：用0.5%~1%的硫酸亚铁溶液浸种2小时，捞出阴干后播种。

（6）多菌灵：每50 kg种子用50%多菌灵150 g拌种。这种方法用于预防猝倒病。

（7）退菌特：用800倍退菌特（80%）溶液浸种15分钟。

值得注意的是，经过催芽后的种子不能用福尔马林和高锰酸钾消毒，以免产生药害。另外，无论用哪种方法消毒，种子催芽前一定要将药液冲洗干净。

3. 催芽

详见第一章第六节林木种子休眠与催芽。

## 三、苗木密度与播种量

苗木密度是单位面积或长度上的苗木数量。播种量是指单位面积或长度上所播种子的质量。播种量是决定合理密度的基础，它直接影响单位面积上的苗木产量和品质。播种量过多不仅浪费种子，增加间苗工作量，而且苗木营养面积小，光照不足，通风不良，使苗木生长细弱，主根长，侧根不发达，降低苗木品质；播种量过少，达不到合理密度，苗间空隙大，使土壤水分大量蒸发，杂草容易侵入，增加抚育管理用工，增加苗木成本，特别是针叶树幼苗太稀时,容易被强烈的阳光灼死。

播种量与计划育苗的数量、种子的净度、千粒重、发芽率以及苗圃的环境条件和技术水平有关,可根据下列公式计算:

$$X = \frac{A \cdot W \cdot 10}{P \cdot G} \cdot C$$

式中：$X$——播种量,($g/m^2$ 或 $g/m$);

$A$——单位面积计划产苗量(株/平方米或株/米);

$W$——千粒重($g$);

$P$——净度(%);

$G$——发芽率(%);

$C$——损耗系数。

损耗系数 $C$ 的大小,与种粒的大小,经营管理条件、自然条件的好坏和育苗技术水平的高低有关。一般认为,种粒越小,损耗系数 $C$ 越大。大粒种子(千粒重在 700 g 以上),$C=1$,中小粒种子(千粒重 3~700 g),$1<C<5$,极小粒种子(千粒重在 3 g 以下),$C=(5~20)$。

一些重要树种的播种量见表 2-3。

表 2-3 一些重要树种的播种量

| 树种 | 播种量/(千克/亩) | 苗龄/年 | 产苗量/(万株/亩) | 树种 | 播种量/(千克/亩) | 苗龄/年 | 产苗量/(万株/亩) |
|---|---|---|---|---|---|---|---|
| 油松 | 15~20 | 2 | 12~15 | 臭椿 | 5~7 | 1 | 0.8~1.0 |
| 华山松 | 50~70 | 2 | 12~15 | 泡桐 | 0.5~1 | 1 | 0.6~0.8 |
| 白皮松 | 40~50 | 2 | 10~12 | 沙枣 | 30~50 | 1 | 2~3 |
| 樟子松 | 4~5 | 2 | 15~20 | 沙棘 | 5~6 | 1 | 1.5~2 |
| 圆柏 | 10~13 | 1 | 14~18 | 梭梭 | 2~3 | 1 | 0.8~1.0 |
| 刺槐 | 4~5 | 1 | 0.8~1.0 | 紫穗槐 | 2~3 | 1 | 2~3 |
| 白榆 | 4~6 | 1 | 1.0~1.5 | 核桃 | 100~150 | 1 | 0.7~0.8 |
| 槐 | 12~15 | 2 | 0.8~1.0 | 花椒 | 4~6 | 1 | 2~3 |

## 四、播种

### (一) 播种季节

我国幅员辽阔,一年四季都可播种,但具体到每一个地区或树种来说,其有最适宜的播种季节,如北方可在春、夏、秋播种,南方冬季也可播种。

1. 春播

春季气温回升,土壤化冻,各种林木种子都适宜在春季播种。我国北方在 3—5 月上旬,南方在3月播种。这时不仅温度、土壤条件适宜,各种病虫害也少。种子在土壤中的时间短,减少了鸟兽和病虫的为害,管理方便、省工,一般应抓紧时机适时早播。播种顺序是针叶树先播、阔叶树后播。但后播的树种不能太晚,播种太晚,苗木出土晚,生长时间短,苗木抗性弱,易遭受病虫害。

2. 夏播

夏季成熟的种子,如杨属、柳属、榆属、桑属、桉属等树种,均适于夏播。夏播要随采随播,越早越好,争取苗木有较长的生长期、较好的品质。夏播的关键是保持土壤湿润,防止高温。

3. 秋播

秋播一般是指在秋末冬初土壤未冻结之前的播种,其优点是种子在土壤中完成催芽阶段,翌春幼苗出土早而整齐,扎根深,抗性强,苗木生长季节长,可以有较高的生产量。但由于种子在土壤中越冬,易受鸟兽等为害。适于秋播的树种有山桃、山杏、核桃以及栎属树种等。

(二) 播种方法

播种方法有条播、撒播和点播3种。

1. 条播

按一定行距开沟,把种子均匀播撒在沟内的播种方法,称为条播,是应用最广泛的方式。其特点为:适用于中小粒种子,管理方便,因行间通风透光,苗木生长迅速、健壮、质量好,成苗率高,比撒播更加节省用种量。一般播幅为5~10 cm,行距为20~70 cm,行向为南北方向(图2-7)。

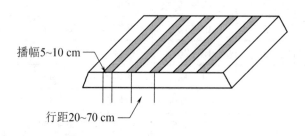

图2-7　条播示意图

条播技术会直接影响种子发芽、幼芽出土、苗木的产量和品质,条播时应掌握以下技术要点:

(1) 开沟:沿播种行开沟,沟要直,沟底要平,深度要均匀一致,深度依种粒大小、土壤条件和气候条件而定。极小粒种子可不开沟,直接播种。条播开沟后,应立即撒种覆土,注意保墒。

(2) 播种:应按行或床计划好播种量,播种要均匀,严防漏播和避免大风天播种。

(3) 覆土:播种后应立即覆土,以防播种沟内的土壤和种子干燥,覆土厚度要均匀一致。覆土厚度对种子发芽、幼芽出土影响很大。过薄，种子容易暴露，受风吹、日晒、鸟兽虫等为害；过厚，因氧气不足，土温较低，不利于种子发芽，发芽后幼芽出土困难。一般覆土厚度为种子短径的2~3倍。不同大小种子的覆土厚度见表2-4。土壤黏重的播种地，可用沙子、腐殖土、锯末等覆盖。

表2-4　不同大小种子覆土厚度

| 种子大小 | 覆土厚度/cm | 树种举例 |
| --- | --- | --- |
| 极小粒种子 | 0.1~0.5 | 杨属、柳属、桉属各类树种 |
| 小粒种子 | 0.5~1.0 | 桑属、榆属各类树种 |
| 中粒种子 | 1~3 | 水曲柳、臭椿 |
| 大粒种子 | 3~5 | 核桃、山桃 |

（4）镇压：为使种子和土壤紧密结合，使种子充分利用土壤毛细管水，在气候干旱、土壤疏松或土壤水分不足的情况下，覆土后要进行镇压。但要防止土壤板结。

2. 撒播

撒播是不开沟，直接将种子均匀地撒在苗床上的播种方法。其适用于极小粒种子，如杨属、柳属树种以及泡桐等。撒播适合于低床，应先灌水，待水完全下渗后再撒种。通常为了使种子分布均匀，应先将种子与河沙混拌后再进行撒播，撒种后应立即覆盖。

3. 点播

点播是在苗床上按一定行距开沟后，再将种子按一定株距摆放在沟内，或按一定株行距挖穴播种的播种方法。其适用于大粒种子，如胡桃、栎属树种等。点播时注意要将种子横放在沟内，使尖端朝向一侧，以利于幼芽出土。

## 五、育苗管理

### （一）播种地的管理

播种地的管理是指从播种时开始，到幼苗出土后为止这一时期的管理工作。目的在于在播种后给种子发芽和幼苗出土创造适宜的条件。具体包括覆盖、灌溉、松土除草、设防风障及病虫害和鸟兽害防治等工作。

1. 覆盖

为了防止土壤板结、保温、保湿、提高场圃发芽率和防止鸟兽的为害，播种后要覆盖，其一般适用于阴性树种小粒种子或有风沙危害的地区。

覆盖材料可用塑料薄膜、稻草或树枝。当幼苗出土时，将覆盖物逐渐撤掉。第一次撤去1/3，第二次撤去2/3，当幼苗出至2/3时，将覆盖物全部撤掉。

2. 灌溉

果圃地水分不足，影响种子发芽和幼苗出土时，宜用侧方灌水，应注意防止土壤板结。

3. 松土除草

圃地土壤板结，会严重影响种子发芽和幼苗出土，因此要及时进行松土除草。

4. 设防风障

在风沙危害严重的圃地上，播种后应设防风障，季风停止后再分期分段撤掉。

5. 病虫害和鸟兽害防治

播种后要及时防治病虫害和鸟兽害。

（二）苗期管理

当幼苗大部分出土后，应及时撤除覆盖物，时间最好在阴天或傍晚。一些幼苗嫩弱的树种，如杨属、柳属树种以及泡桐等，在撤除覆盖物后应采取适当的遮阴措施。常用的遮阴办法有搭阴棚等。此外，应根据苗木的生长规律进行松土除草、间苗、灌溉、排水、追肥、切根、苗木保护等管理措施。

1. 松土除草

松土除草是育苗中经常性的工作，应根据气候、土壤、杂草情况及苗木不同的生长发育期而定。在苗木生长初期，一般隔 2～3 周进行 1 次，松土深度为 2～4 cm；到苗木快速生长期，每隔 3～4 周进行 1 次，松土深度为 6～12 cm。一般针叶树稍浅，阔叶树可深些。除草应掌握"除早、除小、除了"的原则。目前，国内外都在研究应用化学除草剂进行除草。常用除草剂见表 2-5。

表 2-5　常用除草剂

| 药名 | 有效用量/(kg/hm$^2$) | 主要功能 | 适用树种 | 使用时间和方法 | 注意事项 |
|---|---|---|---|---|---|
| 除草醚 草枯醚 | 4.5～9 3.75～7.5 | 选择性、触杀型，移动性小，药效期 20～30 天 | 针叶树种，杨属、柳属树种插条，白蜡属、榆属等 | 插后出芽前或苗期。喷雾法、茎叶、土壤处理 | 1. 喷药均匀；2. 杨属、柳属树种插条出芽后要用毒土法 |
| 灭草灵 | 3～6 | 选择性、内吸型，药效期约 30 天 | 针叶树种 | 插后出芽前或苗期。喷雾法、茎叶、土壤处理 | 1. 施药后保持表土层湿润；2. 用药时气温不低于 20 ℃ |
| 茅草枯 | 3～6 | 选择性、内吸型，药效期 20～60 天 | 杨属、柳属树种 | 播前或播后出芽前。喷雾法、茎叶处理 | 药液现用现配，不宜久存 |
| 五氯酚钠 | 4.5～7.5 | 灭生型、触杀型，药效期短，3～7 天 | 针、阔叶树种 | 播种后、出芽前或苗期。喷雾法、茎、叶、土壤处理 | 苗期禁用 |

续表

| 药名 | 有效用量/（kg/hm²） | 主要功能 | 适用树种 | 使用时间和方法 | 注意事项 |
|---|---|---|---|---|---|
| 西马津、扑草净、阿特拉津 | 2.25~3.75 | 选择性、内吸型，溶解度低，药效期长，分别为30~90天 | 针叶树种 | 播前或播后出芽前。喷雾法，茎、叶、土壤处理 | 注意后茬苗木的安排 |
| 杀草胺 | 2.25~4.5 | 选择性、触杀型，药效期15~20天 | 针叶树种、水曲柳 | 播前或播后出芽前。喷雾法，茎、叶、土壤处理 | 喷药均匀 |

2. 间苗

为了保证苗木分布均匀、营养面积适当、生长健壮，在苗木分布过密的地方需进行间苗。间苗的原则是"早间苗、晚定苗"。间苗的次数应根据苗木的生长速度和抵抗力的强弱决定。第一次间苗在出苗后苗木开始速生时进行，如阔叶树在出现2~4个真叶时开始进行间苗。一般间苗分2~3次进行，最后一次为定苗，定苗密度应大于设计密度的3%~5%。定苗时苗稀的地方需要进行移苗、补苗，间苗后要进行灌溉。

3. 灌溉

水是苗木生长过程不可缺少的。苗木的生长速度、品质、产量都取决于土壤的含水量是否适当。而在育苗过程中，土壤水分主要是靠灌溉来保持的。因此，灌溉必须适量、适时。苗木生长初期需水量不大，只保持苗床湿润即可；苗木生长进入速生期时需水量最大，必须及时灌溉；苗木生长后期应停止灌溉。灌溉应尽量在早晨或傍晚进行。

灌溉的方法有地面灌溉、喷灌和滴灌。地面灌溉分为侧方灌溉和上方灌溉。侧方灌溉是水从侧方渗入苗床或苗垄，适用于高床和高垄；上方灌溉又叫畦灌或漫灌，适用于低床。喷灌又称人工降雨，有固定式喷灌和移动式喷灌两种。固定式喷灌是通过管道和喷水装置由人工或自动控制进行灌溉；移动式喷灌是由灌溉机械进行移动喷灌，是目前较先进大力推广的一种灌溉方法。滴灌是用一套软管系统把水输送到每一棵苗木的苗根点，适用于温室，设备复杂，投资大。

4. 排水

排水也是育苗中的一项重要内容。在干旱地区，降雨集中，常出现暴雨，应做好排水工作。尤其在培育松属树种以及花椒等怕涝树种时，一定要具备排水条件。

5. 追肥

在苗木生长初期，应追施氮、磷肥，以促进苗根生长发育；在苗木速生期，氮、磷、钾肥应适当增加，以促进苗木茎叶生长；在苗木生长后期，多追施钾肥，以促进苗木木质化。追肥原则是"先稀后浓，少量多次，各种肥料交替施用"。

**6. 切根**

切根是为了促进苗木侧根、须根的生长。对培育1年就出圃的针叶树播种苗和2年生不移栽的苗木都需要进行切根。在北方干旱地区，培育2年生不移栽苗木一般应在初秋进行切根，但主根发达树种（如核桃）等应该在幼苗期进行切根；1年就出圃的针叶树苗在幼苗期后期进行切根。切根时不需要将苗挖出，用铲子从小苗两侧45°斜向切下（图2-8），将较长的侧根和主根切断，切根深度为10～15 cm。切根后应立即灌溉。

图2-8 苗木切根示意图

**7. 防除日灼危害**

有些树种，如落叶松、云杉以及杨属树种等幼苗出土后，常因太阳直射，地表温度增高，幼嫩的苗木根颈处会呈环状灼伤，或朝阳光方向倒伏死亡。这样的日灼危害常采用遮阴和喷灌的方法来防除。

（1）遮阴。

遮阴的目的是避免阳光直射而降低地表温度。遮阴有上方遮阴和侧方遮阴两种，前者效果较好。遮阴材料一般采用苇帘、秸秆、树枝等。遮阴强度和时间对苗木质量影响很大，通常以透光度30%～50%，遮阴时间从幼苗出土至苗木充分木质化时为宜，每天遮阴时间从上午10时到下午4时左右。早晚和阴雨天气不必遮阴。遮阴的缺点是降低光合作用，使植株纤弱，根系不发达，从而影响苗木质量，增加育苗成本。目前，我国有些树种，如落叶松、杉木以及杨属树种等，通过适时早播、喷灌降温等措施，全光育苗已获得成功。

（2）喷灌。

喷灌能降低地表温度，防止日灼危害，还能增加空气湿度，改变贴地小气候，有利于苗木生长。

**8. 病虫害的防治**

育苗过程中，苗木经常发生病虫害，导致缺苗断垄，因此要对病虫害进行防治。防治病虫害应遵循"防重于治"的原则，采用科学育苗方法，培育出有抗逆性的壮苗。一旦发现病虫害，应及时用药剂治愈。

**9. 苗木防寒**

我国北方冬季气候寒冷，春季风大干旱，气候变化剧烈，对苗木危害很大。因此，对一些针叶树种和抗寒力弱的阔叶树种的幼苗要采取防寒措施。苗木防寒可采用覆土、盖草、设防风障、搭塑料拱棚、假植、熏烟以及灌溉等方法。

（1）覆土。覆土就是在土壤结冻前，用土将小苗全部盖起来。覆土厚度应根据树种而定，一般以不见苗梢为宜。第二年春季土壤解冻后苗木开始生长前撤土。撤土后立即灌溉。这种方法适用于大多数树种，如油松、核桃等。

（2）盖草。盖草就是在土壤结冻前，用草、秸秆将小苗盖上。覆盖厚度应超过苗梢3～

4 cm。第二年春季土壤解冻后除去覆盖物。这种方法不如覆土效果好。

（3）设防风障。冬、春季风大干旱的地区，可在苗床西侧、北侧与主风垂直的方向上用秫秸设一行防风障。防风障的防寒范围一般是风障高的10~20倍。

（4）搭塑料拱棚。对于一些较贵重稀有的树种，可搭塑料拱棚防寒防风。

（5）假植。假植就是将苗木用湿润的土壤暂时埋植起来，以防止苗木根系失水或干枯而丧失生命。具体做法是：在避风排水良好的地方，与主风方向垂直开沟，沟的迎风面一侧削成45°斜壁，沟深根据苗木大小而定，一般为20~100 cm。阔叶树苗木单株按距离10~20 cm排列在沟内，苗根和苗木下部用湿土埋好、踏实；对针叶树小苗，以50~100株为一捆进行整捆埋植。如冬季风大，要设防风障。假植后应标明树种、苗龄和数量。

（6）熏烟。在预先知道有霜冻的晚间，应提前准备好熏烟材料，如秫秸等，每亩3~4堆，每堆20~25 kg，当温度降低到0 ℃时点火熏烟。火要小烟要大，保持有浓的烟幕，直到天亮后1~2小时为止。

（7）灌溉。在霜冻来临前用地面灌溉的办法可防止霜害。

## 第三节　营养繁殖苗培育

营养繁殖又称无性繁殖，是利用植物营养器官（根、茎、叶等）的一部分为繁殖材料，在一定条件下人工培育成完整新植株的方法。经过营养繁殖获得的新个体，是由母体上分离下来的一部分形成的，因此，它的遗传性与母体相同，即能够保持母本的优良性状且后代性状整齐一致；同时，新个体的发育阶段与母体的发育阶段相同，并自此继续它的发育，故能提前开花结实。

营养繁殖苗培育的方法很多，包括传统的扦插、嫁接、埋条、压条等育苗方法，还有现代的组织培养，其中扦插育苗、嫁接育苗和组织培养的应用较为广泛。本节只介绍这3种方法。

利用营养繁殖方法培育的苗木称为营养繁殖苗。利用扦插育苗、嫁接育苗和组织培养等方法培育的苗木，分别称为扦插苗、嫁接苗和组培苗。

## 一、扦插育苗

扦插育苗是从母树上截取枝条制成插穗扦插到一定基质中，在一定条件下培育成完整的新植株。扦插繁殖操作简便、成本低、成苗快，并能保持母本的优良性状，适用于任何树种，因而广泛应用于苗木培育中。

### （一）扦插育苗的成活原理

大量研究表明，不定根发源于插穗内一些变成分生组织的细胞群，即根原始体，根原始体可进一步分化成根原基而形成不定根。有些树种不定根的根原始体在发育早期没有离开母体时就已经产生，但是一些树种（如某些针叶树）扦插后才分化出不定根的根原始体，前者一般容易生根，而后者较难生根。根源始体多产生于插穗下端0.1~0.3 mm，也可在愈伤组织中产生。

不定根在插穗上发生的部位因树种而异。多数树种插穗的不定根正好发生在节上；易生根树种插穗的不定根不仅可发生在节上，还可出现在节间，也可分布在芽或叶痕附近，如柳属树种；难生根树种插穗的不定根常常发生在插穗基部切口或插穗下部靠近切口的部位，还有的产生于愈伤组织。

根据插穗不定根发生部位的不同，插穗生根可分为4种类型，即潜伏不定根原基生根型、侧芽或潜伏芽基部分生组织生根型、皮部生根型和愈伤组织生根型。潜伏不定根原基生根型是插穗再生能力最强的一种类型，属易生根的类型，愈伤组织生根型是难生根的类型。有时，同一种树种往往兼具有两种或两种以上的生根类型，这样的树种插穗容易生根。

### （二）影响扦插育苗成活的因素

扦插育苗成败的关键是插穗能不能生根。插穗的生根受多种因素的影响，如树种的遗传特性，母树及枝条的年龄，插穗在枝条上的着生部位及发育状况，采条时期，插穗的规格，外界环境因子（温度、湿度、扦插基质、促根措施等）。

1. 树种的遗传特性

不同树种的生根难易程度有所不同，这是由其遗传性决定的。一般，树种可分为3类：易生根树种，如杨属、柳属、杉木属和悬铃木属树种等；难生根树种，如雪松、圆柏、落叶松、刺槐、泡桐等；极难生根树种，如冷杉、核桃、板栗以及栎属、松属树种等。

2. 母树及枝条的年龄

一般，随着母树年龄的增加，其插穗的生根能力下降。因此，在扦插育苗时，应尽可能选择年龄小的母树进行采条。

就枝条本身来说，一般以1年生枝条生根能力强、生根快，最适宜采集为插穗，2年生次之，2年生以上的枝条生根能力弱。但对于某些生长较慢，1年生枝条细弱、营养物质含量少的，如雪松、圆柏等树种，可选2年生枝条。

3. 插穗在枝条上的着生部位及发育状况

从母树的不同区段采集的插穗具有不同的生根效果。一般，树冠中下部及根部萌发的枝条生根率高。枝条生长发育越好，所含营养物质越多，越容易生根。因此，应尽量采集生长健壮的枝条进行扦插。

4. 采条时期

对容易生根的树种而言，采条时期对插穗生根影响不明显，而对难生根树种来说影响很大。对于难生根树种，在生长发育期采集的枝条（嫩枝）的生根效果比在休眠期采集的枝条（硬枝）生根效果要好得多。因此，正确把握扦插时期对于难生根树种显得十分重要。

5. 插穗的规格

插穗的规格是指插穗的长度和粗度，其对扦插成活率有一定影响。插穗太长，会造成浪费；太小，则营养不足，不能生根。因此，扦插时，要根据树种及枝条的木质化程度确定适宜的插穗规格。

另外，插穗上的叶和芽对生根也有影响。实践证明，在插穗上保留一定数量的叶和芽，有利于插穗生根。

6. 外界环境因子

1）温度

温度对插穗生根有很大影响，不同树种的插穗生根所需要的温度也不同。一般树种以 15~20 ℃为宜，常绿阔叶树要求土壤温度高一些，一般为 23~25 ℃。扦插基质的温度比空气温度高 3~6 ℃，更有利于插穗生根，但扦插基质的温度过高或过低，都对插穗生根不利。每一树种的插穗生根都有其最低温度，如杨属树种插穗生根的最低温度为 5~7 ℃，为了延长其苗木生长期，应该利用插穗生根最低温的条件在早春进行扦插。

2）湿度

对于硬枝扦插，往往是先放叶后生根。嫩枝扦插时，叶面水分蒸腾很快，而插穗的吸水能力很弱，插穗失水过多，则会枯萎。因此，保证插穗在生根过程中不失水是很重要的，应采取减少叶面积、遮阴、提高空气湿度等措施，保证插穗顺利生根。利用全光自动喷雾装置进行扦插育苗，可保证插穗叶面常有一层水膜，生根效果好。

3）扦插基质

一般，容易生根的树种在大田中进行扦插，只要精心管理，就可取得较好的效果；但在气候干燥、风大、寒冷的地区，大田中扦插很难成功。因此，需要将插穗插在特殊的扦插基质中。扦插基质是插穗生根的场所，其成分直接影响温度、湿度及通气状况，进而影响插穗生根。扦插基质需具有充足的空隙度、良好的通气性、较高的蓄水能力，含有丰富的营养物质，没有真菌和细菌病害及杂草种子。常用的基质有：河沙、泥炭、蛭石等，这些基质不仅可单独使用，还可按照不同比例混合使用。

4）促根措施

为了促进插穗生根，提高扦插成活率，在扦插时常常对难生根树种采取一些促根措施，促根措施大致可分为两类：一类是在采条前对母树进行处理，包括黄化处理、环剥处理、幼化处理等；另一类是采条后对插穗进行处理，包括激素处理、洗脱处理、营养处理、低温处理等。

（1）黄化处理：是在扦插前，将采条母树或要采的枝条用黑色塑料布覆盖起来，使它们生长在黑暗的环境中。由于黄化处理一般在生长季节进行，气温较高，因此，一定要注意通风，避免病虫害发生。

（2）环剥处理：在生长期对要采的枝条的基部进行环状剥皮，使枝条内部积累更多的营养物质，以促进插穗生根。

（3）幼化处理：一般，母树年龄与其插穗生根率呈负相关，对于难生根树种，保持母树处于幼化状态是扦插成功的保证，因此，应常对母树进行幼化处理。采用的方法是：平茬、修剪、连续扦插、连续嫁接、组织培养等复幼法。

(4) 激素处理：最常用的方法之一，即用适宜浓度的激素溶液浸泡插穗。常用的激素有吲哚乙酸（IAA）、吲哚丁酸（IBA）、α-萘乙酸（NAA）、ABT生根粉等。激素的作用效果与树种的生物学特性、母树的年龄、枝条发育的程度、外界环境条件、促进生根的方法及其本身的使用方法密切相关。激素处理与其他处理配合使用，效果更好。

(5) 洗脱处理：用温水浸泡插穗，适用于树脂、单宁含量较高的树种。

(6) 营养处理：插穗生根时需要一定的营养物质，一般脂肪利用得少，而碳水化合物和氮素化合物利用得多。生产上常用蔗糖和尿素或其他氮素化学肥料水溶液处理插穗，其促进生根效果很好。

(7) 低温处理：将插穗置于低温环境中一段时间，目的是使插穗内抑制物质转化，以利于生根。

上述促根措施对不同树种作用效果不同，因此，要根据树种的特性及具体情况选择适宜的促根措施。

### （三）扦插育苗种类及技术

根据取材部位不同，扦插可分为枝插、根插、叶插等，其中最常用的是枝插。枝插根据枝条的木质化程度分为硬枝扦插和嫩枝扦插。

**1. 硬枝扦插技术**

(1) 采条：在树木落叶后和第2年春季发芽前，从健壮幼龄母树上采集1年生枝条，容易生根的树种也可采用1~2年生枝条。

(2) 制穗和低温贮藏：采条后应立即将其截制成插穗，阔叶树取枝条的中下部，长度为15~25 cm，一般带2~4个芽为宜，插穗的粗度根据树种而定，速生树种如杨属、柳属等树种插穗的粗度为1~2 cm，不能小于0.5 cm；生长较慢的针叶树种、常绿树种其插穗粗度一般为0.3~0.8 cm，取带有饱满顶芽的枝条，插穗的长度为10~15 cm，插穗的切口要平滑，上切口距第一个芽约0.5 cm，下切口距最下端的芽约1 cm。制穗后，每50~100根捆成一捆进行低温贮藏，方法同种子低温层积催芽，注意保护最上端的第一个芽。低温贮藏至少需要40天左右，在贮藏期间要注意定期检查，发现问题及时解决。

(3) 消毒：扦插应在土壤解冻后叶芽萌动前进行，扦插前应对扦插基质进行消毒，消毒方法同播种育苗时的土壤消毒。

(4) 植物生长剂处理：难生根树种的插穗要用植物生长调节剂（如ABT生根粉等）溶液处理，插穗下端浸入溶液的长度约为插穗长度的1/3，处理完要用清水冲洗插穗上的药液。

(5) 扦插：扦插时要定点划线，扦插密度应根据树种确定，一般株距10~50 cm，行距30~80 cm。扦插深度根据扦插时间和环境条件而定，一般将插穗垂直插入扦插基质，扦插后露出最上端第一个芽。扦插时要先打孔再扦插，孔深不能大于插穗的长度，小头朝上，大头朝下，不能倒插，不能蹬空，做法见图2-9。不能碰掉上端第一个芽，也不能破坏下切口。插后应立即浇水或喷水。

(6) 扦插后管理：扦插后，每隔一定时期消毒一次，常用多菌灵 50% 可湿性粉剂稀释 800～1 000 倍溶液（就是指这种粉剂 1 份加水 800～1 000 份后配成的溶液）消毒。生根后应适当减少喷水次数，扦插后管理同移植育苗。

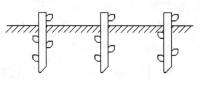

图 2-9　硬枝扦插示意图

2. 嫩枝扦插技术

(1) 选择阴天或无风天的早晨，从幼龄母树上采集生长健壮的当年生半木质化枝条，并在阴凉处立即制成插穗，在制穗过程中应尽可能将插穗浸泡在水中。插穗长度为 10～15 cm，阔叶树取枝条的中下部，针叶树采条要带顶梢。注意采条量应以当天扦插完为宜，做到随采、随剪、随插。

(2) 扦插前，难生根树种的插穗要用植物生长调节剂溶液处理，注意叶子不能浸入溶液，处理后要用清水冲洗插穗。

(3) 扦插时要定点划线，密度以两插穗间叶子相接为宜。扦插深度以插穗不倒为宜，通常为直插，如图 2-10 所示。

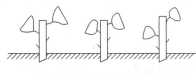

图 2-10　嫩枝扦插示意图

(4) 扦插后应立即喷水。每隔一周要用多菌灵 50% 可湿性粉剂稀释液消毒一次。为提高插穗生根率，常在插穗生根过程中进行叶面追肥，如喷尿素（浓度 0.5%）、磷酸二氢钾（浓度 0.2%）等溶液。扦插苗生根后可进行可移植，移植后管理同移植育苗。

目前，许多育苗单位都引用全光照自动喷雾装置进行扦插育苗管理（图 2-11），它可保证插穗叶面常有一层水膜，生根效果好。全光照自动喷雾装置由叶面水分数字控制仪和对称式双长悬臂旋转扫描喷雾装置两部分构成。叶面水分数字控制仪主要用于扦插时对插穗叶面水分进行自动监测和控制；双长悬臂旋转扫描喷雾装置主要用于育苗喷雾。

图 2-11　全光照自动喷雾装置

苗床宜在阳光充足、排水良好、地势平坦及距离水源和电源较近的地方建立。苗床为圆形，直径与喷雾装置双臂喷水管长相同或略长，中心高、四周低，高差为 50 cm。床外周用砖砌起 40~50 cm 矮墙，最低层要留出排水孔。床中心用水泥做好基座，并用地角螺丝把基座固定在上面。插床底部先铺 15~20 cm 碎石块，再铺一层粗沙，上面填入 20 cm 扦插基质，可用细河沙、蛭石等。

为了保证喷雾工作的正常进行，防止停电，除具备正常的供水来源外，应在距离苗床 5 m 外的地方修建一个 4 m 高的水箱（大于 2 $m^3$），平常水箱内必须贮水，以便停电时应急用或作为农药、化肥的注入箱。

## 二、嫁接育苗

嫁接育苗是将植物部分器官如枝、芽等（接穗）接在另一植物的干或根（砧木）上，使之愈合成活，成为独立个体。其以"穗/砧"表示，如毛白杨/加杨表示嫁接在加杨砧木上的毛白杨嫁接苗。嫁接苗有以下特点：

（1）嫁接苗的地下部分是砧木的根系。一般选择抗性较强的树种作为砧木，以增强其对环境的适应性，也可通过选择乔木或矮化等不同类型的砧木来控制树体的大小。

（2）嫁接苗的地上部分是由接穗发育起来的，由母体的一部分营养器官发育的，是母体生长发育的延续，因此嫁接树可提前开花结实。嫁接繁殖法常用于建立种子园、果树栽培、观赏植物的繁殖等。

**（一）嫁接育苗成活的原理**

嫁接育苗能否成功主要取决于砧木和接穗之间形成层结合的紧密程度，两者的形成层和薄壁细胞一起分裂，形成愈合组织并分化产生新的输导组织。

嫁接后，砧木和接穗结合部位在愈伤激素的作用下，形成层活动增强，接口周围具有分生能力的细胞开始分裂和生长，形成愈合组织，将双方原来的输导组织沟通，最后，愈合组织外部的细胞也分化成栓皮细胞，把砧木和接穗结合部的栓皮细胞连接起来而真正愈合成活，形成一个新的植株。

**（二）影响嫁接育苗成活的因素**

1. 亲和力

亲和力就是砧木和接穗双方嫁接愈合并生长发育成一个新的植株的能力，也就是砧木和接穗在内部结构上、生理上和遗传性上彼此相近，并能相互结合形成统一的代谢过程的能力。亲和力强的树种之间嫁接育苗容易成活，并能正常生长发育，反之，嫁接不容易成活，或即使成活也生长不良。

亲和力强弱与砧木和接穗间的亲缘关系相关。一般地说，亲缘关系越近，亲和力也就越强。同品种或同种间嫁接亲和力最好，这种嫁接组合称为共砧（本砧）嫁接，如油松嫁接于油松就属于共砧嫁接；同属不同种之间，一般也较亲和；不同属嫁接就比较困难。

2. 砧木和接穗的生活力及生理特性

砧木和接穗的生活力及生理特性对嫁接成活有很大影响。生长良好的砧木和接穗有利于嫁接的成功。一般，砧木萌动期比接穗早的话，嫁接容易成活。含树脂、单宁高的树种（如松属树种、核桃、板栗、柿等）进行嫁接，不易成活。

3. 砧木和接穗的地理分布

亲缘关系较近，但地理分布距离较近的比距离较远的亲和力高。如红松/樟子松好于红松/华山松；又如君迁子种在北方嫁接柿子，成活率很高，如果君迁子种在南方再嫁接柿子，成活率就会大大降低。

4. 接穗含水量

实践证明，接穗的含水量过高或过低都不利于嫁接成活。一般接穗含水量在50%左右最好。

5. 外界环境条件

嫁接要在适宜的温度、湿度等条件下进行。温度太高、空气干燥会使接穗的蒸腾作用加强，进而使接穗枯萎；温度太低，则不利于愈合成活。嫁接适宜的温度在20~25℃，湿度为80%~90%。因此，春季进行嫁接时，应采用塑料袋对接穗进行包扎以保持一定的温度和湿度，提高嫁接成活率。

嫁接成活除与上述因素有关外，还与嫁接技术、嫁接后管理及采用的嫁接方法有关。

（三）**嫁接方法**

嫁接的方法很多，不同的方法都有其特定的条件和应用范围。嫁接方法主要有两大类：枝接和芽接。枝接指的是接穗是枝条（带一个或一个以上芽），分为切接、劈接、合接、舌接、复接、桥接、髓心形成层对接等；芽接指的是接穗是芽，分为T字形芽接、盾接、嵌芽接、管状芽接等。除此之外，还有根接（接穗是根）、芽苗砧嫁接（就是用未出土、展叶或刚出土、展叶的幼嫩芽苗为砧木，来嫁接胚芽、成熟枝条、嫩枝等）、微嫁接（试管苗嫁接等）。目前，在生产上最常用的有以下几种嫁接方法。

1. 劈接

劈接（图2-12）是一种古老的嫁接方法，在生产中广泛应用。首先，用剪枝剪或切接刀将接穗削成楔形，要求两个削面长度相近，长约3 cm；其次，锯断砧木并削平锯口，用劈接刀将砧木从中间劈开，使劈口深3~4 cm；再次，将接穗轻轻插入，使接穗与砧木的形成层对齐，并使接穗切口露出0.5 cm，成为露白，若砧木较粗，可用铁钎或劈刀的楔部将砧木劈口撬开；最后，用塑料条包紧、包严。劈接常用于接穗细、砧木粗的情况。

2. 切接

切接（图2-13）适用于砧木与接穗粗细相近的情况下，砧木直径1~2 cm。首先，用切接刀或剪枝剪将接穗削一长削面，长3 cm左右，再在对面削一长约1 cm的短削面；其次，在砧木截面的1/4~1/3处用切接刀切开长3~4 cm的切口；再次，将接穗大削面向里面插入切口，使接穗与砧木的形成层对齐，如不能对齐，则要一边对齐；最后，用塑料条包紧、包严。

图 2-12 劈接

图 2-13 切接

**3. 髓心形成层对接**

髓心形成层对接（图 2-14）多用于针叶树的嫁接。具体做法是：将 1 年生枝条截成 8~10 cm 长，除保留顶端 6~8 束针叶外，其余全部去掉，再在针叶以下用锋利的刀先斜切至髓心，然后沿髓心纵向削去半边接穗，削面应平直光滑，反面末端再斜切一刀使接穗基部成舌形。砧木一般用 2~3 年生苗，选择比较平直的一侧去掉针叶，将皮层自上而下削开，长度与接穗长削面相等，下端斜向切去削开的皮部使其成趾尖状。将削好的接穗贴于砧木的削开部分，使两者的形成层紧密贴合，最后用塑料条自上而下严密绑缚。

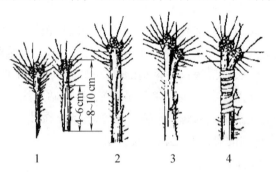

1—削接穗；2—削砧木；3—接后状况；4—严密绑缚。

图 2-14 髓心形成层对接图

**4. 丁字形芽接**

图 2-15 丁字形芽接

丁字形芽接砧木的切口像丁字，故称为丁字形芽接（图 2-15）。首先，用芽接刀在接穗芽的上方 0.5 cm 处横切一刀，深达木质部，不宜过重伤及木质部，从芽下方 1.5~2.0 cm 处，顺枝方向斜削一刀，长度超过横刀口即可，用两指捏住芽片，使之剥离下来，芽片呈盾形；其次，在砧木近地面比较光滑的部位，用芽接刀横切一刀，深达木质部，再在横刀口下纵切一刀呈丁字形，用刀尖拨开一侧皮部，随即将芽片放入；再次，用手按住芽片轻轻向下推动，使芽片完全插入砧木的皮下，并使芽片的上边与砧木横切口对齐；最后，用塑料条包扎严密，并使叶柄露在外面。

(四) 嫁接育苗技术

1. 砧木的选择与培育

砧木对嫁接植株的成活、生长发育、品质、产量及对环境的适应性有很大影响，因此，嫁接时选择适宜的砧木是非常重要的。选择时要注意：砧木与接穗要有良好的亲和力；能适应栽培地区的环境条件；对栽培的树种、品种的生长发育要有良好的影响；容易繁殖；具有符合栽培目的的特殊性状，如矮化等。砧木一般选用实生苗。针叶树作砧木，落叶松选用2～3年生苗，油松、樟子松、马尾松选用3～4年生苗，红松选用4～5年生苗；阔叶树则多用1～2年生苗作砧木。

2. 接穗的选取和贮藏

接穗应选取健壮的1年生枝条，由基部截取2/3以上枝段。对于常绿阔叶树、针叶树，一般现接现采；对于落叶树，最好在落叶后进入休眠状态再采，并在低温条件下贮藏。芽接穗应随接随采。

3. 嫁接时期

在生产上一般春季进行枝接，夏季、秋季进行芽接。不同树种应根据其具体情况决定嫁接时期。

4. 嫁接前的准备

嫁接前应准备好嫁接工具，并对嫁接人员进行技术培训，以保证嫁接能获得成功。此外，还须做好以下几项工作。

1）接穗生活力的检验

枝接时，若采用当年新梢作接穗，应看枝梢皮层有无皱缩、变色；芽接时，要检查是否有不离皮现象。要对经贮藏的接穗进行抽样，将削面插入温度、湿度适宜的沙土中，若10天内形成愈合组织，可用来嫁接，否则应淘汰。

2）接穗的活化

在嫁接前1～2天，应将经过贮藏的接穗放在0～5℃的湿润环境中进行活化。

3）接穗的水浸处理

对经过活化的接穗，嫁接前最好再水浸12～24小时，特别对松属树种接穗，水浸可溶解部分松脂，有利于切口愈合。

5. 嫁接注意事项

嫁接时，砧木和接穗的削面要平滑；砧木和接穗结合部的形成层要对准；嫁接操作要快；砧木、接穗结合部位要绑紧，使砧穗形成层紧密相接，以利成活。嫁接后使结合部位保持一定的湿度是形成愈伤组织的关键因素。目前生产中采用的塑料带绑缚，或套塑料袋，或用湿土封埋结合部位，都是保湿、保温的有效措施。

6. 嫁接后的抚育管理

1）成活检查、绑缚物解除和补接

嫁接后要进行成活检查。大多数树种，芽接后2周左右、枝接5～6天即可愈合，这时可以检查成活率。芽接时，凡是接芽及芽片新鲜，叶柄一触即落为芽接成活；芽片干枯变色，不能形成离层，叶柄不易脱落则未成活。对检查确定已成活的嫁接苗，应解除绑缚物，以利于砧木与接穗生长；对未接活的嫁接苗应予以补接。枝接时，如常绿树种的接穗和针叶保持青绿则可能成活。至于解除绑缚物的时间应根据树种而定。一般阔叶树只要成活后即可解除绑缚物，而针叶树（如落叶松）成活后经 1~2 个月才能除绑，樟子松、红松等成活后的第二年 5 月才能除绑。

2) 剪砧、抹芽和除蘖

嫁接成活后要立即剪砧和抹芽。剪砧是芽接成活后剪去接芽以上部分砧木的枝干的工作，以利于接芽的萌发和生长。秋季芽接的，在第二年春季萌芽前剪砧，剪口在接芽上方 0.2~0.3 cm 处，并稍有倾斜。

抹芽是接穗萌发后抹去多余芽的工作。一般阔叶树在接穗萌芽后只保留一个健壮的芽，其余的抹去，砧木上发出的芽一律抹去。针叶树尤其是松属树种，在接穗萌芽发出新的轮枝时，可去掉砧木上的轮枝，剪去砧木主梢，并随时对砧木进行抹芽和修枝，直到接穗自身长出侧枝并足以维持自身营养时，再将砧木侧枝全部去掉。同样，在枝接成活后，为集中养分供给接口愈合并促进接穗新梢生长，必须随时剪除砧木的萌蘖。

对嫁接苗的抚育管理，除上述内容外，还应及时进行中耕除草、施肥、灌溉以及防治病虫害等工作。

### 三、组织培养

组织培养是在无菌条件下，把与母树分离的植物器官（根、茎、叶等）、组织、细胞及原生质体放在人工配制的培养基中，在人工控制的条件下，培养成大量完整的新植株（组培苗）。从母体上截取的用于培养的那部分材料称为外植体。

（一）组织培养的特点

(1) 在严格控制下完成繁殖。
(2) 繁殖速度快，繁殖系数高。
(3) 繁殖材料少。
(4) 不受季节限制，可周年生产。
(5) 不易受病虫害侵染。
(6) 组培苗无性系的性状比传统无性系更加整齐一致。
(7) 组培苗分枝多。
(8) 投资多，技术难度高。

（二）组织培养的种类

根据培养所用材料的不同，组织培养可分为器官培养、组织和细胞培养、原生质体培养和单倍体培养，其中以器官培养应用最广泛。器官培养常以茎尖、茎段、叶片、芽等为繁殖材料。

（三）组织培养的工序

1. 实验室的建立与设备的配置

在进行组织培养之前，先要建立实验室。实验室包括准备室、无菌操作室（接种室）

和培养室。

1）准备室

准备室一般 20 m² 左右，要求明亮、通风。培养器皿的洗涤，培养基的配制、分装、包扎、高温灭菌等均在准备室完成。需要的设备有：100~200 L 电冰箱 1 台、高压灭菌锅 2~3 个、4~6 L 不锈钢锅或电饭锅、2~2.5 kW 电炉、洗涤用水槽 1~2 个、工作台 1~2 张、放药品的玻璃橱 1 个、置物架 2~3 个、干燥箱 1 个、天平、培养器皿，以及各种试剂瓶和容量瓶等。

2）无菌操作室（接种室）

无菌操作室是进行无菌操作的场所，培养材料的消毒、接种、无菌材料的继代、丛生苗的增殖或切割、嫩茎插植生根等都在无菌操作室完成。如果放置 1 台超净台只需 7~8 m²，而放 2 台超净台需 10~12 m²。无菌操作室需要安装紫外灯 1~2 盏用以经常照射灭菌，应配置拉门，最好安置 1 个小型空调机；无菌室外应留有缓冲间，面积约 2 m²，最好安装 1 盏紫外灯。

3）培养室

要将接种好的材料放入培养室进行培养。培养室的温度常年保持 25 ℃ 或高 1~2 ℃。培养室要求清洁干燥，也要安装紫外线灯，还要定期用福尔马林蒸气熏蒸。主要设备和用具有：培养架、紫外线灯、空调机、温度湿度计、温度自动记录仪等。

2. 培养基的配制程序

培养基是组织培养的重要基质。选择合适的培养基是组织培养成败的关键。目前，国际上流行的培养基有多种，以 MS 培养基最常用。MS 培养基的配制程序如下。

1）配制母液

在组织培养工作中，为了减少各种物质的称量次数，一般先配一些浓溶液，用时再稀释，这种浓溶液叫母液。母液包括大量元素母液、微量元素母液、肌醇母液、其他有机物母液、铁盐母液等。母液应按种类和性质分别进行配制（表 2-6），并单独保存或几种混合保存。也可配制单种维生素母液、植物生长素母液。母液一般比使用液浓度高 10~100 倍，在冰箱中保存备用。

表 2-6  MS 培养基母液的配制表

| 类别 | 中文名称 | 化学式 | 每升培养基中的药品用量/mg | 母液扩大倍数 | 每升母液中药品的称取量/mg | 每升培养基取用的母液量/mL |
|---|---|---|---|---|---|---|
| 大量元素 | 硝酸钾 | $KNO_3$ | 1 900 | 10 倍 | 19 000 | 100 |
| | 硝酸铵 | $NH_4NO_3$ | 1 650 | | 16 500 | |
| | 亚磷酸二氢钾 | $KH_2PO_3$ | 170 | | 1 700 | |
| | 硫酸镁 | $MgSO_4 \cdot 7H_2O$ | 370 | | 3 700 | |
| | 氯化钙 | $CaCl_2 \cdot H_2O$ | 440 | | 4 400 | |

续表

| 类别 | 中文名称 | 化学式 | 每升培养基中的药品用量/mg | 母液扩大倍数 | 每升母液中药品的称取量/mg | 每升培养基取用的母液量/mL |
|---|---|---|---|---|---|---|
| 微量元素 | 碘化钾 | KI | 0.83 | 200倍 | 166 | 5 |
| | 硼酸 | $H_3BO_3$ | 6.2 | | 1 240 | |
| | 硫酸锰 | $MnSO_4 \cdot 4H_2O$ | 22.3 | | 4 460 | |
| | 硫酸锌 | $ZnSO_4 \cdot 7H_2O$ | 8.6 | | 1 720 | |
| | 钼酸钠 | $Na_2MoO_4 \cdot 2H_2O$ | 0.25 | | 50 | |
| | 硫酸铜 | $CuSO_4 \cdot 5H_2O$ | 0.025 | | 5 | |
| | 氯化钴 | $CoCl_2 \cdot 6H_2O$ | 0.025 | | 5 | |
| 铁盐 | 乙二胺四乙酸二钠 | $C_{10}H_{14}N_2Na_2O_8$ | 37.3 | 200倍 | 7 460 | 5 |
| | 硫酸亚铁 | $FeSO_4 \cdot 7H_2O$ | 27.8 | | 5 560 | |
| 有机成分 | 肌醇 | $C_5H_{12}O_6 \cdot 2H_2O$ | 100 | 200倍 | 20 000 | 5 |
| | 烟酸/$VB_3$ | $NC_5H_4COOH$ | 0.5 | | 100 | |
| | 盐酸吡哆醇/$VB_6$ | $C_8H_{11}NO_3 \cdot HCl$ | 0.5 | | 100 | |
| | 盐酸硫胺素/$VB_1$ | $C_{12}H_{17}ClN_4OS \cdot HCl$ | 0.1 | | 20 | |
| | 甘氨酸 | $NH_2 \cdot CH_2 \cdot COOH$ | 2 | | 400 | |

2）配制培养基

先按量称取琼脂，将其置于配置培养基的容器中，加水后加热，并不断搅拌使其溶解；然后从冰箱里拿出配制好的母液，根据培养基配方中各种物质的具体需要量，用量筒或移液管从各种培养基母液中逐项量取加入容器中，再加蔗糖，并用蒸馏水定容；再用 1 mol 氢氧化钾或氢氧化钠将培养基的 pH 调至 5.6~5.8；最后用分装器或漏斗将配好的培养基分装在培养用的三角瓶中，包扎瓶口并做好标记。

3）培养基的灭菌

将包扎好的装有培养基的三角瓶放入高压锅灭菌 15~40 分钟，灭菌后放在 4~5 ℃的无菌操作室内待用。

3. 培养材料的选择、表面灭菌和接种

选取无病虫害、粗壮的枝条，放在纸袋里，外面再套塑料袋冷藏（温度 2~3 ℃）。接种前切取茎尖和茎段作为外植体，并对外植体进行表面消毒。常用方法是：先用水冲洗，用小软刷去尘土，再用吸湿纸吸干；然后用 70% 酒精漂洗几秒钟；再用表面消毒剂 0.1%~0.5% 氯化汞，或 1%~2%（体积/质量）溴水，或 2%~10% 次氯酸钠浸泡几分钟，或稍长一点时间；最后用无菌水清洗几次，用无菌纸吸干水。在无菌条件下用解剖刀切取所需大小的茎尖、茎段，用灼烧过并放凉的镊子将切割好的外植体插到培养基表面上，包上封口膜，放到培养架上进行培养。继代培养接种和生根培养接种同此法。

4. 试管苗移栽与炼苗

试管苗移植前，要选择好种植介质，并严格消毒，防止菌类大量滋生。试管苗一般会移植到塑料大棚，一定要控制好温度和湿度，注意遮阴；以后每隔 7～10 天追肥一次；随着小苗的健壮成长，可逐步揭掉塑料薄膜，放在全光下，加大施肥量。

## 第四节　移植苗培育

### 一、移植育苗的目的

一般，播种育苗密度较大，在原床上继续培养 2～3 年生以上的苗木会造成营养面积小、光照不足、通风不良、苗木枝叶少、苗干细弱、地下根量少、成活率低等不良后果。因此，为了培育健壮苗木，必须进行移植。移植就是将苗木更换育苗地继续培养。苗木通过移植，截断了主根，可促进并增加侧根和须根生长，扩大营养面积，有利于苗木生长，提高苗木质量和成苗率。

### 二、移植育苗技术

1. 移植时间

苗木移植时间应根据当地的气候条件和树种特性而定，一般在苗木休眠期进行移植，冬季寒冷干旱地区以春季土壤解冻后立即移植效果最好。对于不同树种移植的具体时间应根据发芽的早晚来定。一般针叶树先移，阔叶树后移，常绿阔叶树最后移植。

2. 移植密度

移植密度一般根据树种的生长速度、根系发育特性、育苗年限、作业方式及计划产苗量等因素而确定。床式作业：针叶树小苗一般株距 6～15 cm，行距 10～30 cm；阔叶树小苗一般株距 12～25 cm，行距 30～40 cm。针、阔叶树大苗，一般采用平作：株距分别为 50～80 cm、100～120 cm，行距分别为 80～100 cm、150～200 cm。

3. 移植前的准备工作

移植前应预先灌好底水，使苗床湿润；为了防止苗木分化，要进行苗木分级；对根系过长或根系受损伤的苗木应进行修剪，一般 1 年生苗木根系保留长度一般为 12～15 cm，2～3 年生苗木根系保留长度 20～30 cm。

4. 栽植技术

苗木移植时要做到：扶正苗木、舒展根系、不窝根、不露根。移植深度一般比原土印深 1～2 cm。移植后应及时灌溉 1～2 次。

5. 注意事项

在苗木移栽过程中，最好随起苗、随分级、随栽植。一定要保护好苗木，严防苗木风吹日晒，对一时来不及栽植的苗木要用湿土将苗木根系埋置起来。另外，针叶树要保护好顶芽。

## 第五节　苗木调查、质量评价和出圃及贮运

### 一、苗木调查

为了全面了解苗木的产量和品质，以便做出苗木出圃计划和生产计划，应进行苗木调查。

为了得到精确的苗木产量和品质数据，必须选用科学的抽样方法，认真地测量苗木质量指标，用正确的方法统计产量和品质。因此对苗木调查有以下要求：苗木质量有90%的可靠性，精度达到95%；苗木产量有90%的可靠性，精度达到90%；计算出Ⅰ级、Ⅱ级苗木的百分率及废苗率。

#### （一）苗木调查的步骤

苗木调查前，首先要查阅苗圃育苗技术档案；其次要对调查的生产区进行踏查，在此基础上，根据划分同一调查区的条件，确定同一调查区的范围；最后进行苗木调查。苗木调查步骤：第一，选定抽样方法；第二，确定样地的种类、规格及数量；第三，测量调查区面积；第四，样地布设；第五，样苗检测；第六，计算苗木质量精度；第七，计算苗木质量指标。

在苗木检测的基础上，进行苗木分级，计算出Ⅰ级、Ⅱ级苗木的百分率及废苗率。

#### （二）苗木调查地点和时间

苗木调查在原苗圃进行。调查时间根据具体情况决定，可在苗木硬化期起苗前或起苗后进行。如果起苗前或起苗后均来不及进行苗木检测，则应在造林地进行补测。

#### （三）抽样方法

苗木调查所得到的质量指标数据的大小，是否代表苗木的实际情况，主要取决于抽样方法与苗木检测的准确程度。苗木调查的抽样方法必须应用数理统计的原理，进行科学的抽样。在苗木调查中最常用的是机械抽样法（又称系统抽样法）。它的特点是：各样地的距离相等，样地分布均匀。机械抽样法的起始点用随机法定点。

### 二、苗木质量评价

#### （一）苗木质量指标

（1）地径：苗木地际直径，播种苗、移植苗为苗干基部土痕处的粗度，插条苗和插根苗为萌发主干基部处的粗度，嫁接苗为接口以上正常粗度处的直径。

（2）苗高：自地径至顶芽基部的苗干长度。

（3）根系长度和根幅：起苗修根后应保留的根系长度和根幅。

#### （二）优良苗木应具备的条件

1. 壮苗的条件

优良的苗木简称壮苗。壮苗一般表现出生根能力旺盛、抗性强、移植和造林成活率高、

生长较快的特点。壮苗应具备下述条件：

（1）苗干粗壮而直：苗干粗直，有与之相称的高度，上下均匀，充分木质化，枝叶茂盛，色泽正常。

（2）有发达的根系：主根短而直，便于造林，易成活。侧根多而根幅大，能大量吸收和供应苗木生长发育所需要的营养物质。

（3）有适宜的"茎根比"：茎根比值小的苗木，根系发达，苗木质量大，苗木品质好。

（4）苗木无病虫害和机械损伤。

（5）有正常而饱满的顶芽：萌芽力弱的针叶树种要有发育正常而饱满的顶芽，如油松和冷杉等，顶芽生长优势明显强于侧芽。

2. 苗木年龄及表示法

苗木经历一个生长周期作为一个苗龄单位，即每年从地上部分开始生长到生长结束为止，完成一个生长周期为1龄，称1年生。完成2个生长周期为2龄，称2年生。依此类推，移植苗的年龄包括移植前的苗龄。

苗龄用阿拉伯数码表示，第一个数码为播种苗或营养繁殖苗在原地的年龄数，第二个数码表示第一次移植后培育的年限，第三个数码表示第二次移植后培育的年限，数字用短线间隔，各数之和为苗木的年龄，称几年生，如：

（1）播种苗：1-0表示1年生苗播种苗，未经移植。2-0表示2年生播种苗，未经移植。0.5-0表示半年生播种苗，未经移植，完成1/2年生长周期的苗木。1.5-0表示1.5年生播种苗，未经移植。

（2）移植苗：2-2表示4年生移植苗，移植1次，移植后继续培育2年。2-2-2表示6年生移植苗，移植2次，每次移植后各培育2年。

## 三、苗木出圃及贮运

在苗圃中所培育的各类苗木达到造林规格要求（壮苗条件）后，即可起苗出圃造林，如果不能立即造林，为了保护苗木免遭各种损害，需采取相应的苗木贮藏措施。

### （一）苗木出圃的环节

苗木出圃是育苗工作的最后工序，主要包括起苗、分级和统计、苗木贮藏及包装和运输等环节。

1. 起苗

起苗又叫掘苗。起苗时要注意保护好苗木，否则会使育苗前功尽弃。

起苗原则上是在苗木休眠期进行，即秋季落叶后到春季苗木萌动前进行。常用起苗季节如下：

（1）秋季起苗。首先，秋季苗木地上部分已停止生长，但地下部分还在活动，起苗后能及时栽植，翌春能较早开始生长；其次，秋季起苗有利于秋耕制，减轻春季作业劳动力的紧张。

（2）春季起苗。春季苗木根系含水量较高，不适于较长期假植的，如泡桐、枫杨等，可在春季起苗。春季起苗宜早，要在苗木开始萌动之前起苗，否则会降低成活率。常绿树种也可在雨季起苗。

2. 起苗技术要求

（1）保留根系的长度：起苗时要保证苗木根系有一定长度，一般针叶树小苗根系长度为 15~25 cm，阔叶树小苗根系长度为 20~40 cm，插穗移植苗可长一些。

（2）苗木保护措施：严防根系干燥，起苗时如圃地干燥应提前灌水，起苗时应做到边起、边拣、边统计、边包装、边假植，注意保护苗茎和顶芽。

（3）起苗方法：有人工起苗和机械起苗。人工起苗沿苗行一侧掘苗；机械起苗质量好，工效快。

（二）分级和统计

1. 苗木分级

苗木分级又叫选苗，是根据一定的质量指标，将苗木分成若干级别，以便分级造林，提高造林成活率以及方便苗木的定价。苗木进行分级时以地径为主要分级指标，苗高为次要指标。一般将苗木分成Ⅰ级和Ⅱ级，合格苗可以出圃，不合格苗不能出圃。

各树种合格苗的具体标准（地径、苗高）可参见国家苗木质量标准《主要造林树种苗木质量分级》（GB 6000—1999）和地区苗木质量标准。

2. 数量统计

苗木产量包括Ⅰ级苗产量和Ⅱ级苗产量，统计时分别进行，废苗（病虫害苗、机械损伤苗）不统计产量。分级统计应在蔽荫无风处进行。苗木分级统计后，要立即包装，挂好标签，准备出圃。

（三）苗木贮藏

贮藏苗木的目的是维持苗木品质，尽量减少苗木失水，防止发霉，最大限度地保持苗木的生命力。苗木根系比较幼嫩，最易失水从而丧失生命力，又是苗木吸收水分的关键器官，其好坏直接影响着造林成活率。因此，苗木的保护（贮藏）最重要的是保护好苗木根系。常用的苗木贮藏方法有假植和低温贮藏两种。

1. 假植

起苗后，如果不立即运走，或不立即栽植，必须将苗木进行假植。假植的目的是防止根系干燥。假植可分临时假植和长期假植。在起苗后和造林前进行短期假植，叫作临时假植。在秋季起苗后，要通过假植越冬，叫作长期假植或冬假植。

假植方法同播种育苗中苗期管理的假植。注意：苗木假植完后要做好标记，注明树种、苗龄、数量，以便管理。假植期间要经常检查，特别是早春，苗木不能及时出圃时，应采取降温措施，抑制萌发，发现有发热、霉烂现象应及时倒沟假植。

2. 低温贮藏

将苗木置于低温下保存，既能保护苗木，又能推迟苗木的萌发期，延长造林时间。一般，可利用冷藏车、冰窖、能保持低温的地下室和地窖进行苗木的低温贮藏。温度保持在

0~3 ℃，空气相对湿度85%~90%，要有通风设备，这样既适于苗木休眠，又不会使苗木干燥。

**（四）包装和运输**

苗木分级后，应及时运往造林地，在运输过程中，要妥善包装、严防失水。如果油松1年生播种苗晒10分钟，成活率会降至30%；晒1小时，成活率会降至零。

运输时间越长，包装应越细致。对带土坨的大苗，要单株包装，在运输过程中，要经常检查，防止苗根干燥发热，到达造林地后若不立即造林，应马上进行假植。

近年来，用聚乙烯塑料袋包装苗木，效果较好，但要防止袋内因阳光照射而发热。有些国家用冷藏车运送裸根苗，效果也很好，车内温度应保持在1 ℃左右，空气相对湿度应为100%。

## 第六节　容器育苗与温室育苗

### 一、容器育苗

在容器中培育苗木称为容器育苗。用这种方法培育的苗木称为容器苗。容器育苗起源于20世纪50年代后期，20世纪60—70年代得到了迅速发展，我国开始于20世纪50年代，但直到20世纪70年代才有了现代化的温室容器育苗。

**（一）容器育苗特点**

1. 优点

（1）提高造林成活率。容器苗带着未伤根的完整的根团造林，栽苗后没有缓苗阶段，并且运输过程中不易失水，所以造林成活率高，一般在85%以上。在干旱地区，容器育苗更有推广价值。

（2）造林季节不受限制。容器苗带土栽植，由于根系未损伤，栽植时苗木主要还是靠营养土生长，对正常生长过程干扰不大，所以春、夏、秋三季都可造林。这样就延长了造林时间，便于劳动力的安排。但由于造林地和苗圃地环境条件毕竟不一样，所以在苗木高生长最盛时期，最好不要进行造林。

（3）节省种子。由于营养土体积、光照、肥力、水分基本一致，每个容器只需2~3粒种子，即可培育出健壮、整齐的苗木，这对缺种地区和种子少的珍贵树种育苗具有重要意义。

（4）育苗周期短。营养土经过精心配制，适于苗木生长，而且容器苗多在大棚或温室内培育，温度、水分、光照等生态环境可调控到苗木所需的最佳状态，因此，苗木生长迅速，育苗周期短，3~6个月即可出圃造林。但有时由于苗木生长过高，木质化程度低，易遭冻害或杂草的欺压。

（5）便于育苗全过程机械化。容器育苗从制杯、装土、播种到覆盖管理等工艺流程都可进行机械自控作业，实现了工厂化育苗，大大提高了劳动生产率。

2. 缺点

（1）育苗成本高。这是容器育苗不能大规模应用的主要原因之一。据国外报道，容器苗的成本一般比裸根苗高60%左右。

（2）育苗技术比较复杂。营养土的配制，需根据苗木的特性、营养土种类进行，技术复杂。例如灌水时，裸根苗由于根系占据面积广而灌多影响不大，但容器苗就不行。容器苗若施肥比较集中也易造成苗木的伤害。因此，一般容器苗需在棚内培育，致使水、气、养分、热等的调节及病虫害的防治复杂化。

（3）造林成效问题。容器苗根系弯曲，苗木一般较小，存在造林后窝根（造林时苗木根系在栽植穴中未舒展开，成卷曲状，这种现象会影响苗木的正常生长和成活）、小苗易被杂草欺压、林木生长慢等问题。

（4）运输费用高。苗木带土运输成本高，山地造林大量采用容器苗更成问题。

根据容器苗的优缺点分析，容器苗主要应用于干旱、土壤瘠薄，裸根苗造林不易成活的地区，以及种子珍贵、稀缺的树种和补植等。它不能代替裸根苗造林，而是起补充作用。另外，在不同地区，容器苗的应用范围也是不一样的。

（二）容器育苗技术

1. 容器的种类、特点及形状

目前应用的容器主要有两类：一类是可与苗木一起栽植入土的容器，主要用泥炭、纸张、黄泥、稻草等制成（图2-16、图2-17），在土壤中可被水溶解，被植物根系分散或被微生物分解，但由于各种原因（如在育苗的最后阶段容易分解，运输不便，成本相当高等）而不常采用；另一类是不能与苗木一起栽植入土的容器，主要由聚乙烯、聚苯乙烯等塑料制成（图2-18），这种容器能反复使用，成本较低，且易于机械化生产，目前国内外应用较广泛。

图2-16　泥炭容器

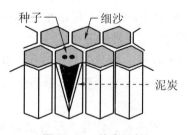

图2-17　蜂窝纸杯

容器形状有六角形、四方形、圆形、圆锥形等。圆筒状营养杯易造成根系在杯内盘旋成团和定植后根系伸展困难的现象，不常采用；六角形、四方形有利于根系的舒展，且易排列，杯与杯间无空隙，土地利用率较高，使用较多。总之，育苗容器采用什么形状，主要应关注两个问题：不使苗木根系卷曲和制作简便。

图 2-18 聚乙烯塑料容器

2. 容器的规格

容器的规格相差很大,主要受苗木大小和费用开支的限制。例如,北美和北欧的容器苗主要用来进行大面积造林,要求尽可能迅速、经济、合算地培育出匀质的苗木,以利栽植。此外,这些地区容器苗的培育不依赖于当地培育条件(气候和土壤),所以他们几乎只培育小于 1 年生的小苗,容器体积一般在 $40 \sim 50 \ cm^3$,因此使用的容器是小型的。而中欧培育容器苗的主要目的是战胜杂草和野兽的为害,培育的是多年生的大苗,所以使用的容器一般要大一些,容积在 $90 \sim 380 \ cm^3$。我国国土面积较大,难以有统一的规格,但就目前普遍使用的塑料袋容器来看,大多属小型容器,容器高在 $10 \sim 20 \ cm$,直径在 $4 \sim 10 \ cm$,详细规格可参阅中华人民共和国林业行业标准《容器育苗技术》(LY/T 1000—2013)。

3. 营养土的配制

1)营养土的种类

我国配制营养土的材料主要有泥炭、森林土、草皮土、塘泥、黄心土、炉渣、蛭石、火烧土、菌根土、腐殖质土等。营养土一般不是单一应用,而是两种或两种以上的营养土配制混合使用。营养土的配制比例应根据树种特性、材料性质和容器条件等决定。

营养土的配制是容器育苗成败的关键,因此,一定要精细选择和配制营养土。选择营养土可参考我国常用的营养土配方(表 2-7)。

表 2-7 我国常用的营养土配方

| 营养土配方 | 培育树种 |
| --- | --- |
| 沙土 65%,腐熟马、羊粪 35% | 油松、樟子松 |
| 黄土 56%、腐殖质土 33%、沙子 11%(1∶80 福尔马林溶液消毒) | 油松 |
| 杨树林土(黄心土)60%、腐殖质土 30%、沙子 10%,每 50 kg 土加过磷酸钙 1 kg(3% 硫酸亚铁消毒,每立方米土喷药液 15 kg) | 油松、白皮松、樟子松、华山松、圆柏 |

续表

| 营养土配方 | 培育树种 |
| --- | --- |
| 森林土 95.5%、过磷酸钙 3%、硫酸钾 1%、硫酸亚铁 0.5% | 油松、圆柏、文冠果、白榆、臭椿、刺槐 |
| 黏土 80%、沙土 10%、羊粪 10% 或黏土 80%、沙土 20% | 花棒、杨柴、梭梭、柠条 |
| 森林表土（黑褐色森林土）80%、羊粪 20% | 雪岭云杉、落叶松 |
| 黑钙土 90%、羊粪 10%，加少量氮、磷、钾复合肥料 | |
| 墙土 70%、沙子 20%、羊粪 10%，加少量尿素（0.3%）和磷酸二氢钾（0.2%） | 花棒、柠条 |
| 墙土 70%、沙子 20%、羊粪 10% | 梭梭、沙枣 |
| 肥沃表土 60%、羊板粪 30%、过磷酸钙 8%、硫酸亚铁 2% | 油松、华山松、侧柏、落叶松 |
| 草炭土 50%、蛭石 30%、珍珠岩 20% | |

2）营养土的配制步骤

（1）将培养土基质材料粉碎、过筛。

（2）按一定比例将基质材料混合。

（3）将营养土调至一定的湿润状态，湿润的程度以装杯后不致从容器的排水孔漏出、握成团后不变形为宜。

配制注意事项：混拌营养土的场所应保持清洁。如果采用机械混拌营养土，设备在使用前可用 2% 的福尔马林溶液消毒。不同树种苗木生长要求不同的酸碱度范围，一般针叶树要求的 pH 为 4.5~5.5，阔叶树要求的 pH 为 5.7~6.5。培育松属、栎属树种容器苗时应接种菌根菌。

4. 容器装土、排列与播种

播种前要把营养土装到容器中，可以手工装土，也可以机械装土。手工装土时不要装得过满，一般比容器口低 1~2 cm，装满土后从侧面敲打容器使虚土沉实，装土松紧适宜时，手握容器侧面只会留下手指印。

容器装土后，要整整齐齐摆放到苗床上，摆放时，容器之间要留有空隙。

容器中播种与裸根苗播种过程相似。播种后应覆盖或遮阴。播种量要根据种子发芽率决定，每个容器内的播种量见表 2-8。

表 2-8 发芽率与每个容器内的播种量

| 发芽率 | 每个容器内的播种量/粒 |
| --- | --- |
| 95% | 1 |
| 75% | 2 |

续表

| 发芽率 | 每个容器内的播种量/粒 |
| --- | --- |
| 50% | 3 |
| 30% | 5 |
| 25% | 6 |

5. 容器苗的抚育管理

容器苗的抚育管理基本与露天播种育苗相同。出苗前需要覆盖，出苗后应及时撤除覆盖物并需要浇水、追肥、松土除草、间苗和补苗。

1）浇水

容器苗不能引水灌溉，而土壤又需要保持湿润，因而，喷水是容器育苗中重要的措施。在出苗前喷水时，水流不能太急，以免将种子冲出。

2）追肥

容器苗虽然生长在营养土中，但容器空间有限，不能满足苗木整个生长过程中对营养成分的全部需要。因此，容器苗仍需要追肥，一般与浇水同时进行。常用含有一定比例的氮、磷、钾复合肥料，用1∶200的浓度配成水溶液，而后进行喷施。每隔1个月左右追肥1次，但每次数量要少。最后1次在8月中下旬，之后应该停止追肥，以利于苗木木质化，安全越冬。

3）松土除草

容器内的营养土因喷灌也会板结，生长杂草，因此，也应松土除草，要做到"早除、勤除、尽除"。

4）间苗和补苗

在容器育苗生产中，播种量偏大或撒种不均匀往往会导致苗的密度过大或稀密不均，必须及时进行间苗和补苗。一般在出苗后20天左右，小苗发出2～4片叶子时进行间苗和补苗，每个容器内保留一株健壮苗，其余苗要拔除或进行补苗。注意：间苗和补苗前先要浇水，等水渗干后再间苗或补苗，这样不会伤根；补苗后一定要再浇一遍水，但不要太多。

## 二、温室育苗

（一）温室育苗特点

近几十年来，随着塑料工业的发展，林业上常采用塑料大棚温室进行育苗。塑料大棚是用塑料薄膜建成的温室。它的优点是保温保湿，延长苗木生长期，缩短育苗年限，提高种子发芽率，苗木生长量大，幼苗免受风、霜、干旱等危害，同时杂草也少，特别在干冷地区显得更为重要。但温室育苗成本高，技术要求也比一般露天育苗高。

（二）塑料大棚温室育苗技术

1. 棚址选择

大棚应选择在靠近村、镇、居民点附近，地势平坦、排水良好、背风向阳、空气流通且有灌溉条件的地方。

2. 大棚构造

大棚多呈圆形，棚顶呈半圆形（图2-19），多为轻型角钢构架，上覆耐老化的聚氯乙烯塑料薄膜。大棚规格一般以长30~80 m，宽10~16 m，高2.0~2.5 m为宜。大棚过长，腰门设置过多，不利于增温、保温；过宽，通风降温效果不佳；过高，不利于抗风保温。因此，大棚高度在不影响苗木生长和人工作业的情况下，尽量较低为好。

图2-19　塑料大棚

3. 大棚育苗

塑料大棚温室育苗与露天育苗的方法和步骤基本相同，但在大棚内进行容器育苗时，应注意对生长缓慢、当年不出圃的苗木应更换较大的容器，以利于苗木生长。

4. 大棚管理

利用塑料大棚进行育苗，关键是控制好棚内的温度和湿度。通常大棚内的温度靠门窗的开闭或搭遮阳网来调节。白天大棚内的温度应控制在25 ℃以上，但最高不超过40 ℃，夜间控制在15 ℃左右。出苗前棚内相对湿度保持在80%左右，出苗后棚内相对湿度保持在50%~60%。

大棚内育苗时，棚内病菌繁殖快，一定要防治病虫害，坚持"预防为主，综合防治"的原则。

5. 撤棚与苗木锻炼

苗木出棚前应逐渐撤棚和进行苗木锻炼，因为苗木生长在条件比较优越的棚内，对外界条件的适应性较差，苗木直接出棚，对苗木生长极为不利。撤棚的时间要根据棚内外的自然条件而定，撤早了容易造成温度低而影响苗木生长，撤晚了棚内温度高会使苗木徒长而降低抗病力。因此，只有正确地安排撤棚程序，进行苗木锻炼，才能促进苗木木质化程度，提高苗木品质，以适应造林地环境。

在苗木锻炼过程中，开始时先将大棚周围的薄膜卷起，逐步增加通风，再将上部薄膜撤除1/4~1/2，最后彻底撤除薄膜。

## 三、工厂化育苗

传统育苗是在苗圃露天条件下培育裸根苗。随着塑料工业的发展,容器育苗、大棚温室(图2-20)育苗等育苗技术迅速得到推广。工厂化育苗就是容器育苗和大棚温室育苗相结合,育苗过程全部实现机械化的育苗新方法。

图2-20 大棚温室

### (一) 工厂化育苗特点

工厂化育苗除了具有常规的容器育苗特点外,还具有以下特点。

1. 操作机械化

工厂内各生产环节均实现了机械化操作。容器育苗全自动装播作业生产线是工厂化育苗的主要设备之一(图2-21)。国内外已研制多种型号的容器育苗装播作业生产线,一次性完成育苗盘传送、容器装填基质、振实、冲穴、播种、覆土等工序,作业效率是手工作业的10倍以上。

2. 工艺流程程序化

工厂化育苗有一整套严格的工艺流程,各个环节紧密衔接,形成一套完整的流水线。

3. 生产过程自动化

从一个生产环节到下一个生产环节都是在固定的程序指示下的控制系统自动完成的,而不是由手工完成的,如温度、湿度、灌溉及二氧化碳浓度等都由光电系统自动完成。

### (二) 工厂化育苗程序

工厂化育苗大体分为4个阶段:

(1) 准备阶段(播种前处理阶段)。

(2) 装播阶段(装土、播种、覆土阶段)。

(3) 育苗阶段(育苗管理阶段)。

(4) 出圃阶段(苗木移植和造林阶段)。

上述几个阶段分别在几个不同的车间完成。一般设计为3个车间:第1个车间是种子检验和处理车间,其工作内容是对种子品质进行检验,选出符合标准的种子,并对种子进行播种前处理,如消毒、催芽等;第2个车间为转播车间,担负育苗容器的制作、营养土的调

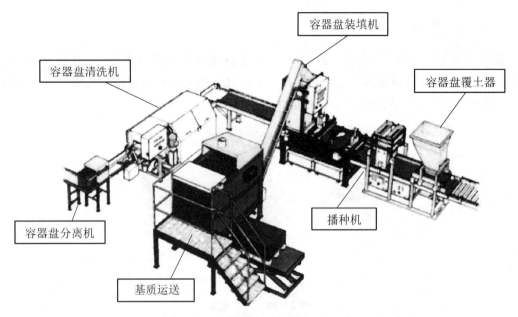

图2-21 瑞典某公司生产的容器育苗全自动装播作业生产线

制、装填营养土、播种、覆土等作业;第3个车间为温室育苗车间,把已播入容器的种子培育成合格苗,在育苗过程中给苗木施以合理的光照、温度、水分等,并进行病虫害防治及对苗木进行质量检查。此外,有些工厂还单独设有苗木锻炼适应车间和苗木贮运车间。

**复习思考题**

1. 苗圃为什么要进行土壤耕作?其主要环节是什么?
2. 苗圃施肥的意义是什么?常用的方法有哪些?
3. 简述1年生播种苗的年生长规律。
4. 播种前要做哪些准备工作?
5. 简述苗期管理的内容。
6. 什么是营养繁殖?简述营养繁殖的种类及特点。
7. 什么是扦插育苗?有何特点?影响插穗生根的因素有哪些?
8. 什么是嫁接育苗?有何特点?影响嫁接育苗成活的因素有哪些?
9. 移植育苗的目的是什么?移植过程中应注意什么?
10. 一般在什么时间进行苗木移植?如何安排不同树种的移植顺序?
11. 苗木出圃前,为什么要进行苗木调查?
12. 生产上所指的壮苗的条件是什么?
13. 苗木出圃包括哪些环节?起苗时要注意什么?
14. 简述容器育苗的特点。

# 第三章 森林营造

> **学习目标**
>
> 重点掌握：森林营造的概念、目的和分类；造林地立地条件；适地适树；林分密度的概念和作用；确定林分密度的方法；混交林的培育技术；造林地整地的方式和技术；造林方法；植苗造林技术；播种造林技术；幼树管理。
>
> 掌握：造林树种选择；影响林分密度的主要因素；种植点配置的概念和类型；培育混交林的优势；造林地整地的作用；造林地的清理；幼林的土壤管理；幼林保护；造林规划设计；造林检查验收。
>
> 了解：森林营造的基本技术措施及检验；造林区划；林农间作与轮作；分殖造林技术；工程造林的概念和内容。

## 第一节 森林营造概述

### 一、森林营造的概念

森林营造是指按一定的方案用人工种植方法营造森林达到郁闭成林的过程，无论是在无林地或原不属于林业用地的土地上造林，还是在原来生长森林的迹地（采伐迹地、火烧迹地等）上造林（也称人工更新）都属于森林营造的范畴，包括利用人工造林方法结合自然力形成森林的方法。用人工种植的方法营造的森林称为人工林。人工林包括造林地及在其上生长的林木，是森林培育工作者的主要研究对象。我国人工林面积居世界首位。

### 二、森林营造的目的和分类

森林具有生态效益、经济效益和社会效益。森林营造的目的是维持、改进和扩大森林资源，以改善生态环境，为人民提供丰富的林产品（包括木材和木本粮油、果品等非木质产品），促进山区、沙区等地区的经济发展，为城乡居民提供高质量的森林游憩区域，同时发挥森林的其他多种效益，从而为社会可持续发展做出贡献。造林的目的是多方面的，但具体每块造林地的造林目的各有侧重。人工林根据其所发挥的效益不同可划分为不同的种类，简称林种。根据《中华人民共和国森林法》（以下简称《森林法》），我国将森林划分为防护林、用材林、经济林、能源林及特种用途林等5大林种，以及相对于成片造林而言的四旁植树。

### (一) 防护林

营造防护林的主要目的是利用森林碳沉降、保持水土、防风固沙、护农护牧、保护水源等防护性能来改善生态环境。防护林以其主要防护对象不同可分为水土保持林、水源涵养林、防风固沙林、农田防护林、牧场防护林、护岸林、护路林等次级林种。

我国已经开展了包括"三北"防护林体系建设工程、京津风沙源治理工程、长江中上游防护林体系工程、平原农田防护林体系工程、沿海防护林体系工程、太行山绿化工程等，都是以改善我国生态环境为主要目的防护林建设工程。

### (二) 用材林

营造用材林的主要目的是生产各种木材，包括竹材。用材林分一般用材林和专用用材林。一般用材林主要是生产大径阶材种（锯材等）的用材林；专用用材林是有些用材部门，尤其是需材较多的工矿企业，为了满足自身的需求，在工矿周围及附近地区营造符合这些单位所需材种的用材林，如纸浆用材林、胶合板用材林、坑木林等。

目前，森林的环境功能和游憩等社会功能越来越被社会所重视，但社会对于木材的需求非但没有减少，还由于社会经济的飞速发展而对木材（含纸制品）的需求量越来越多。我国木材消费总量已由 2002 年的 1.83 亿 $m^3$，增长到 2011 年的 4.99 亿 $m^3$，2017 年木材消费总量已近 6 亿 $m^3$，成为全球第二大木材消耗国。因此，用材林的压力也越来越大。把满足我国木材需求寄托在进口木材（含纸浆及纸制品）上是不现实的，也是不经济的。木材在可见的未来仍然是森林的主产品，用材林也将是我国森林营造工作的重点。

2012 年我国开始建设木材储备基地，2013 年印发了《全国木材战略储备生产基地建设规划（2013—2020 年）》，开启了我国用材林建设的新阶段。但我国用材林的生产力水平极低，年平均生长量仅为每公顷 3.0 $m^3$（先进国家达每年每公顷 5~7 $m^3$），而且出材量低，出材径级小，材质等级也低，就是专门营造的速生丰产林生产力水平也远远低于发达国家。在当前用材林面积扩大有限，而对木材的需求越来越多的情况下，只能通过提高单位面积的森林生产力来解决。以我国所处地理位置和自然条件来说，如充分利用先进的科技知识和手段，我国森林生产力水平由目前的水平提高到 5~6 $m^3$，是有可能的。如果能做到这一点，许多可持续发展的难题可迎刃而解，但要做到这一点非常不容易，可能要进行世纪性的努力。

### (三) 经济林

营造经济林的主要目的是生产木材以外的其他林产品。我国的自然条件优越，经济林产品的种类是很多的，如油料、果品、橡胶、虫胶、栲胶、树脂、栓皮、药材、香料、编条等。我国有些地区有经营经济林的悠久历史和丰富经验，如某些南方山区的油茶，四川盆地的油桐，陕南的核桃，贵州的杜仲、生漆，广西的八角，云南的橡胶，山东、湖北的银杏（叶用），江苏、浙江的银杏（果用）等。在我国的某一些省（自治区、直辖市），茶树、桑、果树也归林业基层部门管理，故也可列入经济林范围内统筹安排。随着我国人口数量的逐步增加和国民经济的快速发展，经济林产品将成为解决21世纪我国粮食安全问题的重要组成部分，森林食品的绿色环保性质也将使其在提高人民生活质量中发挥重要作用。同时，经济林也是实现山区（沙区及湿地等）综合开发、贫困地区人民脱贫致富奔小康、区域生态环境和经济可持续发展的重要途径。

### （四）能源林

能源林是以生产生物质能源为主要培育目的的森林。《森林法》明确规定，国家鼓励发展以生产燃料和其他生物质能源为主要目的的森林培育。

可再生能源是我国重要的能源资源，在满足能源需求、改善能源结构、减少环境污染、促进经济发展等方面发挥重要作用。然而，可再生能源消费占我国能源消费总量的比重还比较低。《2019年全球可再生能源现状报告》显示，截至2017年年底，可再生能源消费占最终能源消费总量的18.1%；截至2018年年底可再生能源发电供应全球约26.2%的电力产量。生物质能源是可再生能源的重要组成部分，发展可再生能源，发展潜力大，环境污染小，可永续利用，是有利于人与自然和谐发展的重要能源。

我国生物质能源主要有农作物秸秆、林木枝丫、畜禽粪便、能源作物（植物）、工业有机废水、城市生活污水和垃圾等。全国林木枝丫和林业废弃物年可获得量约9亿t，大约3亿t可作为能源利用，折合约2亿t标准煤。甜高粱、麻疯树、黄连木、油桐等能源作物（植物）可种植面积达2 000万$hm^2$以上，可满足年产量约5 000万t生物液体燃料的原料需求。

林业生物质能源是一种清洁的环境友好型能源，是林业经济的重要组成部分，是重要的可再生能源。我国林业生物质能源丰富，拥有种类繁多的能源树种、尚未充分利用的能源林以及大量林业生产剩余物，并拥有大量的可培育能源林的荒山荒地、沙化土地和盐碱地等。林业生物质能源发展前景非常广阔。

我国林木生物质能源潜力约180亿t，现有林木资源中可作为能源利用的资源主要是木质资源、木本油料和淀粉植物。

1. 木质资源

木质资源主要是薪炭林、木竹生产的剩余物，灌木林平茬和森林抚育间伐产生的枝条、小径材，经济林和城市绿化修剪枝杈等；我国现有林木资源可用作木质资源的潜力约有3.5亿t，全部开发利用可替代2亿t标准煤。

2. 木本油料

我国已查明的油料植物中，种子含油量40%以上的植物有150多种，能够规模化培育的乔灌木树种有30多种，包括油棕、无患子、麻疯树、光皮树、文冠果、黄连木、山桐子、山鸡椒、盐肤木、欧李、乌桕、越南安息香等12个树种，其中油棕、无患子等树种相对成片分布面积超过100万$hm^2$，年果实产量100万t以上，全部加工利用可获得40余万t生物燃油。

### 3. 淀粉植物

我国淀粉植物资源丰富，果实含淀粉的有锥栗、茅栗、甜槠、苦槠、绵槠、青冈、麻栎、栓皮栎、槲栎、金樱子、田菁、马棘、芡实、薏苡等；根茎含淀粉的有葛、野山药、百合、土茯苓、金刚藤、贯众、磨芋、蕨、石蒜、狗脊、蕉芋、木薯、黄精、玉竹、福建观音座莲等。淀粉植物具有生产液体燃料的广阔前景。全国栎属树种现有面积约 1 600 万 hm²，主要分布在内蒙古、吉林、黑龙江，栎属林可年产种子 1 000 万 t 以上，可生产 250 万 t 燃料乙醇。

可见，大力发展能源林将对资源的可持续利用和环境的可持续发展做出重要贡献。我国作为世界上最大的发展中国家，人口众多，资源有限，发展能源林对缓解能源压力、改善生态环境、实现社会可持续发展有着重要的现实意义和深远的影响。

### （五）特种用途林

以国防、森林游憩、环境保护、科学实验等为主要目的森林和林木称为特种用途林，包括国防林、风景游憩林、环境保护林、实验林等。营造风景游憩林和环境保护林的主要目的是保护环境、净化大气、美化人民的生活环境、为人民提供工作之余休闲娱乐的场所、增进人民身心健康等。风景游憩林是风景林和游憩林的总称。风景林是具有较高美学价值的并以满足人们审美需求为目标的森林的总称；游憩林是指具有适合开展游憩的自然条件和相应的人工设施，以满足人们娱乐、健身、疗养、休息和观赏等各种游憩需求为目标的森林。风景游憩林为改善和提高城市居民的生活质量发挥着重要作用。环境保护林和风景游憩林的培育常常是结合在一起的，如北京市在城市周围营建大面积的隔离片林，既可起到改善环境、净化大气的环保作用，又是居民游憩的理想场所。但在人口稠密，尤其是大气污染严重的工矿区周围，主要营建的是环境保护林。

国际上对风景游憩林和环境保护林营建的理论与技术研究已十分完善，但其在我国的发展仍相对薄弱。早在 1960 年，森林游憩已在美国国会通过的《森林多种利用和永续利用法》中被以法律形式确定为森林经营的首要目标。近年来，森林游憩在我国也已成为城市居民的生活时尚。同时，城市化进程以及工业化程度的加快与加重带来的人口问题、环境恶化问题（粉尘、有害气体、噪声等污染）均要求将风景游憩林和环境保护林的营建工作重视起来。

### （六）四旁植树

四旁植树是指在路旁、水旁、村旁、宅旁进行成行或零星植树。四旁植树虽然本身算不上一个林种，但是它的重要性以及在林业工作计划中的地位相当于一个林种。四旁植树兼具生产、防护以及美化的作用。由于四旁的空间较大，光照充足，土壤一般也较为肥厚，因此四旁植树的生产潜力也较大。目前，四旁植树（如高速公路、城市骨干公路两侧绿化带）的规格越来越大，其生产、防护以及美化的作用也越来越显著。

我国森林实行分类经营，上述五大林种中用材林、经济林和能源林属商品林范畴，防护林和特种用途林属公益林范畴。虽然森林的功能是综合的，但无论是林种的划分还是公益林和商品林的划分均有一定的针对性，大多数情况下，每一片人工林都有其主要的造林目的，属于某一个特定的林种，因而森林在配置、树种选择、林分结构设计等方面都有自身的特点，需区别对待。在一个区域，确定林种的比例是一个方针性的决策，各区域必须在综合区域社会经济条件的基础上，以生态环境建设为基本点，以发展社会经济和提高人民生活质量为重点，以实现区域社会可持续发展为最终目标慎重安排林种。

### 三、森林营造的基本技术措施及检验

森林营造的基本技术措施应当根据森林发生发展的客观自然规律，并在深入总结多年来的造林经验基础上提出，其适当与否则需要用林分培育质量评价指标来检验。

#### (一) 基本技术措施

提高林分培育质量需要采取综合措施，只有在解决有关认识问题、政策问题、投资问题的基础上，技术工作才能有宽阔的用武之地。从技术的角度来看，提高造林质量需要完善一个基础，并从三个方面采取适用的技术措施。

一个基础就是按照适地适树的原则进行树种选择。造林树种种类多，造林地条件差异大，而林业上的经营措施大多比较粗放，在这样的情况下，如果做不到适地适树，其他措施就难于解决由此而产生的尖锐矛盾。适地适树是生物与环境辩证统一规律在森林营造中的具体反映。

森林营造的基本技术措施包括三个方面：以良种壮苗和认真种植来保证树木个体优良健壮；以合理的配置密度及合理的树种组成来保证人工林有合理的群体结构；以细致的整地、抚育保护及可能条件下的施肥灌水（排水）来保证良好的林地环境。从以上几个方面入手不仅能提高造林质量，也能实现造林增加森林资源、提高林业生产成效的目的（图3-1）。

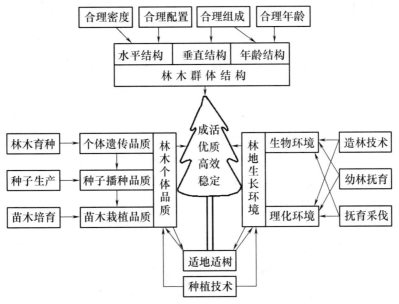

图3-1 森林营造的基本技术措施系统模式

### （二）林分培育质量评价指标

林分培育质量评价一般有以下几个指标：

（1）要求成活。根据我国《造林技术规程》（GB/T 15776—2016），年均降水量在400 mm以上地区及灌溉造林，成活率在85%以上（含85%）为合格；年均降水量在400 mm以下地区，成活率在70%以上（含70%）为合格。

（2）要求发挥最大功能效益，即优质。用材林要求在速生、丰产的基础上，木材质量好；防护林要求防护效益（如水土保持、防风固沙、保护水源、护农护牧、护路护岸）最高；风景游憩林要求其美景度与游憩价值较高。

（3）要求效益最高，即高效。简单说就是如何用最少的造林投入来获取最大的效益。

（4）要求稳定，即林分抗病虫、抗火灾、抗风等性能较强。

成活、优质、高效、稳定可以说是衡量林分培育质量的主要指标，而所有林分培育的环节均是服务于这几大指标的。

## 第二节　造林地与树种选择

造林地有时也称宜林地，它是造林生产实施的地方，也是人工林生存的外界环境。了解造林地的特性及其变化规律，对于选择合适的造林树种及拟定合理的造林技术措施具有非常重要的意义。本节从造林区划和造林地立地条件划分两个层次介绍造林地的特性，在此基础上对造林工作中的树种选择和"适地适树"问题进行深入探讨。

### 一、造林区划

造林工作具有强烈的区域性，不同地区的造林地具有不同的特性，因此选用不同的造林树种和栽培技术措施非常关键。从大范围讲，东北小兴安岭的红松不能种到南方山地，同样，南方山地的杉木也不能栽到小兴安岭。即使在较小的范围内，地区性的差别也是很重要的。如在华北石质低山地区，油松主要适生于阴坡、半阴坡，而在较湿润的辽东山地，油松则在阳坡上生长得更好。为了能因地制宜地开展造林工作，也为了便于总结推广造林经验和科研成果，有必要根据各地区开展造林工作条件的差异性进行区划。

鉴于造林工作是我国林业生产的主要环节，造林区划理应归属于统一的林业区划，并通过这个统一的林业区划，表达出造林工作的地区特点和要求。林业区划的根本原则是"以客观存在的自然条件与社会经济状况、社会发展对林业的要求为进行林业区划的准绳，要求区划成果充分反映客观实际和客观规律，起到促进林业生产发展的作用。为了反映林业生产布局，在分区时必须遵循地域上相连者才可划分为一个区的原则。"[①] 社会发展要求是进行林业区划时首先要考虑的

---

① 中华人民共和国林业部林业区划办公室. 中国林业区划. 北京：中国林业出版社，1987.

依据，但由于林业生产本身受自然条件的严格制约，因此在具体的林业区划中，通常又首先考虑自然条件，特别是对森林的分布及生长有重大影响的热量因素、水分因素和地貌因素，然后与社会发展要求相对照。林业区划采用自下而上和自上而下相结合的方法。表3-1 为中国林业区划（一、二级），表3-2 为北京市林业区划（三、四级），列于此以供参考。

表3-1 我国现行的林业区划（一、二级）

| | |
|---|---|
| Ⅰ. 东北用材、防护林地区 | Ⅴ. 青藏高原寒漠非宜林地区 |
|   Ⅰ$_1$. 大兴安岭北部用材林区 | Ⅵ. 西南高山峡谷防护、用材林区 |
|   Ⅰ$_2$. 呼伦贝尔草原护牧林区 |   Ⅵ$_{26}$. 雅鲁藏布江上中游防护、薪炭林区 |
|   Ⅰ$_3$. 松辽平原农田护林区 |   Ⅵ$_{27}$. 高山峡谷水源、用材林区 |
|   Ⅰ$_4$. 小兴安岭用材林区 | Ⅶ. 南方用材、经济林地区 |
|   Ⅰ$_5$. 三江平原农田防护林区 |   Ⅶ$_{28}$. 秦巴山地水源、用材林区 |
|   Ⅰ$_6$. 大兴安岭南部防护、用材林区 |   Ⅶ$_{29}$. 大别山、桐柏山水源、经济林区 |
|   Ⅰ$_7$. 长白山用材、水源林区 |   Ⅶ$_{30}$. 四川盆地山地用材林区 |
| Ⅱ. 蒙新防护林地区 |   Ⅶ$_{31}$. 四川盆地水保、经济林区 |
|   Ⅱ$_8$. 阿尔泰山防护、用材林区 |   Ⅶ$_{32}$. 川黔湘鄂经济林区 |
|   Ⅱ$_9$. 准噶尔盆地防护林区 |   Ⅶ$_{33}$. 长江中下游滨湖农田防护林区 |
|   Ⅱ$_{10}$. 天山水源林区 |   Ⅶ$_{34}$. 幕阜山用材林区 |
|   Ⅱ$_{11}$. 南疆盆地绿洲防护林区 |   Ⅶ$_{35}$. 天目山水源、用材林区 |
|   Ⅱ$_{12}$. 河西走廊农田防护林区 |   Ⅶ$_{36}$. 云南高原用材、水保林区 |
|   Ⅱ$_{13}$. 祁连山水源林区 |   Ⅶ$_{37}$. 黔中用材、水保林区 |
|   Ⅱ$_{14}$. 黄河上游水源林区 |   Ⅶ$_{38}$. 南岭用材林区 |
|   Ⅱ$_{15}$. 黄河河套农田防护林区 |   Ⅶ$_{39}$. 湘赣浙中部丘陵经济林区 |
|   Ⅱ$_{16}$. 阴山防护林区 |   Ⅶ$_{40}$. 浙闽沿海防护、经济林区 |
|   Ⅱ$_{17}$. 锡林郭勒草原护牧林区 |   Ⅶ$_{41}$. 武夷山用材林区 |
|   Ⅱ$_{18}$. 鄂尔多斯东部防护林区 |   Ⅶ$_{42}$. 滇西南用材、经济林区 |
|   西北荒漠、半荒漠待补水防护林区 |   Ⅶ$_{43}$. 元江、南盘江用材、水源林区 |
| Ⅲ. 黄土高原防护林地区 |   Ⅶ$_{44}$. 西江用材、经济林区 |
|   Ⅲ$_{19}$. 黄土丘陵水土保持林区 |   Ⅶ$_{45}$. 赣闽粤用材、水保林区 |
|   Ⅲ$_{20}$. 陇秦晋山地水源林区 | Ⅷ. 华南热带林保护地区 |
|   Ⅲ$_{21}$. 汾渭平原农田林区 |   Ⅷ$_{46}$. 滇南热带林保护区 |
| Ⅳ. 华北防护、用材林地区 |   Ⅷ$_{47}$. 粤佳沿海丘陵台地防护、用材林区 |
|   Ⅳ$_{22}$. 燕山、太行山水源、用材林区 |   Ⅷ$_{48}$. 海南岛及南海诸岛热带林保护区 |
|   Ⅳ$_{23}$. 华北平原农田防护林区 |   Ⅷ$_{49}$. 闽粤沿海防护、经济林区 |
|   Ⅳ$_{24}$. 鲁中南低山丘陵水源林区 |   Ⅷ$_{50}$. 台湾用材、经济林区 |
|   Ⅳ$_{25}$. 辽南、鲁东防护经济林区 | |

表3-2 北京市林业区划（三、四级）

| Ⅳ. 华北防护、用材林地区 | 3. 京西太行山防护林区 |
|---|---|
| Ⅳ$_{22}$. 燕山、太行山水源、用材林区 | 3.1 百花山灵山中山水源、用材林亚区 |
|   1. 京北燕山防护、经济林区 | 3.2 西部低山水土保持、经济林亚区 |
|     1.1 北部中山水源、用材林亚区 | 3.3 京西前脸山地水土保持、风景林亚区 |
|     1.2 北部低山水土保持、木本粮油林亚区 | Ⅳ$_{23}$. 华北平原农田防护林区 |
|     1.3 前脸山地及水库水土保持、风景、经济林亚区 | 4. 京郊平原农田防护林区 |
| | 4.1 中部平原农田防护林网亚区 |
|     1.4 云蒙山中山水源涵养林亚区 | 4.2 潮白河东部平原农田防护林网亚区 |
|     1.5 东部低山水土保持、经济林亚区 | 4.3 永定河潮白河沿岸防风固沙林亚区 |
|   2. 延庆盆地农田防护林区 | |

## 二、造林地立地条件

在一定地区范围内，大气候和大地貌基本一致，但不同的造林地块之间仍存在着很大差异，表现在它们处在不同的地形部位，具有不同的小气候、土壤、水文、植被及其他环境状况。在造林地上，凡是与森林生长发育有关的自然环境因子综合称为造林地立地条件。不同的地区，影响林木生长的立地因子可能会不同，因此，在某一地区进行造林绿化时，必然地要全面了解该地区造林地立地条件的组成状况，分析它们之间的相互关系，找出起主导作用的因子，据此选择适生树种和制定合适的造林技术措施。

（一）造林地立地条件的环境因子及其相互关系

地形、土壤、水文、植被和人为活动是组成造林地立地条件的5大环境因子，它们对植物所需的生活因子（光、热、气、水、养分）起着再分配作用，从而间接地决定着植物的生长发育水平。

1. 地形

地形包括海拔高度、坡向、坡度、坡位、坡型、小地形等。对于山地，地形对林木生长发育的作用显得尤为重要。地形的变化，不可避免地会导致生活因子出现变化。如在一定的区域范围内海拔的升高，可使温度降低，蒸发量减少，无霜期缩短，降水量以及空气、土壤湿度增加，植被生长茂密，土壤肥力提高等，从而影响林木的生长。

2. 土壤

土壤包括土壤种类、厚度、质地、结构、养分、腐殖质、酸碱度、侵蚀度、各土壤层次的石砾含量、含盐量、成土母岩和母质的种类等。在评价造林地的生产潜力以及制定造林技术措施时，一般都离不开对土壤条件的分析。此外，土壤与其他环境因子间的关系也极为密切，如土层厚与地形、腐殖质与植被、盐碱与地下水位等。

3. 水文

水文包括地下水深度及季节变化、地下水的矿化度及其盐分组成、有无季节性积水及其持续期等。对于平原地区的一些造林地，水文具有很重要的作用。

4. 植被

植被主要指植物的组成、覆盖度及其生长状况等。在植被未受严重破坏的地区，植被状况能够反映立地的质量，特别是某些生态适应幅度窄的指示植物，更可以较清楚地揭示造林地的小气候、土壤水肥状况规律，深化人们对立地条件的认识。如蕨类生长茂盛指示宜林地生产力高；马尾松、茶树、映山红、油茶指示酸性土壤；黄连木、杜松、野花椒等指示土壤中钙的含量高；柏木、青檀、圆柏天然林生长地母岩多为石灰岩。在中国，多数造林地植被受破坏比较严重，用指示植物评价立地受到一定的限制。

5. 人为活动

土地利用的历史沿革及现状反映了各项人为活动对上述各环境因子的作用等。不合理的人为活动，如取走林地枯枝落叶、严重开采地下水，会使立地劣变，发生土壤侵蚀，降低地下水位。建设性的生产措施，如整地、施肥、灌水，能提高土壤肥力和造林地的生产性能。

上面列出的各项立地条件的环境因子并非完整无缺，也不是每块造林地都必须考虑上述所有的环境因子。如有的造林地需要考虑与风口的相对位置，山坡造林地一般不需考虑地下水位的问题。

(二) 主导因子的确定

从理论上讲，一块造林地上作用于林木生长的环境因子相当多，然而各个因子所起的作用差异很大，我们把对林木生长发育起决定性作用的因子称为主导因子。一般而言，在分析立地与林木的关系时，只要找出主导因子，就能满足选择造林树种和制定造林技术措施的需要。主导因子可采用定性分析和定量分析的方法加以确定。

1. 定性分析法

下面通过一个例子来说明如何采用定性分析方法确定主导因子。

例：在华北石质山区，气候干燥、蒸发量大、土层瘠薄，影响林木生长发育的生活因子（光、热、气、水、养分）中，水分处于第一位。水分的高低通过感官难以准确判断，尚需测定，在生产实践中不便应用，如果用环境因子反映水分状况，情况就会变得较为简单。该地区与水分密切相关的主要有海拔高度、土层厚度和坡向等。因此，这些因素应该成为华北石质山区影响林木生长发育的主导因子。

通过上述例子，可以归纳出采用定性分析方法确定主导因子的3个步骤：

(1) 找出什么是造林地限制林木生长发育的生活因子。

(2) 分析比较哪些因素对所找出的生活因子影响最大。

(3) 影响最大的因素就是该造林区的主导因子。

## 2. 定量分析法

定性分析法确定的主导因子可能带有主观臆断的成分，而且缺乏量化指标，准确性较差。定量分析法的特点是不仅能够确定主导因子，而且能够得知各种立地因子组合情况下的生长预测，这种方法大多被称为立地质量（立地条件）的定量化评价方法。目前定量分析法主要是采用数量化理论Ⅰ或多元回归的方法。如翟明普等人采用数量化理论Ⅰ的方法，对基准年龄为30年的大兴安岭地区兴安落叶松人工林上层高和立地因子（土层厚、坡位、坡度、坡向、黑土层厚、海拔高度等）的关系做了研究，得出土层厚和坡位为研究区的两个主导因子。

由于计算机的广泛应用，无论选择多少个立地因子，用数量化理论Ⅰ的方法确定主导因子是一件很容易的事，但在实际应用中，因子数量过多只会增加野外调查测量的工作量，对评价精度不会有太大的提高。无论从实用角度分析，还是从缜密的生物学分析，精选适当数量并便于外业测定、鉴定和量测的因子为好。

### （三）立地条件分类

尽管造林地的立地条件是千变万化的，但它总还有一定的变动范围，而且在许多情况下某些微小变化只能导致林木生长效果的少许量的差别，还不足以引起在树种选择及造林技术方面的质的不同。为了工作方便，有必要把立地条件及其生长效果相近似的造林地并合成类型，这样就可以按类型总结推广造林技术经验，按类型设计实施造林技术措施。这样的类型就叫作立地条件类型，简称立地类型。

生态学的观点认为，在林木与其环境这一矛盾统一体中，一般来说，环境是比较稳定并起决定性作用的，也就是说环境是主要矛盾方面。不同立地环境对林木的树种组成、结构、生产力有决定性的作用，因此划分立地类型必须以造林地上客观存在的立地环境本身作为基本依据。在一定地区大气候条件已作为造林区划的主要依据并得到反映的情况下，地形因子和土壤因子在立地类型划分中就可占据突出地位了。当然，在条件许可的地区，只要植被分布规律较明显，对其指示的研究比较清楚，植被就可以作为划分立地类型的补充依据。林木生长状况（包括树种的出现与否、种间关系、林分生产力等）可作为立地类型划分适当与否的验证。

目前，立地类型划分方法和表达形式主要有以下3种。

#### 1. 按主导因子的分级组合

直接按主导因子的分级组合来划分立地类型并命名，比较简单明了，易于掌握，因此在实际工作中应用较为普遍。但是，从另一个角度看，这种划分方法又比较粗放、刻板，难以照顾个别的具体情况。例如坡向只分阴坡、阳坡两级而不考虑其他因子（坡度、部位、小地形等）的影响，土壤因子只考虑土层厚度因子反映不出腐殖质含量、母质状况等方面的差异等。北京山地立地类型划分如表3-3所示。

表3-3 北京山地立地类型划分

| 地貌① | 土层③ 坡向② | 厚土 | 中土（松④） | 薄土（松④） | 中土（坚⑤） | 薄土（坚⑤） |
|---|---|---|---|---|---|---|
| 中山 | 阴坡 | 中山阴坡 | 中山阴坡 | 中山阴坡 | 中山阴坡 | 中山阴坡 |
| | 阳坡 | 中山阳坡 | 中山阳坡 | 中山阳坡 | 中山阳坡 | 中山阳坡 |
| 低山 | 阴坡 | 低山阴坡 | 低山阴坡 | 低山阴坡 | 低山阴坡 | 低山阴坡 |
| | 阳坡 | 低山阳坡 | 低山阳坡 | 低山阳坡 | 低山阳坡 | 低山阳坡 |

另加：中山山顶平台；中低山阶地；中低山沟谷

注：①地貌。中山（海拔800 m以上）；低山（海拔<800 m）。②坡向。阳坡（南坡、西坡、西南坡、东南坡）；阴坡（北坡、东坡、东北坡、西北坡）。③土层。厚土（≥50 cm）；中土（25~49 cm）；薄土（<25 cm）。④松（土层以下为松碎石块或疏松软质）。⑤坚（土层以下为坚硬岩石）。

2. 按生活因子的分级组合

生活因子不易于直接测定，如土壤水分供应的多少，是由林地水分循环中各个收支项目长期结合形成的常年土壤水分状况所决定的，并不是一次或几次土壤含水量的测定值所能代表的。许多地形因子（海拔、坡向、坡度、部位、小地形）和土壤因子（土厚、机械组成、母质状况、地下水位等）都在这里有所参与。因此，按生活因子的分级组合来划分立地类型，先要对各重要立地因子进行综合分析，然后再参照指示植物及林木生长状况，才能确定级别，组成类型。这种方法有一定的优点，如类型反映的因子比较全面，类型本身就说明了其生态意义等。但这种做法的缺点也很多，如划分标准比较难掌握，山区小气候的差异在这些类型中难以全面表达等。

3. 用立地指数代替立地类型

这种做法在北美（美国和加拿大）比较普遍。鉴于立地指数（概念见本节"适地适树"部分）可以通过调查编表后查定，立地指数又可以通过多元回归与许多立地因子联系起来，因此用立地指数代替立地类型是有一定好处的。但必须看到，立地指数只是地位级的一种表达方式，它本身只能说明效果，不能说明原因。

（四）造林地种类

我们把造林地的环境条件分为立地条件和环境状况两方面，前面已对立地条件做了详尽讨论，以下将着重探讨造林地的环境状况问题。造林地的环境状况主要是指造林前土地利用状况、造林地上的天然更新状况、地表状况以及伐区清理状况等。这些环境状况对林木的生长发育没有显著的影响，因而没有包括在立地条件的范畴之内。但这些环境状况对造林措施的实施（如整地、栽植、抚育）具有一定的影响，所以为了造林工作的实施，根据造林地的环境状况之差异性，划分出不同的造林地种类，简单说，造林地种类就是造林地环境状况的种类。造林地种类有很多，归纳起来可分为4大类。

1. 荒山荒地

荒山荒地是没有生长过森林植被，或在多年前森林植被遭破坏，已退化为荒山或荒地植被的造林地，是我国面积最大的一类造林地。荒山荒地根据其上植被的不同，可划分为草坡、灌木坡、竹丛地和荒地等。

1）草坡

草坡因植物种类及其总盖度不同而有很大差异。该类造林地在造林时的最大难题是要消灭杂草，特别是根茎性杂草（以禾本科杂草为代表）和根蘖性杂草（以菊科杂草为代表）。荒草植被一般不妨碍种植点配置，因而可以均匀配置造林。

2）灌木坡

当造林地上的灌木覆盖度占植被总覆盖度的50%以上时，该造林地即为灌木坡。灌木坡的立地条件一般比草坡好。造林时的困难主要是要消除灌木丛对造林苗木的遮光及根系对土壤肥力的竞争作用，因此，与草坡相比，需要加大整地强度。但对于易发生水土流失或土壤贫瘠的地区，可利用原有灌木保持水土和改良土壤，如加大行距、减少整地破土面积、减少初植密度等。

3）竹丛地

竹丛地是具有各种矮小竹植被的造林地。造林的难点是要不断清除盘根错节的地下茎。小竹再生能力极强，鞭根盘结稠密，清除竹丛要经过炼山及连年割除等工序，还要增加造林初植密度，促使幼林早日郁闭，抑制小竹生长。

4）荒地

荒地多指不便于农业利用的土地，如沙地、盐碱地、沼泽地、河滩地、海涂等。它们都可以成为单独的造林地种类。造林的特点有沙地要固持流沙，盐碱地要降低含盐量，沼泽、河滩及海涂地要排水等，因此，在这种造林地种造林比较困难。

2. 农耕地、四旁地及撂荒地

1）农耕地

农耕地指用于营造农田防护林及林粮间作的造林地。农耕地土壤肥厚，条件较好，但坚实的犁底层不利于林木根系的生长，易使林木形成浅根系，容易风倒。因此，在造林时要深耕及大穴栽植。

2）四旁地

四旁地指路旁、水旁、村旁和宅旁植树的造林地。在农村地区，四旁地基本上就是农耕地或与农耕地相似的土地，条件较好。在城镇地区四旁的情况比较复杂，有的可能是好地，有的可能是建筑渣土，有的地方有地下管道及电缆。

3）撂荒地

撂荒地指停止农业利用一定时期的土地。新撂荒地，土壤瘠薄，植被稀少，草根盘结度不大；撂荒多年的造林地，植被覆盖度逐渐增大，与荒山荒地的性质类似。

3. 采伐迹地和火烧迹地

1）采伐迹地

采伐迹地指森林采伐后腾出的土地。刚采伐的迹地，光照好，土壤疏松、湿润，原有林下植被衰退，而喜光性杂草尚未进入，此时人工更新条件最好。采伐迹地的问题是伐根未腐朽、枝丫多，影响种植点的配置和密度安排。此外，集材时机械对林地的破坏也很大，破坏面积高达10%～15%。新采伐迹地若不及时更新，随着时间的推移，喜光杂草会大量侵入，迅速扩张占地，土壤的根系盘结度会变大，造林地有时有草甸化和沼泽化的倾向，不利于造林更新，会增加整地费用。

2）火烧迹地

火烧迹地指森林被火烧后留下来的土地。火烧迹地与采伐迹地相比，往往有较多的站杆、倒木需要清理。火烧迹地上的灰分养料较多，微生物的活动也因土温的增高而有所增加，林地杂草较少，应及时更新，否则也如同老采伐迹地，会不断恶化。

4. 已局部更新的迹地、次生林地及林冠下造林地

已局部更新的迹地、次生林地及林冠下造林地的共同特点是造林地上已有树木，但其数量不足，或质量不佳，或树已衰老，需要补充或更替造林。

1）已局部更新的迹地

已局部更新的迹地有较好的森林环境，但树种组成、株数及其分布不尽如人意，要求对局部造林加以改进。原则上是见缝插针，栽针保阔。

2）次生林地

分布不均、质量不佳、无继续经营前途的次生林需要进行人工种植改造。栽植时注意调节引进树种和原树种间的竞争性。

3）林冠下造林地

林冠下造林地即近期将要采伐，伐前进行造林的土地，其在采伐前具有良好的森林环境，可利用这一有利条件进行某些树种的人工更新。这种造林地林冠对幼树影响较大，适用于幼年耐阴的树种造林。造林时，可粗放整地，在幼树长到需光阶段之前及时伐去上层林木。由于造林地上有林木，更新作业障碍较多。

## 三、造林树种选择

### （一）造林树种选择的意义和原则

造林树种选择的适当与否，是造林工作成败的关键之一。如果造林树种选择不当，不但树木不易成活，徒费劳力、种苗和资金；而且即使成活，人工林也可能长期生长不良，难于成林、成材，造林地的防护、生产及美化效益不能很好地发挥，使国家与人民蒙受巨大损失。中华人民共和国成立以来，我国的造林工作在树种选择方面就积累了大量的经验和教训。如我国北方地区大量采用杨树造林，如今不仅出现了大量"小老头树"，而且在宁夏等地由于天牛等病虫害的影响，第一代的杨树农田防护林已几乎全军覆灭，教训极为惨痛。可见树种选择是造林事业的"百年大计"，需认真对待。

树种选择应遵循经济学和生态学相兼顾的原则。经济学原则是指所选择的树种应尽可能地满足造林目的要求（生产木材、防护、美化等），以及具有适当的造林和抚育费用；生态

学原则是指所选择的树种应与造林地立地条件相适应，即适地适树。所选择的树种应尽可能地利用地力，但不使其衰竭，最好还能改善立地，而且必须构成足够稳定的林分。除此之外，必须考虑所选择的树种在经营技术上是否可行。

（二）各林种对树种选择的要求

1. 防护林树种选择

防护林树种的选择因防护对象不同而有不同要求。

1）农田防护林

树种选择主要考虑：①生长迅速，树体高大，枝叶繁茂，如杨属和桉属树种，以便较早地发挥防护效益，延长防护距离。②寿命长，生长稳定，能够长期发挥作用，减少更新次数。③抗风力强，不易风倒和风折。④水平根不过分伸展，以减少胁地和遮地面积。如泡桐、箭杆杨，其树冠较紧束不开张。⑤与农作物无共同病虫害。⑥树种有较高的经济价值，能生产木材和其他林副产品。

2）水土保持林

树种选择主要考虑：①根系发达、根蘖性强的树种，可以固持土壤，增强土体的抗蚀能力，如刺槐、旱冬瓜等。②生长迅速、树冠茂密，能形成枯枝落叶层的树种，可减少落地降水数量，保护土层，如刺槐、沙棘、紫穗槐等。③枯落物丰富、易分解，能改良土壤理化性质，最好有固氮能力，以提高土壤肥力，如刺槐、紫穗槐等。④适应性强。在一般情况下，营造水土保持林地区的自然条件较差，尽量选择适应性较强，耐干旱贫瘠的树种，如侧柏、柠条锦鸡儿、杜梨等。

3）防风固沙林

固沙林的作用是防止沙地风蚀，避免砂粒移动并合理利用沙地生产力，其树种选择原则为：①根系深广、根蘖性强，以笼络土壤、固定流沙，如梭梭、沙拐枣。②耐风沙裸根及沙埋，如筐柳、沙蒿、柽柳等，其容易发生不定根，耐沙割。③地上部分茂密，以防止因风起沙。④落叶量大，能改良土壤，提高胶结能力。⑤耐干旱瘠薄，耐地表高温，如花棒、樟子松等。⑥地下水位高的地方，应选耐水湿、排水力强和耐盐碱的树种，如胡杨、柽柳。

2. 用材林树种选择

用材林树种选择的要求包括速生性、丰产性、优质性和稳定性。

1）速生性

发展速生树种造林是全世界的一个共同趋向，而我国作为少林国家，为减轻木材需求对天然林的压力，这方面的要求更为迫切。我国的速生乡土树种资源丰富，同时也引进了不少国外的速生树种，如北方及中原的落叶松、杨属树种和泡桐，南方的杉木、马尾松、竹类，从国外引进的湿地松、火炬松、加勒比松及桉属树种等。这些树种少则几年、十几年，多则三四十年都能成材利用，是营造用材林的主要发展对象。随着科学技术的发展，育种事业取得了丰硕的成果，速生树种的选择范围得到了扩大。如广西国营东门林场通过杂交育种培育出的杂交桉，4年生时，最优杂交家系平均胸径14.95 cm，树高18.89 m，亩蓄积量

15.65 m³，年苗生产量3.9 m³，是一般桉树生长量的4~5倍；北京林业大学朱之悌院士培育出的三倍体毛白杨，5年生时，优秀单株胸径27 cm，高18 m，单株材积0.3 m³。

2）丰产性

速生是林木丰产的必要条件之一，但速生林是否能够丰产，还要看主栽树种能否密集栽培及其生长过程如何以及轮伐期的长短。有些树种既能速生，又能丰产，如杉木、落叶松、马尾松以及杨属树种等；有的树种只能速生，难于丰产，如刺槐和苦楝等；还有些树种是丰产的，但初年不够速生，如以培育大径林为目标，在较长的培育期内这些树种也可取得相当高的生产力指标，典型的有红松和云杉。丰产性也是选择用材林树种的重要指标。

3）优质性

良好的用材树种应该具备树干通直、圆满，分枝细小，整枝性能良好等特性。这样的树种出材率较高、采运方便、用途较广、经济价值较大。同时，培育不同材种对木材的机械力学特性、化学特性及其他特性要求也不同。如胶合板材要求干材径级大，对通直度及节疤的数量和大小有严格要求，各种锯材在这方面也有较高要求；矿柱材则要求的是木材的机械力学特性；造纸材要求的是木材的化学特性，如纤维素含量高、纤维长等；家具用材要求材质致密，纹理美观，具有光泽或香气等。

4）稳定性

营造大面积用材林，特别是单一树种的人工林会带来诸如病虫害大蔓延（杨树天牛、松树松毛虫）、林地地力衰退（如杉木连茬、落叶松连茬地）等一系列问题。因此，如何建设抗逆性强、能稳定生长的人工林生态系统，日益引起人们的重视。在造林中要注意选择抗逆性强的树种。

3. 经济林树种选择

营造经济林的主要目的是获取非木质林产品，树种选择类似于用材林，但含义有所不同。例如，对于以利用果实为主的木本油料林来说，与用材林速生性相对应的是早实性。丰产性的要求在字面上一样，而内容上指的是果实的单位面积年产量。至于优质性，则在出仁率、含油率、油脂的成分、品质及用途等方面进行要求。其中重点放在丰产性和优质性上，经济林的早实问题虽也重要，但不像用材林对速生性要求得那么突出。

经济林树种选择还要考虑市场需求及当地条件，以决定哪一类经济林最为有利，在经营方向确定后，树种选择问题比较容易解决，更重要的是品种或类型的选择。我国主要经济林的类别及主要树种见表3-4。

表3-4 我国主要经济林的类别及主要树种

| 类别 | 利用部位 | 主要树种 |
| --- | --- | --- |
| 油料 | 果实 | 核桃、油茶、油桐、千年桐、油橄榄、文冠果、翅果油树、乌桕、油棕、椰子 |

续表

| 类别 | 利用部位 | 主要树种 |
|---|---|---|
| 淀粉及干果 | 果实 | 板栗、枣树、柿、沙枣、阿月浑子、巴旦杏、香榧、山核桃、腰果、乌榄、榛子 |
| 橡胶 | 树液 | 巴西橡胶 |
| 生漆 | 树液 | 漆 |
| 栲胶 | 树皮、果壳 | 黑荆，落叶松、橡属和栎属树种的副产品 |
| 虫胶 | 寄生虫分泌物 | 钝叶黄檀、秧青、南岭黄檀、火绳树 |
| 白蜡 | 寄生虫分泌物 | 白蜡树 |
| 药材 | 皮、果、材 | 厚朴、杜仲、肉桂、枸杞、儿茶、银杏、紫杉 |
| 调料 | 果实 | 花椒、八角 |
| 软木 | 栓皮、材 | 栓皮栎、轻木 |
| 编条 | 枝条 | 杞柳、紫穗槐 |
| 其他 | 叶、树皮 | 茶树、桑、棕榈、蒲葵等 |

4. 能源林树种选择

能源林是专门为提供能源而经营的森林，其对选用树种有以下几个方面的基本要求：①生长快，生物产量大；②干枝的木材容重大，产热量高，且有易燃、火旺、少烟的特点；②具备萌蘖更新的能力，便于实行短期轮伐收获的经营制度；④较能适应干旱瘠薄的立地条件，并能兼顾防护效益；⑤木质燃料林树种应具有生长快、生物量高、萌芽力强、热值高、燃烧性能好等特性；⑥油料树种应具有结实早、产量高、出油率高等特性。我国适于用作能源林的树种有很多，如固体燃料类能源树种刺槐、柠条锦鸡儿、柳属和桉属树种等，生物燃油树种麻疯树、黄连木、文冠果、光皮树、无患子、油棕等，生物乙醇类树种葛根、芭蕉芋以及栎属和杨属树种等。

5. 环境保护林和风景游憩林树种选择

环境保护林和风景游憩林的作用是保护和美化环境，为人民提供旅游休闲的场所，宜选择具有杀菌（如松属和桉属的树种）、抗污染（如臭椿、木槿、合欢以及榆属和槐属树种等）以及具有美化功能（树形美观、色彩鲜明、花果艳丽等）的树种。我国美景度和游憩价值较高的乡土树种非常多，有必要加强这方面的研究，将有价值的树种挖掘出来。如笔者在北京西山地区的调查研究中发现，适合该地区发展的观花型风景林树种有春花型的刺槐、山桃、山杏、黄栌、山荆子、华北紫丁香、玫瑰、三裂绣线菊、胡枝子、蚂蚱腿子等，有夏花型的臭椿、栾树、火炬树、紫薇等；观果型风景林树种有臭椿、栾树、火炬树、桑、刺梨、酸枣、小花扁担杆、金银木等；秋季观叶型风景林树种有华北落叶松（暗黄）、栾树（金黄）、柿（红色）、黄连木（金黄）、桑（亮黄）、元宝树（黄色到红色）、槲栎（红色)、黄栌(红色)等;采摘型游憩林树种有桑、刺梨、酸枣等。这些大多是乡土树种,应用这些树种可大大丰富北京风景游憩林的类型,从而满足市民游憩、观赏的需求。

6. 四旁绿化树种的选择

四旁植树不是一个单独的林种,它兼备其他林种的作用。四旁植树应根据栽植目的、四旁空间状况、当地乡风民俗等选择树种。路旁应选择树体高大、干直枝密;水旁则应选择喜湿耐淹、速生优质的树种。村旁、宅旁条件好,应选择立地要求高、价值高的树种及经济树种。

## 四、适地适树

### (一) 适地适树的概念和意义

适地适树是在造林中使造林树种的特性(主要是生态学特性)与造林地的立地条件相适应,以充分发挥生产潜力,达到该立地当前技术经济条件下可能取得的最佳效益。适地适树作为树种选择的一项基本原则,对造林成败有很大的影响。如我国南方不顾立地条件的限制大规模营造杉木人工林,一些不合适的立地(如海拔较高、风害严重地区及海滨)的杉木林生长不良,经济上受到重大损失。随着林业生产的发展,适地适树概念在进一步发展,不但要求造林地和造林树种相适应,而且要求造林地和一定树种的一定类型(地理种源、生态类型)或品种相适应,即适地适类型、适地适品种。

### (二) 适地适树的标准

适地适树是相对的、能动的,但是否达到适地适树仍需有客观标准。这个标准要根据造林的目的要求确定。对于用材林来说,起码要达到成活、成林、成材、稳定。从成材这一基本要求出发,还应当有数量标准。衡量适地适树的数量标准有以下2种。

(1) 某树种在各种立地条件下的立地指数。立地指数指某一树种的林分,在一定的立地条件下,在一定的基准年龄时(一般25～50年)所能达到的上层高,即林分中几株优势木或最高木的平均高度。立地指数能较好地反映立地性能与树种之间的相互关系,可以作为衡量适地适树的一个数量指标。如中国林业科学研究院亚热带林业研究所研究发现,浙江省开化县低山丘陵杉木立地指数小于10 m(基准年龄25年)的立地条件不适于杉木生长;湖北咸宁市崇阳县的桂花林场研究发现,在中壤、轻壤土层>80 cm的立地条件下杉木立地指数为14,马尾松为12,应发展杉木速生丰产林;黏沙壤土层<40 cm的立地条件下马尾松立地指数为10～11,杉木立地指数为9～10,应当营造马尾松林。

(2) 平均材积生长量。平均材积生长量作为另一种衡量适地适树的数量指标,相当于农业上的单产指标,更能直接说明人工林的产量水平。但由于产量水平与密度大小及经营技术水平有很大关系,因此情况较为复杂,收集材料也较困难,生产应用较少。

总之,适地适树的最终评定要将成活、成林、稳定性、产量、质量等指标综合在一起考虑,而且最好在研究较大年龄林分的情况以后再做结论比较可靠。

### (三) 适地适树的途径

在造林过程中,为了使"地"和"树"基本适应,可以通过以下3条途径加以实现。

1. 选择

选择是 3 条途径中最简单又是最主要的途径，它包括 2 个方面：①选树适地，即根据造林地的立地条件选择在此条件下最适生的树种；②选地适树，即根据树种的特性选择最适宜的造林地。通过选择可达到适地适树，林木生长最好，林分较稳定。

2. 改地适树

当造林地的条件不能满足造林树种的要求而又需要发展这一树种时，可以采用人为措施改善造林地条件，使"树"和"地"二者相适应。一般来说，采取的措施都是围绕土壤情况进行改地，如提高土壤肥力，增加土壤的蓄水能力，加厚土层，改变土壤的机械组成等。北京前山脸地区，采用爆破造林的方法，取得了一定的成效。

3. 改树适地

改树适地即在地和树之间某些方面不太相适的情况下，应采用选种、引种驯化、育种等方法改变树种的某些特性，使其能适应造林地的条件。如采用育种方法增强树种的耐寒性、耐旱性或抗盐碱性以使其适应寒冷、干旱或盐渍化的造林地。随着分子遗传学技术的日趋成熟，将抗性基因片段连接在植物 DNA 链上已成为可能，但将其应用于造林还须继续做大量工作。

这 3 条适地适树的途径是互相补充、相辅相成的。但改地、改树的情况都是有限的，而且二者也只有在"地""树"尽量适应的基础上才能有效，因此应提倡立足于乡土树种的栽培。如何选择树种是造林工作的中心任务。

（四）造林树种选择方案的确定

最终的造林树种选择方案是把造林目的与适地适树的要求结合起来统筹制定的。

在一个经营单位，适合于某一立地条件的树种肯定不止一个，而一个树种也能适应几种立地条件，这就要求经营者经过充分比较把其中最适于当地条件、最有价值的树种确立为主要发展树种，把其他适生树种列为相应发展的树种。但要注意，虽然一个经营单位主要发展的树种只有几个，但造林树种却不能过于单一，以保护生物多样性及防止产生一系列经济、生态的弊病。造林树种选择方案制定的原则是：既能在客观上满足适地适树的要求，形成较稳定的、大的生态系统，又能满足造林目的，还能实现长短结合、以短养长，保证此单位经营活动的顺利开展。

在树种比例确定之后，要进一步将选定的树种落实到各个地块上。一般，应将经济价值高，对立地条件要求严格的树种安排在好的立地上。对同一树种有不同培育要求时，要分配给不同的造林地。如培育大径材，要给予较好的造林地；培育小径材，造林地可差一些；培育用材林，立地需好；营造防护林或薪炭林，可分配较差造林地。

## 第三节　林分密度和种植点配置

森林结构是指组成森林的林木群体各组成成分的空间和时间分布格局，合理的森林结构是森林效益最优发挥的重要基础。森林结构包括组成结构、水平结构、垂直结构和年龄结构，主要取于树种组成、林分密度、种植点配置和树木年龄等因素。林分水平结构主要由林分密度和种植点配置决定；林分垂直结构主要由树种组成和树木年龄决定；组成结构和年龄结构则由林分的树种比例、林木起源或营造时间决定。人工林的结构可以经人为设计和培育而得到较充分的调控，天然林结构的形成则更依赖于自然因素，但也可通过一系列营林措施实现有效调控。

### 一、林分密度的概念和作用

林分密度是指单位面积林地上林木的数量。在森林培育的整个过程中，林分密度是林业工作者所能控制的主要因子，也是形成一定林分水平结构的基础。林分密度是否合适会直接影响人工林生产力的提高和功能的最大程度发挥，所以探索合理的林分密度一向是研究森林培育及生产的中心课题之一。

林分密度在一生中不断变化，为加以区别，我们将森林起源时形成的密度称为初始密度，它是森林各期密度变化的基础。由于确定合理的林分森林密度非常困难，所以迄今为止常将结构简单、影响因子较少的同龄人工纯林作为主要研究对象来分析林分密度的作用机理，这样可使复杂问题简单化，同时得出的结论也可在其他类型的森林培育过程中予以借鉴。人工林的初始密度又称为造林密度，是指单位面积造林地上种植点（穴）数。

林分密度在森林成林成长过程中起着巨大的作用，了解和掌握这种作用，将有助于确定合理的经营密度，取得良好的效益。

#### （一）初始密度在郁闭成林过程中的作用

树冠郁闭是森林成长过程中的一个重要转折点，它能加强幼林对不良环境因子的抗性，减缓杂草的竞争，保持林分的稳定性，增强对林地环境的保护。初始密度在郁闭成林过程中作用较大。在人工林培育中，如需要森林提早郁闭或如林分长期不郁闭就会根本丧失成林可能的地方或场合，有必要适当增加造林密度，以促进幼林及早郁闭。但林分过早郁闭也有不良作用。林分提前郁闭后，树木由于生长空间受限会引起种内竞争，林木过早分化和自然稀疏，或过早要求进行人工疏伐，这无论从生物学角度还是经济角度来看均是不可取的或不合算的。林木何时达到郁闭合理，要从树种特性、林地条件及育林目标等多方面加以考虑。

#### （二）林分密度对林木生长的作用

林分密度对林木生长的作用，从幼林接近郁闭时开始出现，一直延续到成熟收获期，尤以在干材林阶段及中龄林阶段最为突出。这是林分密度作用规律的核心问题。

1. 林分密度对树高生长的作用

林分密度对树高生长的作用，虽然很多研究者在不同的情况下取得了不同的结论，但总体看来有以下一些较为统一的认识：

（1）无论处于任何条件下，林分密度对树高生长的作用，都要比其他生长指标的作用弱，林分密度在相当宽的一个中等范围内，对高生长几乎不起作用。树木的高生长主要由树种的遗传特性、林分所处的立地条件决定，这也是为什么把树高生长作为评价立地条件生长指标（立地指数）的基本原因。

（2）不同树种因喜光性、分枝特性及顶端优势等生物学特性的不同，对林分密度有不同的反应，只有一些较耐阴的树种以及侧枝粗壮、顶端优势不旺的树种，才有可能在一定的林分密度范围内表现出林分密度加大有促进高生长的作用。

（3）不同立地条件，尤其是不同的土壤水分条件，可能使树木对林分密度有不同的反应。在湿润的林地上，林分密度对高生长作用不甚明显，而在干旱的林地上，林分密度的作用较突出，过稀时杂草对树木的竞争作用使其生长受阻，过密时则树木之间的水分竞争使普遍生长受抑，因此林分密度只有适中时高生长最好。

2. 林分密度对胸径生长的作用

林分密度对胸径生长的作用表现出相当的一致性，即在一定的树木间开始有竞争作用的林分密度以上，林分密度越大（株行距越小），胸径生长越小，林分密度对胸径生长的影响是很明显的。林分密度对胸径生长的抑制作用很早就受到林学界的注意，并已反映到各种生长图表中。不同林分株行距与胸径生长的关系如图3-2所示。雷尼克（Reineke）早于1933年发现，对于一个树种来说，一定的胸径与一定的林分密度相对应，而与年龄和立地无关。他以 $\log N = -1.605\log D + K$ 来表示一根最大直径曲线中胸径 $D$（英寸）与密度 $N$（株/英亩）的相互关系，$K$ 为适应每一树种的常数。林分密度对直径生长的这种效应无疑是和树木的营养面积直接相关的，大量研究表明树冠的大小和胸径生长是紧密相关的。

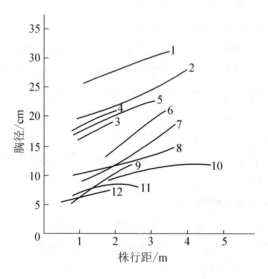

1—欧洲云杉（55年生）；2—欧洲云杉（48年生）；3—欧洲云杉（42年生）；4—欧洲赤松（48年生）；
5—欧洲赤松（44年生）；6—辐射松（15年生）；7—花旗松（27年生）；8—杉木（17年生）；
9—脂松（23年生）；10—湿地松（7年生）；11—欧洲云杉（17年生）；12—马尾松（11年生）。

图3-2 不同林分株行距与胸径生长的关系

3. 林分密度对单株材积生长的作用

立木的单株材积决定于树高、胸高断面积和树干形数3个因子，林分密度对这几个因子都有一定的作用。林分密度对树高的作用如前所述是较弱的。林分密度对于形数的作用，是形数随密度的加大而加大（刚生长达到胸高的头几年除外），但差数也不大。由于胸径受林分密度的影响最大，断面面积又和胸径的平方成正比，因而它就成为不同林分密度下单株材积的决定性因子。林分密度对单株材积生长的作用规律与对胸径生长的相同，林分密度越大，其平均单株材积越小，而且较平均胸径降低的幅度要大得多，其原因基本上来自个体对生活资源的竞争，在干材林及中龄林阶段表现最为突出（图3-3）。

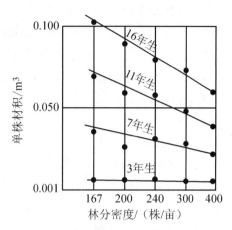

图3-3　不同林分密度杉木林分平均单株材积的阶段变化

4. 林分密度对林分干材产量的作用

林分干材产量有2个指标：一是现存量，也就是蓄积量；二是总产量，也就是蓄积量和间伐量（有时还要算枯损量）之和。在尚未进行间伐之前，这2个指标是一样的，我们先以这样的简单情况来探讨。林分的蓄积量是其平均单株材积和株数林分密度的乘积。这两个因子互为消长，其乘积值取决于哪个因素居于支配地位。大量的林分密度试验证明，在较稀的（立地未被充分利用）林分密度范围内，林分密度本身起主要作用，林分蓄积量随林分密度的增大而增大。但当密度增大到一定程度时，林分密度的竞争效应增强，两个因素的交互作用达到平衡，蓄积量就保持在一定水平上，不再随林分密度增大而增大，这个水平的高低取决于树种、立地及栽培集约度等非林分密度因素。许多学者认为，密度产量效应的规律到此为止，并称为最终产量恒定法则。但学界对于这个结论是有争议的。不少学者认为，过密会引起个体生长普遍衰退，易遭各种灾害侵袭，群体的光合产量不再增长，而呼吸消耗却增强，造成产量下降。对最终产量恒定法则的最大挑战，来自一些强阳性树种的林分密度试验结果。意大利的欧美杨人工林（不间伐类型），每公顷栽250株的比栽400株的在20年生时蓄积量高出25.0%，25年生时蓄积量高出34.7%。可见最终产量恒定法则不是一个普遍规律，而只是部分树种在一定林分密度范围内表现出来的现象概括。真正反映林分密度对干材产量作用的客观规律是我国林学家吴增志提出的合理密度理论。他应用现代植物生理学和种群生态学的理论与研究手段，从林分密度与光能分布、光能利用效率、光合产量角度证明了合理生产结构存在的基础，并进行了多物种、长时期、宽密度跨度的试验观测研究。研究结果表明，植物种群存在合理密度，即植物种群在不同时期单位面积上生产力最高的密度，不同时期的合理密度不是一个固定值，而是一个范围，即合理密度范围。这一理论的提出对人工林林分密度的科学管理具有重大意义。

如果从干材总产量的角度看密度效应问题，情况就更为复杂一些，但基本规律还是一样的。在林分生长初期，密植能使林木更早地充分利用生长空间，从而可在一定程度上增加总产量的观点是得到普遍承认的。这是在营造树种径阶不大的能源林、纤维造纸林时，采用较高造林密度的理论基础。林分密度对总产量的效应，因为有了合理密度理论，也解决了如疏伐能否提高林分生产力等以前认识上的一些模糊问题。吴增志早在1984年就发现，在充分郁闭的日本扁柏人工林中进行50%的间伐，其光能利用率不但不因叶量的减少而降低，反而会增加，这不仅证明林分存在合理密度，而且也说明疏伐可以增加林分产量。根据合理密度原理，他提出了系统密度管理法，即造林密度的选择、幼林抚育管理、疏伐、间伐等一系列调整密度的方法，可使林分密度从第一次进入合理密度范围开始，始终保持在合理密度范围之内，即经多次林分密度调节最终达到主伐期的方法。系统密度管理法的意义在于把竞争引起的能量消耗转化为生产力，是提高林分生产力的重要途径。

### （三）林分密度对干材质量的作用

林分密度适当增大，能使林木的树干饱满（尖削度小）、干形通直（主要对阔叶树而言）、分枝细小，有利于自然整枝及减少木材中节疤的数量及大小，总的来说是有利的。但林分过密，干材过于纤细，树冠过于狭窄，既不符合用材要求，又不符合健康要求，应当避免这种情况的出现。

林分密度对木材的解剖结构、物理力学性质、化学性质也有影响，但情况较为复杂。一般来看，稀植会使林木幼年期年轮加宽，初生材在树干中比例较大，对材质有不利的影响。稀植杉木林中早材的比例增加，早材的管胞孔径大、胞壁薄、壁腔比加大，会使木材密度、抗弯强度、顺纹抗弯强度和冲击韧性均降低，因此，木材综合质量会下降。但也有一些树种，如落叶松、栎属树种，在加宽的年轮中早材和晚材保持一定比例的增长，这样对材质影响就不大。对散孔材阔叶树，年轮加宽也没有什么不利影响。更重要的是要考虑材质不同的目的要求，如对云杉乐器材，要求年轮均匀和细密，应在密林中培养；而对纸浆材来说，随密度的增大，纤维长度增加、各级纤维的频率分布趋于均匀，因此加大造林密度也能提高造纸纤维质量。不过，必须明确，树干形质在更大程度上取决于树种的遗传特性，用密度来促进是有一定限度的。

### （四）林分密度对林分稳定性的作用

林分密度对林分的稳定性有很大影响。林分过密，不但会使林木地上部分生长纤细，也会使林木根系发育受阻，这样的树木易遭风倒、雪压及病虫侵袭的危害，林分处于不稳定状态。至于林分过稀对其稳定性的影响要视地区条件而论。在生长条件较好的湿润地区，只要树木能在其他植物（草、灌、藤等）竞争中站得住脚，即使孤立木也能正常生长；在水分不稳定的地区，林分需要有一定的郁闭度才能保证林木在群落中占优势，并有利于抵抗不良环境因子影响，林分过稀，迟迟不能郁闭，会降低其稳定性；在极端干旱地区，旱生树种有首先发育庞大根系的适应性，只有稀林（从树冠郁闭的角度看）才能正常生长，从水分平衡的角度来看，干旱立地条件下不允许林分密度过高。

以上从各个角度分析了林分密度的作用规律，可见，在一定的具体条件组合下，客观上存在一个生物学最适密度范围,在这个范围内,林分的群体结构合理,净第一性生产量最大,林木个体健壮、生长稳定、干形良好。而且这个最适密度范围在林木生长过程中不是一成不变的,在不同的林木发育时期有着不同的最适密度范围。通过理论探索及试验、调查等,把最适林分密度及不同发育时期的最适密度范围找出来仍是重要的现实课题。

## 二、影响林分密度的主要因素

最适密度不是一个常数,而是一个随经营目的、培育树种、立地条件、培育技术和培育时期等因素变化而变化的数量范围。要确定林分密度,首要的是弄清林分密度与这些因素之间的关系。

### (一) 林分密度和经营目的的关系

经营目的会反映在林种上。林种不同,在培育过程中所需的群体结构不同,林分密度也不同,因此在确定林分密度时一定要确立结构与功能统一的指导思想,如营造用材林需要林分形成有利于主干生长的群体结构,要按培育的目的林种确定最适宜的林分密度。一般培育大径材(锯材、枕木、胶合板材等)的林分密度宜小一些,以使林木个体有较大的营养空间,或初期适当密植以充分利用生长空间,后期进行强度疏伐以促进胸径迅速生长;培育中小径材(矿柱、杆材、造纸材等)可适当密一些,以追求更大的材积生长量。

培育防护林更应根据林种的不同要求确定林分密度。水土保持林要求林分迅速覆盖林地,原来一般认为采用较大林分密度使林分迅速郁闭为好,但近来研究发现,在水分不稳定的地区充分利用造林地上的天然植被资源,适当降低水土保持林乔木层的林分密度,有利于林地迅速形成乔-灌-草的林分结构,从而更好地发挥其水土保持效益;防风固沙林以控制就地起沙为原则,理论上希望密一些,实际上常受到沙地严酷的立地条件限制,但如选择合适的树冠较大的灌木树种,即使造林密度较小,也能迅速覆盖林地;农田防护林要使林分密度和配置及所需透光系数相适应。

经济林的造林密度,要有利于主要利用部位或器官的生产。以产果为主要目的的经济林,要求全部树冠充分见光,因此林分密度一般是比较小的;营造以利用生物量为主要目的的薪炭林和超短轮伐期纸浆林,一般都采用密植,争取早期充分利用空间,但应以在收获期不形成过密而压抑群体产量为限。

### (二) 林分密度与造林树种特性的关系

林分密度的大小与树种喜光性、速生性、树冠特征、根系特征、干形和分枝特点等一系列生物学特性有关。一般喜光而速生的树种宜稀,如杨属树种、落叶松等;耐阴而初期生长较慢的宜密,如云杉、侧柏等;干形通直而自然整枝良好的宜稀,如杉木、檫树等;干形易弯曲而且自然整枝不良的宜密,如马尾松、部分栎属树种;树冠宽阔而且根系庞大的宜稀,如毛白杨、团花等;树冠狭窄而且根系紧凑的宜密,如箭杆杨、冲天柏等。我国主要造林树种常用的林分密度范围见表3-5。具体确定林分密度时,还应根据其他条件选用其上限、下限或某个中档密度。

表 3-5 我国主要造林树种常用的林分密度表

| 树种 | 密度/(株/公顷) | 树种 | | 密度/(株/公顷) |
|---|---|---|---|---|
| 马尾松、云南松、华山松 | 3 000~6 750 | 旱柳和其他乔木柳 | | 240~1 500 |
| 火炬松、湿地松 | 1 500~2 400 | 泡桐 | 一般 | 195~1 500 |
| 油松、黑松 | 3 000~5 000 | | 农桐间作 | 45~60 |
| 落叶松 | 2 400~5 000 | 油茶 | | 1 110~1 650 |
| 樟子松 | 1 650~3 300 | 三年桐 | | 600~900 |
| 红松 | 3 300~4 400 | 千年桐 | | 150~270 |
| 杉木 | 1 650~4 500 | 核桃 | 一般 | 300~600 |
| 水杉 | 1 250~2 500 | | 间作 | 150~370 |
| 樟、油樟 | 1 350~6 000 | 油橄榄 | | 300 左右 |
| 柳杉 | 2 400~4 500 | 枣树 | | 220~600 |
| 桉树 | 2 500~5 000 | 柑橘 | | 800~1 200 |
| 木麻黄 | 2 400~5 000 | 板栗 | | 200~1 650 |
| 枫杨 | 1 350~2 400 | 山楂 | | 750~1 650 |
| 刺槐 | 1 650~6 000 | 猕猴桃 | | 450~900 |
| 桢楠 | 2 500~3 300 | 漆树 | | 450~1 250 |
| 侧柏、柏木、云杉、冷杉 | 4 350~6 000 | 散生竹 | | 330~500 |
| 栎类 | 3 000~6 000 | 丛生竹 | | 520~820 |
| 胡桃楸、水曲柳、黄波罗 | 4 400~6 600 | 沙枣 | | 1 500~3 000 |
| 木荷 | 2 400~3 600 | 苹果、梨、桃、李、杏 | | 450~1 240 |
| 檫树 | 600~900 | 巴旦杏 | | 300~450 |
| 桤木 | 1 650~3 750 | 沙柳、毛条、柠条锦鸡儿、怪柳 | | 1 240~5 000 |
| 榆 | 1 350~4 950 | 花棒、踏朗、沙拐枣、梭梭 | | 660~1 650 |
| 杨属树种 | 240~3 300 | 沙棘、紫穗槐 | | 1 650~3 300 |
| 相思类 | 1 200~3 300 | 花椒 | | 600~1 600 |

### (三) 林分密度与立地条件的关系

林分密度与立地条件的关系比较复杂。传统的营林地区大多为湿润地区,林分培育过程中树木对光的竞争起主导作用,这是形成传统林学中密度调控理论的基础。现代林业越来越多地涉及干旱和半干旱地区(含干旱的亚湿润区),我国的情况也如此。而在这类地区,水分竞争在林分培育过程中起主导作用，考虑林分密度问题要与水量平衡相协调，从而得出了与传统林学原理不尽相同的原则和尺度。

在较为湿润的地区，从单位面积上能够容纳一定径阶（不计年龄）的林木株数来看，立地条件好的地方能容纳多些，立地条件差的地方则容纳少些。但从经营要求来看，则经常恰恰相反，立地条件好而宜于培育大径阶材的宜稀，立地条件差而只能育中小径阶材的宜稍密。立地条件好的地方林木生长快，郁闭分化也早，这是需要适当稀植的另一重要原因。立地条件差的地方往往需要早期适当密植，以求得及时郁闭，但随后就要通过疏伐，使林分保持长成一定树种的适当密度。

但在干旱和半干旱地区（如我国黄土高原的大部分地区），降水相对不足但潜在蒸散力却极大，林分密度过大往往会超过水分环境的承载力（或水分环境容量），破坏林木蒸腾耗水与环境供水能力之间的水量平衡。在这种情况下，传统的以要求林分及时郁闭为基本特征的密度理论就不适合了，确定林分密度的基础应该是降水资源环境容量。所谓降水资源环境容量是指在无灌溉条件以及无地下水补充土壤水分的干旱和半干旱地区，在维持区域生态平衡及水量平衡的前提下，一定的降水资源所能容纳的树木种类及其数量，这个数量体现在林分结构上就是某一树种在不同发育阶段的最大林分密度或单位面积林地上所能容纳的最大林木株数。径流林业是北京林业大学经过近20年的努力在黄土高原半干旱地区创立的有效集水造林技术，在实践中基本冲破了干旱缺水对林业发展的束缚，造林成活率达95%以上，成林生长也表现出较大的生长量和稳定性。但利用水量平衡原理确立合理的径流林业栽植密度一直是使技术措施更具合理性的难点。

### （四）林分密度与培育技术措施的关系

就培育技术的总体而言，培育技术越细致、越集约，林木就越速生，就越没必要密植。对培育技术中各项措施而言，也是如此。整地越细致，供水供肥越充足，苗木规格越大，质量越高，抚育管理越加强，就越要求相对的稀植。林农间作结合幼林抚育的育林方法，也要求初始密度适当减少。在农田中植树的混农林业，造林密度当然就更小了。但所有上述内容都需和经营目的结合起来考虑，如以超短轮伐期培育小径阶纤维用材林和能源林，采取的是高度集约栽培措施，造林密度就要高。

### （五）林分密度与经济效益的关系

林分密度适当与否还需要用经济效益来衡量，尤其对商品林更应如此。对商品林来说，育林成本及最终的产品成本由四部分组成：即造林投资（包括林地清理、整地、种苗费、栽植费等）、经营费用（包括幼林抚育费、成林抚育费、森林保险费等）、采伐成本（包括间伐成本、主伐成本等）和税费；育林收入则包括主伐收入、间伐收入及非木材收入等方面。选择合理密度时应根据以上各个方面计算投入产出比，选择投入产出比最合理的林分密度。这需要投资者根据现代技术经济分析的原理，对一个轮伐期内采用动态分析的方法预测各种林分密度的林分未来的经济效益。如小径材有销路，也有实施早期间伐的交通、劳力及机械条件，经济上也合算，那么就可采用较大的造林密度；如小径材间伐无利或条件不能满足，则造林密度应小些。如果是农林结合、立体经营，则造林密度的大小还必须以林产品和农产品的综合效益最大作为权衡的标准。

把以上 5 个方面综合起来，确定林分密度的总原则应是：一定树种在一定的立地条件、栽培条件下，在一定的培育阶段，根据经营目的，能取得最大经济效益的林分密度，即为应采用的合理密度，这个密度应当是在由生物学和生态学规律所控制的合理密度范围之内，而其具体取值又应当以能取得最大效益来测算。

### 三、确定林分密度的方法

根据密度作用规律和确定林分密度的原则，在确定林分密度时可采用以下几种方法。

#### （一）经验的方法

从过去不同林分密度的林分，在满足其经营目的方面所取得的成效，分析判断其合理性及需要调整的方向和范围，从而确定在新的条件下应采用的初始密度和经营密度。采用这种方法时，决策者应当有足够的理论知识及生产经验，否则会产生主观随意性的弊病。

#### （二）试验的方法

通过不同林分密度的造林试验结果来确定合适的造林密度及经营密度，当然是最可靠的。由于密度试验需要等待很长时间（一般应至少达到半个轮伐期以上，最好是一个完整的轮伐期）才能得出结论，且营造试验林要花很大的精力和财力，不可能为每个树种在各种条件下都搞一套试验，所以一般只能对几个主要造林树种，在其典型的生长条件下进行林分密度试验，从这些试验中得出密度效应规律及其主要参数，以便指导生产。通过林分密度试验得出的是生物学范畴的结论，还需加上经济分析，才能最后确定林分密度。

#### （三）调查的方法

如果现有的森林中存在着相当数量的用不同造林密度营造的，或因某种原因处于不同密度状况下的林分，则有可能通过大量调查不同造林密度下林分生长发育状况，然后采用统计分析的方法，得出类似于林分密度试验林可提供的密度效应规律和有关参数。这种方法使用也较为广泛，已得到不少有益的成果。

#### （四）编制和查阅图表的方法

对某些主要造林树种（如落叶松、杉木、油松等），已进行了大量的密度规律的研究，并制订了各种地区性的密度管理图（表），可通过查阅相应的图表来确定造林密度。但现在的大多数密度管理图表，无论在理论基础上，还是在实际应用上，都还存在不完善的地方，需继续深化研究。吴增志根据其发现的合理密度理论编制的华北落叶松、杨属树种（如毛白杨、欧美杨）人工林合理密度调控图（表），在人工林密度科学合理管理上迈进了一大步，也可据此确定造林密度和经营密度。

以上 4 种方法要根据条件选择或参照使用。

### 四、种植点配置的概念和类型

人工林中种植点的配置，是种植点在造林地上的间距及其排列方式。它当然是和造林密度相联系的。同一种造林密度可以由不同的配置方式来体现，而具有不同的生物学意义及经济意义。一般将种植点配置方式分为行状和群状（簇式）两大类。在天然林中，树木分布也按树种及起源的不同而呈一定的规律，可以在培育过程中采用干扰措施因势利导达到培育目的。

（一）行状配置

行状配置是单株（穴）分散有序排列的一种方式。采用这种配置方式能充分利用林地空间，使树冠和根系发育较为均匀，有利于速生丰产，便于机械化造林及抚育施工。行状配置又可分为正方形、长方形、品字形、正三角形等配置方式。正方形配置时，行距和株距相等，相邻株连线成正方形。这种方式配置比较均匀，具有一切行状配置的典型特点，是营造用材林、经济林较为常用的配置方式；长方形配置时，行距大于株距，相邻株连线成长方形，这种方式在均匀程度上不如正方形，但有利于行内提前郁闭及行间机械化中耕除草，在林区还有利于行间更新天然阔叶树；品字形配置强调相邻行的各株相对位置错开成品字形，行距、株距可以相等，也可不相等，这样的配置有利于防风固沙及保持水土，也有利于树冠发育更均匀，是山地和沙区造林中普遍采用的配置方式；正三角形配置是最均匀的配置，要求各相邻植株的株距都相等，行距小于株距，为株距的 0.866 倍（sin60°），这种配置方式能在不减少单株营养面积的情况下，增加单位面积上的株数，从而得到高产，但这种方式的定点技术较复杂，而且以郁闭分化为特征的林分的单株树冠发育情况不像几何学那么规整，这种配置不一定能显示出更多的优越性。

当行距明显大于株距时，还有一个行的走向问题。试验证明，在高纬度的平原上，南北行向更有利于光合作用进程。也有研究表明，南北行向即使在低纬度地区也有增产作用。在山区，行的方向有顺坡行和水平行两种。水平行有利于蓄水保墒、保持水土，而顺坡行有利于通风透光及排水，这两种行向各适用于不同的地理环境。在风沙地区营造片林，一般都会让行向与害风方向垂直。

（二）群状配置

群状配置也称簇式配置、植生组配置，植株在造林地上呈不均匀的群丛状分布，群内植株密集，而群间隔距离很大。这种配置方式的特点是群内能很早达到郁闭，有利于抵御外界不良环境因子（如极端温度、日灼、干旱、风害、杂草竞争等）的危害。随着年龄增长，群内植株明显分化，可间伐利用，一直维持到群间也郁闭成林。

群状配置在利用林地空间方面不如行状配置，所以产量也不高，但在适应恶劣环境方面有显著优点，故适用于较差的立地条件及幼年较耐阴、生长较慢的树种。在杂灌木竞争较剧烈的地方，用群状配置方式引入针叶树，每公顷 200~400（群），块间允许保留天然更新的珍贵阔叶树种，这是林区人工更新中一种行之有效的形成针阔混交林的方法。在华北石质山地营造防护林时，群状配置方式是形成乔-灌-草结构防护效益较好林分的主要方法。这种方法也可用于次生林改造。在天然林中，一些种子颗粒大且幼年较耐阴的树种（如红松）及一些萌蘖更新的树种也常有群团状分布的倾向，这种倾向有利于种群的保存和发展，可加以充分利用并适当引导。

群状配置既有有利方面，也有不利方面。在林木幼年时，有利作用方面占主导地位，但林木到一定年龄阶段后，群内过密，光、水、肥供应紧张，不利作用可能会上升为主要方面，因此要及时定株和间伐。

群状配置可采用多种方法，如大穴密播、多穴簇播、块状密植等。群的大小要从环境需要出发，从3~5株到十几株。群的数量一般应相当于主伐时单位面积适宜株数。群的排列可以是规整的，也可随地形及天然植被变化而作不规则的排列。

## 第四节　人工林树种组成

森林树种组成是指构成森林的树种成分及其所占的比例。通常把由一种树种组成的林分叫作纯林，而把由两种或两种以上的树种组成的林分称为混交林。森林树种组成一般以每一乔木树种的胸高断面积占全林总胸高断面积的成数表示，也可以每一乔木树种的蓄积占全林总蓄积的成数表示。而在营造人工林时，人工林树种组成以各树种占全林总株数的百分比表示，包括所有的乔灌木树种。

### 一、培育混交林的优势

虽然天然林大多是由多树种组成的混交林，但因思想认识的局限，迄今为止国内外森林营造却仍以单一树种的纯林为主。我国自1949年后开展大规模森林营造工作以来，主要形成的也是大面积的松科、杉科、桉属、杨属、泡桐属等树种的纯林。由于纯林病虫害蔓延、生物多样性降低、林地地力衰退、林分不能维持持续生产力及功能降低等问题，给林业生产和生态环境建设造成了重大影响。所以无论是国内还是国外，越来越多的林学家提倡培育混交林，以求在可持续的意义上增强森林生态系统的稳定性并取得较好的生态、经济综合效益。根据各方面调查研究，培育结构合理的混交林有以下优势。

#### （一）可较充分地利用光能和地力

不同生物学特性的树种适当混交，能够比较充分地利用空间。如耐阴性（喜光或耐阴）、根型（深根型与浅根型、吸收根密集型和吸收根分散型）、生长特点（速生与慢生、前期生长型与全期生长型）以及嗜肥型（喜氮、喜磷、喜钾，吸收利用的时间性）等不同的树种混交在一起，可以占有较大的地上、地下空间，有利于各树种分别在不同时期和不同层次范围内利用光能、水分及各种营养物质，对提高林地生产力有重要作用。

#### （二）可较大地改善林地的立地条件

不同树种的合理混交能够较大地改善林地的立地条件。主要表现在以下2个方面：

（1）混交林所形成的复杂林分结构，有利于改善林地小气候（光、热、水、气等），使树木生长的环境条件得到较大改善。如北京沿河沙地加杨刺槐混交林中，因林分迅速郁闭，在最炎热的夏季午后2时，加杨纯林内1.5 m高处气温高达可36 ℃，而相邻的混交林中却只有32 ℃。由于降温减少了土壤水分蒸发损失，混交林中各层土壤含水量均提高近3~4倍。林地小气候改善是加杨刺槐混交林树木生长改善和林分生产力提高的重要原因之一。

（2）混交林可增加营养物质的储备及提高养分循环速度，使林地土壤地力得到维持和改良。森林地力的维护和提高，主要取决于林分枯枝落叶的数量、质量及其分解速率。针叶树的落叶量一般较少，而且分解比较困难，以致在枯枝落叶层（$A_0$层）积累，并形成酸性的粗腐殖质，这是针叶纯林地力容易衰退的主要原因之一。阔叶树（尤其是固氮树种）与针叶树混交，不仅能够使林分总的落叶量增加，养分回归量增大，而且可大大加快枯落叶的分解速度，加快林分的养分积累和循环，提高土壤养分有效性，这对林分维持生产力有很大的意义。研究表明，16年生的马尾松木荷混交林中枯枝落叶量比同龄松树纯林多出61.5%。混交林土壤A层（腐殖质层，由表土层组成，易松动，呈暗褐色，是一种由腐殖质、黏土和其他无机物组成的土壤。）的有机质、全氮、速效磷和速效钾达到4.79%，0.11%，0.23 ppm和1.95 ppm，而松树纯林土壤A层的有机质和全氮含量分别只有1.83%和0.08%，速效磷和速效钾含量甚微。

### （三）可较好地促进林木生长

配置合理的混交林可较好地促进林木生长，增加林地生物产量，增加林产品种类，维持和提高林地生产力。如20~27年生的加杨刺槐混交林中杨树单株材积比纯林提高0.5~1.5倍，林分蓄积量提高0.5~1.0倍。

研究表明，混交林中目的树种由于有伴生树种辅助，主要树种的主干生长通直圆满，自然整枝良好，干材质量亦较优。而由于混交林由多个树种组成，不同树种的林产品种类不同，价值也不一样，产品生产的周期也有长有短，这样不仅可以使林分实现以短养长，而且也可在许多情况下提高林分的经济价值。如欧洲在培育榉树以及栎属树种等轮伐期较长的阔叶树时，长期以来采取与短轮伐期的针叶树混交，这对于榉树以及栎属树种形成良好的干形起着重要的作用，同时还可获得短期的收益。

### （四）可较好地发挥林地的生态效益和社会效益

森林的生态效益越来越受关注，逐渐成为森林的主要功能，而混交林在保持水土、涵养水源、防风固沙、净化大气、储存二氧化碳、恢复生态系统等方面的效益是更为显著的。混交林的林冠结构复杂、层次较多，拦截雨量能力大于纯林，对害风风速的减缓作用也较强。林下枯枝落叶层和腐殖质较纯林厚，林地土壤质地疏松，持水能力与透水性较强，加上不同树种的根系相互交错，分布较深，提高了土壤的孔隙度，加大了降水向深土层的渗入量，因此减少了地表径流和表土的流失。

混交林可以较好地维持和提高林地生物多样性。由于混交林有类似天然林的复杂结构，为多种生物创造了良好的繁衍、栖息和生存的条件，从总体来说林地的生物多样性得到了维持和提高。国外研究表明，混交林可增加土壤软体动物的数量。而国内几乎所有有关混交林土壤微生物的研究都发现其种类、数量和活性大大超过纯林。

配置合理的混交林还可增强森林的美学价值、游憩价值、保健功能等，使林分发挥更好的社会效益。如北京山地存在的大面积山桃、山杏次生林是北方山地难得的春花景观，但由于其先花后叶，花色发白，且开花时其他植被也未发叶，给观花的游客以单调、萧瑟之感，而混交部分油松和侧柏后由于此时针叶树恰好返青，粉绿相间，给人以生机勃勃、春意盎然的清新美感。

### （五）可增强林木的抗逆性

由多树种组成的混交林系统，食物链较长，营养结构多样，有利于各种鸟兽栖息和寄生性菌类繁殖，使众多的生物种类相互制约，因而可以控制病虫害的大量发生。据安徽省林业科学研究所（现安徽省林业科学研究院）等在东至县的调查，松栎混交林中的鸟类有30余种，其中捕食松毛虫的就有26种。而马尾松纯林中只有6种鸟，数量也少得多。该省国营沙河集林业总场曾调查，在针阔叶混交林中，鸟类对森林害虫和蛹的捕食率，高达90%以上。天敌昆虫在害虫卵内的寄生率可达37.8%~67.0%，寄生于害虫的幼虫和蛹内的寄生率可达53.2%~80.0%。由于森林害虫及其天敌在混交林内保持着一定的比例，既不会因害虫大发生而成灾，也不会因失去寄主、食源和栖息场所而使天敌死亡，真正实现了害虫的可持续控制。

混交林的林冠层次多，枝叶互相交错，而且根系较纯林发达，深浅搭配，所以抗风和抗雪能力较强。混交林在干热季节，林内温度较低、湿度较大，因此各种可燃物不易着火。针叶纯林比针阔混交林较易发生火灾，而且一旦着火迅速由地表火蔓延为林冠火，很难扑灭。

培育混交林的优势具有一定的相对性，必须在一定条件下，才能发挥其优势。混交林的培育和采伐利用，技术比较复杂，施工也比较麻烦，同时目的树种的产量可能较纯林低。特别是我国对培育混交林的科学研究和生产实践历史较短，对混交林树种间关系和林分形成规律等方面尚缺乏深入的认识，在实际工作中往往没有充分把握。相比之下，营造纯林的技术比较简单，容易施工，在培育短轮伐期的速生人工林时仍有一定优势。因此，在不同的情况下，目前是否全面营造混交林还需具体分析，但无论是营造人工林还是培育天然林，加大混交林的比例势在必行。

## 二、混交林的培育技术

我国人工混交林培育技术已逐步成熟和完善，但天然混交林的培育实践较少，也难以形成完善的培育技术，所以以下阐述的混交林培育技术主要为人工混交林培育技术，同时尽可能涵盖天然混交林的一些研究成果。

### （一）混交林和纯林的应用条件

混交林具有优越性，应该在生产中积极提倡培育混交林，但并不能由此做出在任何地方和任何情况下都必须培育混交林的结论。一般认为，可根据下列情况决定是营造纯林还是混交林：

（1）培育防护林、风景游憩林等生态公益林，强调最大限度地发挥林分的防护作用和游憩价值，并追求林分的自然化培育以增强其稳定性，应培育混交林；培育速生丰产用材林、短轮伐期工业用材林及经济林等商品林，为使其早期成材，或增加结实面积，便于经营管理，可营造纯林。

（2）造林地区和造林地立地条件极端严酷或特殊（如严寒、盐碱、水湿、贫瘠、干旱等）的地方，一般仅有少数适应性强的树种可以生存且难以选择混交树种的情况下，多营造纯林。

（3）天然林中树种一般较为丰富，层次复杂，应按照生态规律培育混交林；而人工林根据培育目标可以营造混交林，也可以营造纯林。

（4）我国营造混交林的经验不足，大面积发展可能造成严重不良后果时，可先营造纯林，待积累了一定的经验之后再营造混交林。

### （二）混交类型

1. 混交林中的树种分类

混交林中的树种，依其所起的作用可分为主要树种、伴生树种和灌木树种3类。

（1）主要树种是人们培育的目的树种，防护效能好，经济价值高或风景价值高，在混交林中数量最多，是优势树种。同一混交林内主要树种数量有时是1个，有时是2~3个。

（2）伴生树种是在一定时期与主要树种相伴而生，并为其生长创造有利条件的乔木树种。伴生树种是次要树种，在林内数量上一般不占优势，多为中小乔木。

（3）灌木树种是在一定时期与主要树种生长在一起，并为其生长创造有利条件的灌木树种。灌木树种也是次要树种，在林内的数量依立地条件的不同而不占优势或稍占优势。

2. 树种的混交类型

混交类型是将主要树种、伴生树种和灌木树种人为搭配而成的不同组合，通常把混交类型划分为如下几种。

1）主要树种与主要树种混交

两种或两种以上的目的树种混交，这种混交搭配组合，可以充分利用地力，同时获得多种木材，并发挥其他有益效能。种间矛盾出现的时间和激烈程度，随树种特性、生长特点等而不同。当两个主要树种都是阳性树种时，其多构成单层林，种间矛盾出现得早而且尖锐，竞争进程发展迅速，调节比较困难，也容易丧失时机；当两个主要树种分别为阳性和阴性树种时，其多形成复层林，种间的有利关系持续时间长，种间矛盾易于调节。采用这种混交类型，应选择良好的立地条件，以期发挥最大的生态、经济及其他效益，同时选定适宜的混交方法，预防种间激烈矛盾的发生。

2）主要树种与伴生树种混交

主要树种与伴生树种搭配组合，林分的生产率较高，防护效能较好，稳定性较强。高大的主要树种居第一林层，伴生树种位于其下，组成第二林层或次主林层，林相多为复层林。主要树种与伴生树种的矛盾比较缓和，因为伴生树种大多为较耐阴的中小乔木，生长比较缓慢，一般不会对主要树种构成严重威胁，即使种间矛盾变得尖锐，也比较容易调节。一般这种混交类型适用于立地条件较好的地方。由于在造林初期有可能出现主要树种被压抑的情况，故应注意合理搭配树种和选用适宜的混交方法、比例等。

3）主要树种与灌木树种混交

主要树种与灌木树种搭配组合，树种种间关系缓和，林分稳定。混交初期，灌木可以给主要树种的生长创造各种有利条件，郁闭以后，因林冠下光照不足，其寿命又趋于衰老，有些便逐渐死亡。总的来看，灌木的有利作用是大的，但持续的时间不长。乔灌木混交类型多用于立地条件较差的地方，而且条件越差，越应适当增加灌木的比重。采用乔灌木混交类型造林，也要注意选择适宜的混交方法和混交比例。

4）主要树种、伴生树种与灌木的混交

主要树种、伴生树种与灌木的混交也可称为综合性混交类型。综合性混交类型兼有上述3种混交类型的特点，一般可用于立地条件较好的地方。通过封山育林或人天混方式形成的混交林多为这种类型。据研究，这种类型的防护林防护效益很好。

**（三）混交林培育目标结构模式的确定**

要培育混交林，首要的是确定一个目标结构模式。混交林的结构从垂直结构角度可分为单层的、双层的及多层的（后两者都可称为复层的），从水平结构角度可分为离散均匀的及群团状的，还可从年龄结构角度分为同龄的及异龄的。确定混交林培育目标结构模式（如同龄均匀分布的复层混交林模式或异龄群团分布的单层林模式），取决于森林培育的功能效益目标，取决于林地立地条件及主要树种的生物生态学特性，也必须考虑未来的种间关系对于林分结构的形成和维持可能带来的影响。合理的混交培育目标结构模式是建立在合理调控的种间关系基础之上的。

**（四）混交树种的选择**

营造混交林，首先要按培育目标要求及适地适树原则选好主要树种（培育目的树种），其次是按培育目标结构模式的要求选择混交树种（可作为次目的树种或伴生辅佐树种），应该说这是成功的关键。混交树种选择一般可参照的条件如下：

（1）选择混交树种要考虑的主要问题就是其与主要树种之间的种间关系性质及进程。要选择的混交树种应该与主要树种之间在生态位上尽可能互补，种间关系总体表现以互利（++）或偏利于主要树种（+0）的模式为主，在多方面的种间相互作用中有较为明显的有利（如养分互补）作用而没有较为强烈的竞争或抑制（如生化相克）作用，而且混生树种还要能比较稳定地长期相伴，在产生矛盾时也要易于调节。

（2）要很好地利用天然植被成分（天然更新的幼树、灌木等）作为混交树种，运用人工培育技术与自然力作用的密切协调形成具有合理林分结构并能实现培育目标的混交林。如可在喀斯特石质山地采取"栽针留灌保阔"措施形成的松阔混交林，在华北石质山地采取"见缝插针"方式形成侧柏荆条混交林。

（3）混交树种应具有较高的生态、经济和美学价值，即除辅佐、护土和改土作用外，也可以辅助主要树种实现林分的培育目标。

（4）混交树种最好具有较强的耐火和抗病虫害的特性，尤其是不应与主要树种有共同的病虫害。

需要指出，选择一个理想的混交树种并不是一件容易的事情，对于树种资源贫乏或发掘不够的地区难度则更大，但是绝不能因此而不营造混交林。近年来，我国各地营造混交林积累的经验很多，可以作为选择混交树种的依据。南方混交效果较好的有：杉木与马尾松、香樟、柳杉、木荷、檫树、火力楠、红锥、桢楠、香椿、南酸枣、观光木、厚朴、相思木、桤木、桦木、白克木、毛竹等；马尾松与杉木、栎属树种、栲、椆木、木荷、台湾相思、红锥、柠檬桉等；桉与大叶相思、台湾相思、木麻黄、银合欢等；毛竹与杉木、马尾松、枫香树、木荷、红锥、南酸枣等。北方混交效果较好的有：红松与水曲柳、胡桃楸、水冬瓜、紫椴、黄波罗、色木槭、柞树等；落叶松与云杉、冷杉、红松、樟子松、山杨、水曲柳、水冬瓜、胡枝子等；油松与圆柏、栎属树种（栓皮栎、辽东栎和麻栎等）、刺槐、元宝树、椴树、胡枝子、黄栌、紫穗槐、沙棘、荆条等；圆柏与元宝树、黄连木、臭椿、刺槐、黄栌、沙棘、紫穗槐、荆条等；各类杨属树种与刺槐、紫穗槐、沙棘、柠条锦鸡儿、胡枝子等。

（五）混交方法

混交方法是指参加混交的各树种在造林地上的排列形式。混交方法不同，种间关系特点和林分生长状况也不相同，因而具有深刻的生物学和经济学意义。

常用的混交方法有下列数种。

1. 星状混交

星状混交是将一个树种的少量植株点状分散地与其他树种的大量植株栽种在一起的混交方法，或栽植成行内隔株（或多株）的一个树种与栽植成行状、带状的其他树种相混交的方法（图3-4）。这种混交方法，既能满足某些喜光树种扩展树冠的要求，又能为其他树种创造良好的生长条件（适度庇荫、改良土壤等），同时还可最大限度地利用造林地上原有自然植被，种间关系比较融洽，经常可以获得较好的混交效果。目前可应用星状混交的树种有：杉木造林，零星均匀地栽植少量檫木；刺槐造林，适当混交一些杨属树种；马桑造林，稀疏栽植若干柏木；圆柏造林，稀疏地点缀在荆条等的天然灌木林中等。

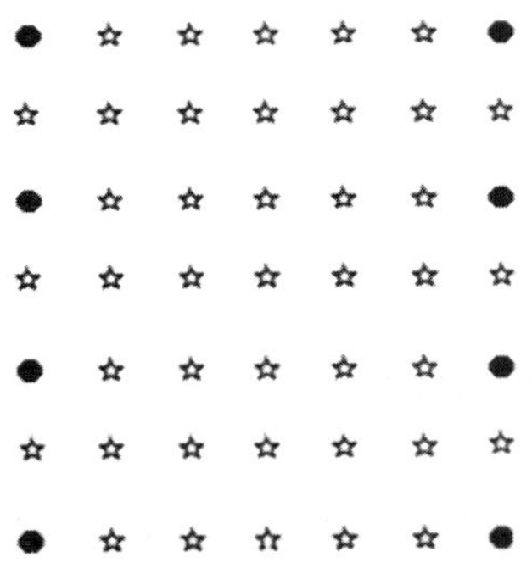

图3-4 星状混交

2. 株间混交

株间混交是在同一种植行内隔株种植两个以上树种的混交方法（图3-5）。这种混交方法，不同树种间开始出现相互影响的时间较早。若树种搭配适当，能较快地产生辅佐等作用，种间关系以有利作用为主；若树种搭配不当，种间矛盾就比较尖锐。这种混交方法，造林施工较麻烦，一般多用于乔灌木混交类型。

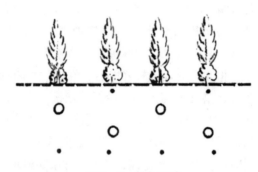

图3-5 株间混交

3. 行间混交

行间混交是一个树种的单行与另一个树种的单行依次栽植的混交方法（图3-6）。这种混交方法，树种间的有利或有害作用一般多在人工林郁闭以后才明显出现。种间矛盾比株间混交容易调节，施工也较简便，是常用的一种混交方法。适用于乔灌木混交类型或主伴混交类型。

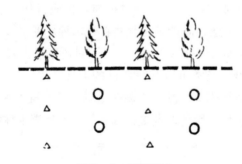

图3-6 行间混交

4. 带状混交

带状混交是一个树种连续种植3行以上构成的"带"，与另一个树种构成的"带"依次种植的混交方法（图3-7）。带状混交的各树种间关系最先出现在相邻两带的边行，带内各行种间关系则出现较迟。这样可以防止在造林之初就发生一个树种被另一个树种压抑的情况，但也正因为如此，良好的混交效果一般也多出现在林分生长后期。带状混交的种间关系容易调节，栽植、管理也都较方便。适用于矛盾较大、初期生长速度悬殊的乔木树种混交，也适用于乔木与耐阴亚乔木树种混交，但可将伴生树种改栽单行。

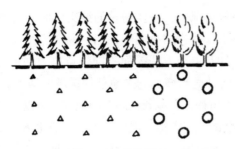

图 3-7　带状混交

5. 块状混交

块状混交是将一个树种栽成一小片，与另一个栽成一小片的树种依次配置的混交方法（图 3-8）。一般分成规则的块状混交和不规则的块状混交两种。块状地的面积，原则上不小于成熟林中每株林木占有的平均营养面积，一般其边长可为 5~10 m。块状混交可以有效地利用种内和种间的有利关系，满足幼年时期喜丛生的某些针叶树种的要求。待林木长大以后，各树种均占有适当的营养空间，种间关系融洽，混交的作用明显，这样就显得比纯林优越了。块状混交造林施工比较方便。

图 3-8　块状混交

适用于矛盾较大的主要树种与主要树种混交，也可用于幼龄纯林改造成混交林，或低价值林分改造。

6. 随机混交

随机混交是构成混交林的树种间没有规则的搭配方式，随机分布在林分中。这是天然混交林中树种混交最常见的方式，也是充分利用自然植被资源，利用自然力（封山育林、天然更新、人天混、次生林改造等）形成更为接近天然林的混交林林相的混交方法。如在荒山荒地、火烧迹地和采伐迹地已有部分天然更新的情况下，提倡在空地采用"见缝插针"的方式人工补充栽植部分树木，使林分向当地的地带性植被类型或顶极群落类型发展，这样形成的混交林效益好、稳定性强。随机混交方法虽然人工协调树种间关系比较困难，但因为可模拟和加速天然植被演替规律，所以树种间关系一般较为协调。

7. 植生组混交

植生组混交是种植点为群状配置时，在一小块地上密集种植同一树种，与相距较远的小块地上密集种植另一树种的相混交的方法。这种混交方法，块状地内同一树种，具有群状配置的优点，块状地间距较大，种间相互作用出现得很迟，且种间关系容易调节，但造林施工比较麻烦。一般应用不是很普遍，多用于人工更新及治沙造林等。

（六）混交比例

树种在混交林中所占比例的大小，直接关系到种间关系的发展趋向、林木生长状况及混交最终效益。在确定混交林比例时，应预估林分未来树种组成比例的可能变化，注意保证主要树种始终占有优势。在一般情况下，主要树种的混交比例应大些，但速生、喜光的乔木树种，可在不降低产量的条件下，适当缩小混交比例。混交树种所占比例，应以有利于主要树种为原则，依树种、立地条件及混交方法等而不同。竞争力强的树种，混交比例不宜过大，以免压抑主要树种，反之，则可适当增加。立地条件优越的地方，混交树种所占比例不宜太大，其中伴生树种应多于灌木树种；立地条件恶劣的地方，可以不用或少用伴生树种，而适当增加灌木树种的比重。群团状的混交方法，混交树种所占的比例大多较小，而行状或单株的混交方法，其比例通常较大。一般地说，在造林初期伴生树种或灌木树种的混交比例，应占全林总株数的25%~50%，但特殊的立地条件或个别的混交方法，混交树种的比例不在此限。

（七）混交林种间关系调节技术

营造和培育混交林的关键，在于在整个育林过程中，每项技术措施都应围绕树种间兴利避害这个核心。

培育混交林前，要在慎重选择主要树种的基础上，确定合适的混交方法、混交比例及配置方式，预防种间不利作用的发生。造林时，可以通过控制造林时间、造林方法、苗木年龄和株行距等措施，调节树种种间关系。为了缩小不同树种生长速度上的差异，可以错开年限、分期造林，或采用不同年龄的苗木等。在林分生长过程中，不同树种的种间关系更趋复杂，对地上和地下营养空间的争夺也日渐激烈。为了避免或消除此种竞争可能带来的不利影响，更好地发挥种间的有利作用，需要及时采取措施进行人为干涉。一方面，一般当次要树种生长速度超过主要树种，树高、冠幅过大造成光照不足抑制主要树种生长时，可以采取平茬、修枝、抚育伐等措施进行调节，也可以采用环剥、去顶、断根和化学药剂抑杀等方法加以处理；另一方面，当次要树种与主要树种对土壤养分、水分竞争激烈时，可以采取施肥、灌溉、松土以及间作等措施，以不同程度地满足树种的生态要求，推迟种间尖锐矛盾的发生时间，缓和矛盾的激烈程度。

## 三、林农间作与轮作

林农复合经营中的间作以及多种林农作物循环轮作等运行方式是混交林培育中的特殊形式。林农间作是将树木与农作物栽植在一起，而林林或林农轮作则是不同时期在同一地块上栽培两个或两个以上树种或农作物的方式。

林农间作与混交林类似，可以实现对土地、时间、空间、阳光和物种资源更为有效的开发和利用，在环境建设、生物产量和经济效益等方面具有更高的效能。林农（农林）间作在我国已经有十分悠久的历史，并形成了许多成功的模式，如农桐间作、枣农间作、果农间作、茶农间作、桑农间作等。林农间作的理论基础和技术措施与混交林十分相似，主要围绕间作树木与农作物必须占据不同的生态位，种间有利的作用多、有害的作用少来展开，通过建立合理的结构模式（垂直结构、水平结构和时间结构）来避免种间过强的竞争。林木虽居于上层，但不能对间作农作物造成过强的遮阴，根系分布应较深；而农作物则对林木有改善环境条件和改良土壤等多方面的有利作用。最终实现提高这种人工群落的生物产量和经济效益，并实现可持续经营的目标。

　　林林或林农轮作之所以是必要的，主要是因为，在同一林地上长久地或多代地培育一个树种的纯林，有时会造成土壤恶化、地力衰退和森林生产率降低等后果。研究轮作的目的，就是探索通过栽培措施使林地土壤不断得到改良、肥力不断增加，实现林地可持续经营的途径。天然林的树种更替，实际上也可被看作是一种不带人类意志但却符合树种生物本性的轮作。由于人工林的栽培周期较长，影响林木生长的因素又很多，所以积累林林或林农轮作系统的经验很不容易，目前还缺乏系统理论和技术，随着人工林经营强度的提高和培育年限的缩短，人工林轮作必将被提到日程上来。关于人工林轮作的方法，原则上要求轮作树种不仅在生物学上是相适应的，而且在经营目的上是符合栽培愿望的，一般做法是：年代久远的培育同一树种的林地，可在采伐后进行短期休闲，使灌木杂草丛生，以便恢复地力；对恶化土壤的树种，尤其是某些针叶树种，在经过长期或1个世代的栽培后，可换种某些具有显著改良土壤作用、经济价值也较高的阔叶或针叶树种。

## 第五节　造林地整地

　　造林地整地是造林前清除造林地上植被或采伐剩余物，并以翻垦土壤为主要内容的一项生产技术措施。

### 一、造林地整地的作用

　　造林地整地主要有改善立地条件、保持水土、提高造林成活率、促进幼林生长、便于造林施工及提高造林质量等作用，其中主要作用是改善立地条件。

　　造林地整地通过清理造林地、改变小地形及翻松土壤来改善立地条件涉及以下几个方面：

　　（1）可改变种植点周围的光照、温度及其他小气候条件。

　　（2）有利于节约植被蒸腾及地表蒸发的水分消耗，拦蓄地表径流，促进土壤水分的下渗和保持，改善土壤通气状况，从而显著地改善造林地土壤的水、气条件。

　　（3）可加速枯落物及腐殖质的分解，促进土壤熟化，增加养分元素的有效性，局部增加有效的细土层厚度，从而大大改善局部土壤的养分条件。

　　（4）通过清理造林地可为下一步造林施工提供方便，保证必需的种植密度；又可控制植被竞争，或适当利用自然植被的庇护作用。

　　在水土流失地区，整地既是造林种草等水土保持生物措施的一个环节，同时又是水土保持坡面工程的重要组成部分。各种水土保持整地方法是水土保持生物措施和工程措施的结合点，近期内通过工程拦蓄地表径流，长远时期则通过其所支持的林木发挥水土保持作用，具有十分重要的意义。

　　合理的整地措施必然为人工种植幼苗幼树创造良好的成活和生长条件。细致整地是提高造林成活率的重要技术措施,在促进幼树生长方面也能起显著的作用,其作用时间按整地方法和质量的不同可延续5~10年。

## 二、造林地的清理

造林地的清理,是翻耕土壤前,清除造林地上的灌木、杂草、杂木、竹类等植被,或采伐迹地上的枝丫、伐根、梢头、站杆、倒木等剩余物的一道工序。如果造林地植被不是很茂密,或迹地上采伐剩余物数量不多,则无须进行清理。清理的主要目的是改善造林地的立地条件、破坏森林病虫害的栖息环境和利用采伐剩余物,并为随后进行的整地、造林和幼林抚育消除障碍。造林地的清理方式有全面清理、带状清理和块状清理等,清理方法主要有割除、火烧及化学药剂处理等。

### (一)割除法

割除法即对造林地上幼龄杂木、灌木、杂草、竹类等植被,采用人工或机械(如割灌机)进行全面、带状或块状方式割除,然后堆积起来任其腐烂或进行火烧的清理方法。

1. 全面清理

全面清理是清除整个造林地上的灌木、杂草、杂木、竹类等植被的方法。适用于杂草茂密、灌木丛生或准备进行全面翻垦的造林地。这种清理方式工作量大,造林成本高,但便于小株行距栽植、机械化造林和今后的抚育。在条件较好的地方常采用机械割除,如广东、广西桉造林时常采用全面清理。

2. 带状清理

带状清理适用于疏林地、低价林地、沙草地、陡坡地以及不需要进行土壤全面翻垦的造林地。带宽一般1~2 m,较省工,但带窄时不便于机械使用。华北石质荒山常采用带状人工割除,将割除物置于未割除带上任其腐烂。

3. 块状清理

块状清理适用于地形破碎、不进行全面土壤翻垦的造林地,较灵活,省工。由于块状清理的作用较小,在生产上应用不多。

### (二)火烧法

火烧法即将灌木杂草砍倒晒干,于无风阴天、清晨或晚间点火烧除的清理方法,多为全面清理,适用于灌木、杂草比较茂密的造林地。如我国南方山地杂草灌木较多,常采用劈山和炼山清理方法,即把造林地上的杂草、灌木或残留木等全部砍下(劈山),除运出能用的小材小料外,余下的晒干点火燃烧(炼山)。炼山的缺点主要在于其会大量损失有机物质,杀死有益微生物,也可能会造成水土流失,从而流失养分。如南方连茬杉木林地的地力衰退就被认为与炼山有关。

### (三)化学药剂清理

化学药剂清理即采用化学药剂杀除杂草、灌木的清理方法,是高效、快速的方法。常用药剂有2,4,5-涕、2,4-滴、五氯酚钠、亚砷酸钠、茅草枯、百草枯。

化学药剂清理灭草效果好，有时可达100%，而且投资少、不易造成水土流失，但在干旱地区药液配制用水困难，另外，有的药剂可能会对环境造成污染，对生物有毒害作用。

## 三、造林地整地的方式和技术

### （一）造林地整地的方式

造林地整地的方式有全面整地（全垦）和局部整地两类。

1. 全面整地

全面整地是翻垦造林地全部土壤的方式，主要采用畜力或机械整地。全面整地的优点主要在于其改善立地条件的作用较强，能给造林苗木的成活和生长创造一个良好的空间。全面整地破土面积较大，在坡度大、降水比较集中以及容易风蚀的地区可能会导致水土流失，因此主要应用于不易发生水土流失的地区。此外，采用机械整地，进行林粮间作的地区也可采用全面整地。

不同地区全面整地的整地方法略有不同：

（1）我国北方草原、草地可采用休闲整地法，即雨季前全面翻耕，耕深30~40 cm，雨季中松土，秋季复耕，当年秋季或翌春耙平。

（2）我国南方山地可在劈山、炼山的基础上进行全面复垦，但现在不提倡。即使全面整地也应每隔一定距离设置水土保持带不整地，带宽1.5~2 m。坡面过长时，应适当保留山顶、山腰、山脚部位的植被（俗称山顶戴帽、山腰围带、山脚穿鞋）。

（3）南方热带草原的平台地，可实行秋末冬初翻耕、翌春造林的提前整地方法。

（4）盐碱地可在利用雨水或灌溉淋盐洗碱、栽植绿肥等改良措施的基础上进行深耕翻地。

2. 带状整地

带状整地是呈长条状翻垦造林地土壤的整地方式。带的方向，山地一般与等高线平行，平原为南北向，可能引起风蚀的地区则与主风方向垂直。带的宽度，一般为1 m左右，变幅为0.5~3 m。山地带长不宜太长，否则易引起地表径流的汇集而造成水土流失；平原地区的带状整地应尽可能长些，以便充分发挥机械整地的作用。

带状整地主要应用于地势平坦、无风蚀或风蚀轻微的造林地，坡度平缓或坡度虽陡但坡面平整的山地和黄土高原，以及伐根数量不多的采伐迹地、林中空地和林冠下的造林地。山地带状整地中比较常用的为水平阶、水平沟、反坡梯田、撩壕整地等。平原应用的带状整地有带状、犁沟、高垄等方法。

（1）水平阶整地（水平条整地）（图3-9）。水平条为断续或连续带状。阶面水平或稍向内倾斜成反坡（约5°）。阶宽随地面而异，石质山地一般为0.5~0.6 m，黄土地区约1.5 m；阶长视地形而异，一般为1~6 m，深度30~35 cm以上，阶外缘培修土埂或无埂。其特点是施工简单，应用比较灵活，适用于干旱的石质山、土层薄或较薄的中缓草坡，植被茂密、土层较厚的灌木陡坡，或黄土山地的缓中陡坡。整地时从坡下开始，先修下边的台阶，向上修第二个台阶时，将表土下翻到第一个台阶上，修第三台阶时，再把表土投到第二台阶上，依此类推修筑各级台阶，即所谓"逐台下翻法"，或"蛇蜕皮法"。

(2) 水平沟整地（图3-10）。水平沟为断续或连续带状。沟面低于坡面且保持水平，构成断面为梯形或矩形沟壑。梯形水平沟上口宽0.5~1 m，沟底宽0.3 m，沟长4~6 m，沟深0.4 m以上，按需拦截径流量确定，外侧有埂，顶宽0.2 m。沟内每隔一定距离留土埂，沟与沟间距2~3 m，且以小沟相连。水平沟整地的沟宽且深，容积大，能够拦蓄大量降水，防止水土流失，其沟壁可以遮阴挡风，减少沟内水分蒸发，但是这种整地方法的挖土量大，费工费力，成本较高，主要用于黄土高原水土流失严重的中陡坡，也可用于急需控制水土流失的一般山地。挖沟时用底土培埂，表土用于内侧植树斜面的填盖，以保证植苗部位有较好的肥力条件。

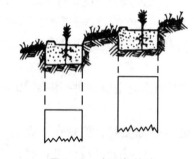

图3-9　水平条整地

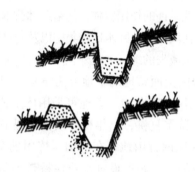

图3-10　水平沟整地

图3-11　反坡梯田整地

(3) 反坡梯田（三角形水平沟）整地（图3-11）。反坡梯田为连续带状。田面向内倾斜成3°~15°反坡。面宽1~3 m，埂内外侧坡均约60°；长度不限，每隔一定距离修筑土埂，以预防水流汇集；深度40 cm以上；保留带可略窄于梯田宽度。其特点是蓄水保肥、抗旱保墒能力强，因此具有良好的改善立地条件的作用。但该整地方式投入劳力较多、成本高，适用于黄土高原地区地形破碎程度小、坡面平整的造林地。整地时，将表土置于破土面的下方植树穴周围，生土往外侧填放。

(4) 撩壕（倒壕、抽槽）整地（图3-12），撩壕为连续或断续带状，可分大、小撩壕。大壕规格一般宽、深各80~100 cm，小撩壕规格一般宽、深各50~70 cm，长度不限。该方法松土深度大，不但可改善土壤理化性质，提高土壤肥力，而且可增加蓄水保墒能力，有利于水土保持，对林木生长十分有利，如果在7~8年后再配合撩壕抚育和撩壕埋青，效果更佳。但这种方法投工多，投资大，施工速度慢，主要用于南方造林，特别是土层薄、黏重、贫瘠低山丘陵的造林，以及交通方便、人口稠密、经济活跃又急需发展像杉木那样集约经营的用材林的地方。开沟时，按栽植行距沿山的等高线开挖水平沟，从山下往山上施工，要把心土放于壕沟的下侧作埂，壕沟挖到规定深度后，再从坡上部相邻壕沟起出肥沃表土和杂草等，填入下边的壕沟中，壕面呈内低外高的5°~10°的反坡。

(5) 平原带状整地（图3-13）。平原带为连续长条状。带面与地表平齐。带宽为0.5～1.0 m或3～5 m，深度约25 cm，或根据需要可增加至40～50 cm，长度不限。带间距离等于或大于带面宽度。带状整地是平原整地常用的方法，一般用于无风蚀或风蚀不严重的沙地、荒地和撂荒地、平坦的采伐迹地、林中空地和林冠下的造林地以及平整的缓坡等。

图3-12 撩壕整地

图3-13 平原带状整地

(6) 平原高垄整地（图3-14）。平原高垄为连续长条状。采用单铧犁1次或2次（来回）所形成的高垄顶部作为种植面，垄宽取决于机具性能，为0.3～0.7 m，垄面高于地面0.2～0.3 m，垄长不限，垄向最好便于其旁犁沟起到排水沟的作用。高垄整地是某些特殊立地条件的整地方法，用于水分过剩的各种迹地、荒地及水湿地。盐碱地整地有类似于高垄整地的台田、条田等方法。

3. 块状整地

块状整地是呈块状翻垦造林地土壤的整地方法。块状整地比较省工，成本较低，但改善立地条件的作用相对较差，可应用于山地、平原的各种造林地，包括地形破碎的山地、水土流失严重的黄土地区坡地、伐根较多且有局部天然更新的迹地、风蚀严重的草原荒地和沙地以及沼泽地等。山地应用的块状整地方式有：穴状、鱼鳞坑、块状等；平原应用的块状整地方式有：坑状（凹穴状）、块状、高台等。

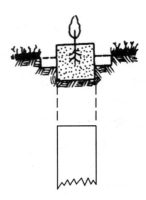

图3-14 平原高垄整地

(1) 山地穴状整地（图3-15）。山地穴为圆形坑穴。穴面与原坡面持平或稍向内倾斜，穴径0.4～0.5 m，深度25 cm以上。穴状整地可根据小地形的变化灵活选定整地位置，有利于充分利用岩石裸露山地土层较厚的地方和采伐迹地伐根间土壤肥沃的地方造林。整地投工数量少、成本比较低。该种整地方式在石质山地可用于裸岩较多、植被稀疏或较稀疏、中薄层土壤的缓坡和中陡坡，或灌木茂密、土层较厚的中陡坡；在黄土地区可用于植被比较茂密、土层较厚的中陡坡；在高寒山区和林区可用于植被茂密、水分充足易发生冻拔害的山地和采伐迹地。

(2) 山地鱼鳞坑整地（图3-16）。山地鱼鳞为近似于半月形的坑穴。坑面低于原坡面，保持水平或向内倾斜凹入。长径和短径随坑的规格大小而不同，一般长径0.7～1.5 m，短径0.6～1.0 m，深30～50 cm，外侧有土埂，半环状，高20～25 cm，有时坑内侧有小蓄水沟与坑两角的引水沟相通。鱼鳞坑整地有一定的防止水土流失的效能,并可随坡面径流量多少有意识地调节单位面积上的坑数和坑的规格。施工比较灵活,可以根据小地形的变化定位挖坑,动土量小、省工、成本较低,但其改善立地条件及控制水土流失的作用都有限。鱼鳞坑整地主要用于容易发生水土流失的黄土地区和石质山地,其中规格较小的鱼鳞坑可用于地形破碎、土层薄的陡坡,而规格较大的鱼鳞坑适用于植被茂密、土层深厚的中缓坡。整地时,一般先将表土堆于坑的上方,心土放于下方筑埂,然后再把表土回填入坑,坑与坑多排列成三角形,以利保土蓄水。

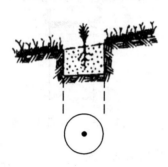 

图 3-15　山地穴状整地　　　　图 3-16　山地鱼鳞坑整地

（3）山地块状整地（图 3-17）。山地块为正方形或矩形坑穴。块（穴）面与坡面（或地面）持平或稍向内侧倾斜,边长 0.4~0.5 m,有时可达 1~2 m,深 30 cm,外侧有埂。破土面较小,有一定的保持水土效能,并且定点灵活,冻拔害较轻,比较省工。山地块状整地一般可用于植被较好、土层较厚的各种坡度,尤其是中缓坡。地形较破碎的地方,可采用较小的规格;坡面完整的地方,可采用较大的规格,供培育经济林或改造低价值林分用。

（4）平原块状整地（图 3-18）。其方法和主要技术同山地块状整地,可用于沙地造林,规格可大。

（5）平原高台整地（图 3-19）。平原高台为正方形、矩形或圆形台面。其整地方法是将挖出的土堆成高台,或只把草皮倒扣于地面。台面高于原地面 25~30 cm,边长或直径 0.3~0.5 m,甚至 1~2 m,台面外侧有排水沟,排水良好,但投工多,成本高,劳动强度也大。平原高台整地一般用于水分过多的迹地、草甸地、沼泽地,以及某些地区的盐碱地等,或由于某种原因不适于进行高垄整地的地方。

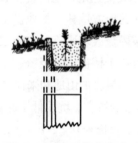 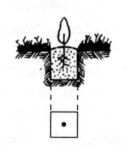 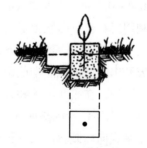

图 3-17　山地块状整地　　　图 3-18　平原块状整地　　　图 3-19　平原高台整地

### （二）造林地整地技术规格的确定

造林地整地技术规格主要是指整地的深度、破土面的大小（长和宽）、破土断面的形状等。在不同的自然条件、经营水平状况下，整地的技术规格有很大的差异。

1. 整地深度

整地深度是所有整地技术规格中最为重要的指标。整地深度对以下几个方面具有一定的影响：

（1）林木根系生长发育空间的大小（根系的伸张阻力、营养空间的改善）。

（2）土壤蓄水保墒能力。

（3）造林时栽植质量（窝根、覆土厚度）。

（4）整地费用高低、冻拔害的轻重。

一般而言，适当加深整地深度，能使上述前3点向有利方向发展，但达到一定深度后，整地的有益作用不仅不会无限制增加，而且会导致整地费用的增加。

2. 破土面

破土面（局部整地的宽度×长度）的大小应该根据以下几个方面来确定：

（1）植被竞争空间的大小，植被竞争强可适当扩大破土面积，反之，缩小破土面积。

（2）水土流失严重，破土面不宜过大，以防水土流失。

（3）在冻拔害较严重的地方，最好采用小块状整地或不整地。

（4）破土面的大小，还要考虑整地费用的高低。

3. 断面形式

断面形式指破土面与原地面间构成的纵切面形状。断面的形状主要与拦截水土或排出水分有关。在干旱、半干旱地区，整地的主要目的更多的是蓄持大气降水，增加土壤水分，防止水土流失，破土面可低于原地面（或坡面），或与原地面（坡面）构成一定的角度（反坡），或修筑拦水埂，以形成一定的集水环境；在水分过剩或地下水位过高地区，为了排出多余土壤水分、提高地温、改善通气条件、促进有机质分解，破土面可高于原地面，如高垄、高台整地；土壤水既不缺乏又不过湿的造林地，破土面可与原地面持平。

### （三）造林地整地时间和季节

就全国范围来说，一年四季均可整地，但具体到某一地区，由于受其特殊的自然条件和经济条件的制约，并非一年四季都适宜整地。根据各地整地时间的不同，一般将整地季节分为随整随造和提前整地两种。

1. 随整随造

整地后立即造林，称随整随造。这种做法主要应用于新采伐迹地及风沙地区。新采伐迹地立地条件优越，地势平坦之地提前整地往往会导致整地部位大量贮水，土壤水分过多，冬春之交易发生冻拔害；风沙地区则易引起风蚀，应用随整随造可消除这种弊端。但随整随造不能够充分发挥整地的有利作用，会与栽植争抢劳力，因此在一般造林地上不提倡应用。

**2. 提前整地**

整地比造林时间提前 1~2 个季节，称为提前整地。提前整地有以下优点：

（1）雨季前整地可以拦截大气降水，增加土壤水分。

（2）利于杂灌草根的腐烂，增加土壤有机质，调节土壤水气状况。

（3）在雨季前期整地，可使土壤松软，容易施工，降低劳动强度。

（4）整地与造林不争抢劳力，造林时无须整地，可以不误时机地完成造林任务。

因此，提前整地可应用于干旱半干旱地区、高垄或高台（扣草皮子）整地的低湿地区、南方山地、盐碱地等。干旱半干旱地区提前到雨季前期整地，不仅能使土壤疏松易于施工，而且能使土壤保蓄后期雨水；高垄或高台（扣草皮子）整地的低湿地区提前整地，便于植物残体腐烂分解，土壤适当下沉，上、下层恢复毛细管作用。

提前整地的时间不宜过短或过长，一般为 1~2 个季节。过短，提前整地的目的难以达到；过长，会引起杂草大量侵入滋生，土壤结构变差，甚至恢复到整地前的水平。在干旱半干旱地区，整地和造林之间不能有春季相隔，否则整地只会促使土壤水分的丧失。在某些情况下，提前整地的时间可以长一些，如盐碱地造林为充分淋洗有害盐分、为使沼泽地盘结致密的根系及时分解，提前整地时间应该为 1 年以上。

## 第六节 造林方法和技术

造林方法是指造林施工时的具体方法，根据所使用造林材料的不同，主要有播种造林、植苗造林和分殖造林 3 种。

### 一、造林方法

#### （一）播种造林

播种造林，又称直播造林，是把种子直接播在造林地上培育森林的造林方法，可分为人工和飞机播种造林两种。

**1. 播种造林的特点**

（1）优点：①播种造林与天然下种一样，根系的发育较自然，可以避免起苗造成根系损伤。②幼树从出苗初就适应造林地的气候条件和土壤环境，林分较稳定，林木生长较好。③播后造林地上可供选择的苗木较多，因此保留优质苗木机会多。

（2）缺点：①需要种子多。②杂草、灌木十分茂密的造林地，若不进行除草割灌等抚育工作，幼苗易受胁迫而难以成林。③易遭受干旱、日灼、冷风等气象灾害，以及鸟、兽、虫害等。

**2. 播种造林的适用条件**

播种造林的适用条件：造林地条件好或较好，特别是土壤湿润疏松，灌木杂草不太繁茂的造林地；鸟、兽害及其他灾害性因素不严重或较轻微的地方；用于大粒种子的树种，以及有条件地用于某些发芽迅速、生长较快、适用性强的中小粒种子树种，以及种子来源丰富、价格低廉的树种。人烟稀少、地处边远地区的造林地，可进行飞机播种造林，现在飞机播种造林应用较为广泛。

#### （二）植苗造林

植苗造林是用苗木作为造林材料进行造林的方法。

1. 植苗造林的特点

（1）优点：①所用苗木一般具有较为完整的根系和发育良好的地上部分，栽植后抵抗力和适应性强。②初期生长迅速，郁闭早。③用种量小，特别适于种源少、价格昂贵的珍稀树种造林。

（2）缺点：①裸根苗造林时有缓苗期。②育苗工序庞杂，花费劳力多，技术要求高，造林成本相对高。③起苗到造林期间对苗木保护要求严格，栽植费工，在地形复杂条件下不易于机械化。

2. 植苗造林的适用条件

植苗造林适用于绝大多数树种和各种立地条件，尤其适用于干旱、水土流失严重、植被繁茂及动物危害严重的地方。植苗造林在国内外应用最为广泛。

#### （三）分殖造林

分殖造林是利用树木的营养器官（主要是根、茎等），直接栽植在造林地上的造林方法。

1. 分殖造林的特点

（1）优点：①可保持母本的优良性状。②免去了育苗过程。③施工技术简单，造林省工、省时，节约经费。

（2）缺点：①某些树种有时因多代连续无性繁殖，往往造成林木早衰、寿命短促。②受分殖材料数量、来源限制。

2. 分殖造林的适用条件

分殖造林主要用于能够迅速产生大量不定根的树种，而且要求立地条件尤其是水分条件要好。

## 二、植苗造林技术

### （一）苗木的种类及规格

对于不同种类及规格的苗木，采用的植苗方法和具体栽植过程都会有所区别。因此，需要对苗木的种类有一定的了解。

1. 苗木的种类

植苗造林应用的苗木种类，主要有播种苗、营养繁殖苗和两者的移植苗，以及容器苗等。如仅从对造林技术的影响分析，这些苗木可按根系是否带土分为裸根苗和带土坨苗两大类。裸根苗是以根系裸露状态起出的苗木，包括以实生或无性繁殖方法培育的移植苗和留床苗。这一类苗木起苗容易，重量小，贮藏、包装、运输方便，栽植省工，是目前生产上应用最广的一类苗木，但起苗伤根多，栽植后遇不良环境条件常影响成活。带土坨苗是根系带有宿土且不裸露或基本上不裸露的苗木，包括各种容器苗和一般带土苗。这类苗木根系比较完整，栽植易活，但重量大，搬运费工、费力。

2. 苗木的规格

在造林时，应选择优质苗木进行造林。质量标准同育苗部分的壮苗条件，规格不合格的苗木绝不能进行造林。

（二）苗木的保护和处理

1. 苗木的保护

从起苗到移植一般要经过一段时间，少则几天，多则 2~3 个月，为使苗木在这段时间体内水分含量不受损失，提高造林成活率，需要对苗木进行保护。不同树种的苗木，甚至同一树种苗木的不同部分，其水分丧失的情况是不一样的，因此，苗木保护的重点和要求也有一定区别，一般，针叶树比阔叶树要求高，根系部分比地上部分要求高，幼嫩部分比老硬部分要求高。

苗木根系最易丧失水分，因此苗木保护的重点是根系。具体保护措施如下：

（1）起苗前要浇水，这样既可增加苗木体内水分，又便于起苗时保证根系完整。

（2）起苗后的苗木不能及时运走或运抵造林地，需假植起来，假植后要浇水。

（3）苗木长距离运输时需包装、浇水，同时要勤于检查，避免苗木发热发霉。

（4）造林时，盛苗桶中要有水，以保持苗木根系的湿润。

（5）植苗后有条件的地方要立即浇水，浇定根水。

2. 苗木的处理

苗木的处理目的也是维持苗木体内水分平衡，提高造林成活率。其主要是对地上和地下部分进行处理。

（1）地上部分处理：主要有截干、修枝、剪叶、喷洒蒸腾抑制剂等方法。如干旱地区萌芽力强的树种（如刺槐、元宝树、黄栌等）造林时可将苗干截掉，使主干保留 5~15 cm 长，以减少造林后地上部分的水分散失。而对常绿阔叶树必要时进行修枝剪叶。

（2）地下部分处理：主要有修根、水浸、蘸泥浆、蘸吸水剂等方法。修根是将苗木受损伤的根、过长的主根和须根剪去，以利于包装和运输，并保证栽植时不窝根，提高造林成活率；水浸、蘸泥浆、蘸吸水剂则可保证苗木根系湿润，减少失水。

（三）植苗造林方法

植苗造林分人工植苗造林和机械植苗造林 2 种方法，人工植苗造林又分穴植和缝植等方法。

1. 人工植苗造林方法

1）穴植

穴植是在已整过地的造林地上开穴植苗的方法，是造林中最常用的方法，技术要求如下：

（1）植苗深度：一般要求比苗木原土印深 2~3 cm，过深不利于根系呼吸，过浅易受旱害，可根据立地条件进行调整，但不能露根，也不应太深。

（2）不窝根：栽苗时应使苗木根系舒展开，不能卷曲根系，否则影响苗木的成活以及生长，甚至导致数年后死亡。

（3）栽植技术：穴的大小根据苗木根系及立地条件而定。过大费工，具有冻拔害的地方会因穴过大对土壤结构造成破坏大而产生冻拔；过小不利于苗木根系的扩展。栽苗时，苗木放入穴中心，扶正，舒展根系，做到"三埋两踩一提苗"，即先用湿润的土壤埋苗根，至三分之一处时，把苗木往上轻提一下，目的是舒展根系不窝根，然后踩实，再埋至穴满，踩紧，最后埋一层松土以防水分蒸发。

人工栽植容器或带土苗类似于穴栽，比较简单，主要应注意位置正，填土实，使容器土与穴内土密接。栽植时要注意的是必须将容器袋及容器杯去掉，不要将原土团挤散变形。国外栽植容器苗常用植苗管和植苗锥 2 种工具。二者均可用于完成栽植时的开穴工作，前者栽植容器苗时可不用弯腰。

2）缝植

缝植是在经过整地的造林地或土壤深厚未整地的造林地上开缝植苗的方法，适用于土壤潮润疏松的造林地，栽植针叶树小苗及其他侧根少的直根性树种的裸根苗。具体方法是：先将植苗锹垂直插入土中，前推后拉形成一道窄缝随即将苗木放入缝中，然后将植苗锹抽出，土壤自然落入，将苗木大部分埋于缝中，再将植苗锹垂直插入栽植缝一侧 10 cm 左右的地方，深度同前，先拉后推，使植苗缝隙挤满土，最后提锹，再用脚踩实第 2 次留下的缝隙。

2. 机械植苗造林方法

机械植苗造林即在经过整地的疏松、深度符合要求，草皮充分腐烂的造林地上，利用植树机械完成划线开沟、植苗、培土及镇压等工序的造林方法，主要用于地形平坦且宜林地集中连片的平原、草原、沙地、滩地等。这种方法造林工效高，劳动强度低，造林成本低。

（四）植苗造林季节

从全国范围来说，一年四季都可植树造林，但具体到不同地区、不同树种、不同的造林方法，其各有最适合的造林时期。

1. 春季造林

初春温度回升，水分条件好，是我国大部分地区植树造林的好季节。此时苗木开始生根，但地上部分尚未发芽放叶，及时造林，可减少蒸腾，成活率高。春季是我国东北地区、华中华南地区的主要造林季节。春季造林宜早不宜迟，北方地区造林，应在土壤开始化冻时进行，即"顶浆造林"。造林时间顺序一般先低山后高山，先阳坡后阴坡，先萌芽早的树种（如杨属、柳属）后萌芽迟的树种（如榆属、槐属，栎属）等。

2. 雨季造林

雨季正是苗木生长期，水分蒸腾强度大，苗木在起苗过程中如果伤根过多，会影响水分吸收而死亡，一般，造林宜在头伏末二伏初（7月底到8月初）进行。雨季造林要掌握雨情，一般下过一两场雨后，出现连阴雨天时为最好时机。华北、西南春旱地区针叶树造林多在雨季进行。

3. 秋季造林

春季特别干旱或风沙大的地区，如华北、西北或云贵高原，适于秋季造林。秋季气温下降，土壤水分较稳定，此时苗木地上部分停止生长，蒸腾减弱，根系的生理活动仍在进行，对苗木成活有利。但幼苗易遭霜冻、冻拔害、鼠及其他动物为害。秋季造林以落叶（或进入休眠）后至土壤上冻前这段时间较好。

4. 冬季造林

华中各省，冬季气温低但不严寒，华南及西南各省冬季天气晴朗，但雨水减少，冬季造林后，苗木经短期休眠后根系即开始活动，因此冬季是这些地区的主要造林季节，实际上也是秋季造林的延续和春季造林的提前。

## 三、播种造林技术

### （一）人工播种造林技术

1. 播种方式

人工播种的方式有块播、穴播、缝播、条播和撒播等。

（1）块播：在经过块状整地（一般在 1 m² 以上）的块状地上进行密集或簇播的方法。其特点是形成植生组，对外界抵抗力和种间竞争力强，故常用于已有阔叶树种天然更新的迹地上引进针叶树种及对分布不均匀的次生林进行补播改造，荒山造林不常用。

（2）穴播：在局部整地的造林地上，按一定的行距挖穴播种的方法。由于其整地工作量小、技术要求低、施工方便、选点灵活性大，因此适用于各种立地条件的造林地，是我国当前播种造林应用最广泛的方法，在穴内均匀点播1至数粒种子，然后覆土轻踏。

（3）条播：在全面整地或带状整地基础上按照一定的行距进行开沟播种的方法。沟深视树种而异，适用于中小粒种子，这种方法一般应用不多。

（4）撒播：在造林地上均匀地撒布种子的方法。该法主要用于地广人稀、交通不便的大面积的荒山荒地，人工播种造林时不常用。

2. 播种技术

（1）细致整地：造林整地在前面已进行了详细介绍，这里不再重复。

（2）种子处理：为促进种子提早发芽，缩短种子在土壤中的发芽时间，保证幼苗出土整齐，增强幼苗抗性，减少鸟兽为害，播种前要对种子进行处理，一般包括净种、消毒、浸种、催芽、拌种等环节。具体操作方法与育苗的种子处理相同，但在较干旱地区进行播种造林时一般不进行催芽；在严重干旱地区播种造林，一般也不进行浸种，以干播为好。

（3）覆土：土壤湿度、风、温度等条件对种子发芽的影响，在一定程度上比可用人工调节的苗圃大一些，覆土厚度在环境因子对发芽的影响中有重要作用。从土壤湿度来看，覆土越厚湿度条件越好,然而通气条件会变差,妨碍发芽和发芽后的发育,过厚会阻碍幼苗出土。因此,直播造林的覆土厚度,需要根据各种环境因子的综合因素来考虑。一般以种子大小的 2 倍左右作为覆土厚度为宜。下列数据可作为参考:小粒 1~2 cm,中粒 2~5 cm,大粒 5~8 cm。

(4) 播种季节:早春适于播种造林,此时气温上升,土壤开始解冻,水分条件好,若能抓紧有利时机播种,可使幼苗免遭日灼或干旱害,但有晚霜危害的地区,不宜过早播种。在春旱较严重的地区,可在雨季播种。如华北、西北及云贵高原地区,大部分降雨集中于夏季(7月、8月)或夏秋两季,此时土壤温度适宜、湿润,利于种子萌发。雨季播种造林应考虑到幼苗在早霜到来之前能充分木质化,在华北地区至少需要保证幼苗有 60 天以上的生长期,否则不易越冬。秋季播种造林适用于一些休眠期较长的大粒种子,如胡桃、栎属树种等,种子不用贮藏和催芽,而翌年出苗早,苗木抗干旱能力较强,但要防止鸟、鼠等为害。秋播不宜过早,以免当年发芽,发生冻害。

**(二) 飞机播种造林**

飞机播种造林,简称飞播造林、飞播。它是利用飞机撒布林木种子(有时还有其他植物种子)或种子丸的造林方法。

1. 飞播造林的特点

飞播造林的特点主要有:速度快、工效高;成本低,与人工林比较,低 1/3~1/2;效果显著,在短期内可以提高森林覆盖率;活动范围广泛,适用于交通不便的偏远山区大面积造林地。

2. 飞播造林的技术要点

1) 选好播区

播区是指连成一个整体、单独设计并进行飞机播种作业的区域单位,包括宜播区和非宜播区。宜播区应集中连片,其面积一般不少于飞机一架次的作业面积,占播区总面积约 60%,北方山区和黄土丘陵沟壑区,播区应尽量选择阴坡、半阴坡,阳坡面积一般不超过 40%。

2) 搞好播区的规划设计

(1) 确定播区:在地形图上标出播区的地理位置、坐标、播区面积及走向。

(2) 确定航向:地形复杂地区,航向与主山脊走向平行,在开阔区与风向一致。

(3) 设计航高和播带的宽度:航高的确定,在山区可高些,平原可低些,播幅(飞机在播区作业的有效落种宽度)前者大于后者。

3. 播期

主要看气候和树种,一般应在雨季来临之前进行,即所谓"播后有雨保全苗",在北方尤为重要。但在西北荒漠区也可在冬季雪后播种。

4. 我国主要飞播树种及播种量

我国飞播树种主要有马尾松、云南松、思茅松、油松、华山松、漆、沙打旺、花棒等,其播种量可参考飞播造林技术规程（GB/T 15162—2018），如表 3-7 所示。

表 3-7 我国主要飞机播种造林树（草）种可行播种量（单位：g/hm$^2$）

| 树（草）种 | 飞机播种造林地区类型 | | | |
| --- | --- | --- | --- | --- |
| | 荒山 | 偏远荒山 | 能萌生阔叶树地区 | 黄土丘陵区、沙区 |
| 马尾松 | 2 250~2 625 | 1 500~2 250 | 1 125~1 500 | |
| 云南松 | 3 000~3 750 | 1 500~2 250 | 1 500 | |
| 思茅松 | 2 250~3 000 | 1 500~2 250 | 1 500 | |
| 华山松 | 30 000~37 500 | 22 500~30 000 | 15 000~22 500 | |
| 油松 | 5 250~7 500 | 4 500~5 250 | 3 750~4 500 | |
| 黄山松 | 4 500~5 250 | 3 750~4 500 | | |
| 侧柏 | 1 500~2 250（混） | 1 500~2 250（混） | 3 750~4 500（混） | |
| 柏木 | 1 500~2 250（混） | 1 500~2 250（混） | 3 750~4 500（混） | |
| 台湾相思 | 1 500~2 250（混） | | | |
| 木荷 | 750~1 500（混） | | | |
| 漆 | 3 750 | 3 750~7 500 | | |
| 盐肤木 | 1 500~2 250（混） | 1 500~2 250（混） | 2 250~3 750（混） | |
| 臭椿 | 1 500~2 250（混） | 1 500~2 250（混） | 1 500~2 250（混） | |
| 刺槐 | 1 500~2 250（混） | 2 250~3 750（混） | 3 750~4 500（混） | |
| 白榆 | 1 500~2 250（混） | 1 500~2 250（混） | 1 500~2 250（混） | |
| 柠条锦鸡儿 | | | | 7 500~9 000 |
| 沙棘 | | | | 7 500~9 000 |
| 踏郎 | | | | 3 750~7 500 |
| 花棒 | | | | 3 750~7 500 |
| 沙拐枣 | | | | 1 500~3 700 |
| 白沙蒿 | | | | 750~1 000 |
| 黑沙蒿 | | | | 750~1 000 |
| 草木犀 | | | | 750~1 000 |
| 沙打旺 | | | | 1 000~1 750 |

## 四、分殖造林技术

分殖造林方式按所用营养器官的不同，可分为插条、插干、压条、分根、分蘖及地下茎造林等。

（一）插条造林

插条造林是利用树种的一段枝条作为造林的材料（插条选择与插条苗基本相同）栽植在造林地的造林方法。插条的长度一般为30~70 cm（针叶树40~50 cm），对于粗度，阔叶树一般不小于0.7 cm，杉木约为1 cm。扦插深度应根据具体情况而定，一般不能小于穗长度的1/2，在风沙干旱地区应深一些。插条造林要求造林地的土壤肥沃、湿润，适宜树种主要有：杨属、柳属、杉木属等树种以及柳杉、柽柳等。

（二）插干造林

插干造林是利用树木的粗枝、幼树树干和苗干等直接栽植在造林地的造林方法。常用树种主要为柳属和易生根的杨属树种，适用于比较湿润的河岸、排灌渠道的两侧及路旁植树。一般采用2~4年生的苗干或粗枝，直径2~8 cm，长度一般为0.5~3.5 m。

（三）分根造林法

分根造林法是利用1~2 cm粗的树根，截成长10~20 cm的根段，再将根段直接插入土壤中的造林方法，采根时间一般在秋季落叶后到春季造林前从健壮的母树根部挖取。此法适用于易萌发的树种，如泡桐、漆、刺槐、杏、香椿等。

（四）地下茎造林

地下茎造林主要用于竹林的栽培，主要栽培树种为毛竹、淡竹、粉单竹等。

## 第七节　人工幼林的抚育管理

幼林抚育管理是指造林后至郁闭前这一段时间里所进行的各种技术措施。这一阶段对幼林成活、后期生长都至关重要。此时幼树还处于散生状态，主要矛盾是幼树个体与外界环境的矛盾，因此幼林抚育的根本任务，在于创造优越的环境条件，满足幼树对水、肥、光、热等各方面的要求，以获得较高的成活率和保存率，并适时郁闭成林。幼林抚育管理包括土壤管理、林木抚育和幼林保护等。我国造林工作长期存在"重造轻管"的问题，为提高造林成效，应将管理环节充分重视起来。

### 一、幼林的土壤管理

（一）松土和除草

松土和除草是幼林抚育管理措施中最主要的一项技术。松土的作用是疏松土壤，切断土壤毛细管，减少土壤中水分的蒸发，改善土壤的通气性、透水性和保水性，提高土壤微生物活性，促进有机质分解。而在不同地区，松土的主要作用有所侧重。除草的作用主要是排除杂草、灌木与幼树对水、肥、光、热的竞争。

松土和除草一般可同时进行，水分条件好的地方也可只进行除草（割草）而不进行松土，易产生冻拔害的地区也可不松土。松土除草的技术措施应根据造林树种、立地条件、造林密度、经营强度、当地社会经济条件等具体条件来定。松土和除草的持续年限一般应进行到幼林全面郁闭为止，需3~7年；作业次数一般头1~2每年为2~3次，第3~5年每年1~2次，时间一般在幼林与杂草旺盛生长前进行，其余各次视地区不同在生长中、后期进行，如北方可在6—8月，南方可在8—9月。在全面整地造林的情况下，一般应进行全面的松土和除草，而在局部整地的情况下，松土和除草范围初年仅限于整地范围，以后可逐年扩大，以改善林地条件。松土和除草的深度，以不伤害幼树根系，并为幼树生长创造良好条件为原则，一般为5~10 cm。除草的方法除了人工除草外，还可采用化学除草，但在林地上使用化学除草尚缺乏经验，须进一步研究。

（二）灌溉和施肥

灌溉和施肥是造林时和林木生长过程中，人为改善树木水分、养分状况的措施。对干旱、土壤贫瘠的幼林进行灌溉和施肥无疑有利于提高造林成活率和促进苗木生长，但由于我国造林地多集中在地形复杂的丘陵山地或气候、土壤条件比较恶劣的地方，以及受经济条件、技术条件的限制等，灌溉和施肥应用并不普遍。就我国的现状来说，灌溉和施肥只用于部分速生丰产林和经济林，而在干旱地区营造防护林时应尽可能采用灌溉措施，但大面积的荒山造林还做不到。

## 二、幼树管理

幼树管理是调节、控制树体生长，培育优质良材及优良树形的重要措施，包括以下几项内容。

（一）间苗

采用播种造林及丛植时，每个种植点内会有多株幼树生长，形成植生组。随着年龄增长，多株丛生的有利作用退居次要地位，而个体间的竞争影响生长的不利作用逐渐凸显，此时要采取间苗定株的措施，以保证其中的优良单株顺利成长。间苗定株视植生组的大小及生长情况分1~2次在适当时机进行，主要标准是既要使其充分发挥有利作用，又不能影响其中的优良植株生长。

（二）平茬和除蘖

平茬是切去幼树地上部分，促使其萌生新枝条的措施，只适用于有萌生能力的阔叶树及少数针叶树。当造林后这些树种的主干受到不同原因的损伤（风折、霜冻、病虫害、机械损伤等）而失去培育前途时，就可以采用平茬措施。待新枝条萌出后，选留其中一株健壮通直的枝条作为培育对象。平茬还可促使灌木丛生，加速发挥其护土遮阴作用。一些萌蘖力强的树种（杉木、刺槐等）栽植后常在茎基部发生萌条，分散养分利用，使主干的顶端生长优势丧失。在这种情况下要及时除蘖，确保主干能培育成良材。

（三）修枝和摘芽

为了改善树干质量，不少树种在培育初期就应进行修枝和摘芽工作，这项措施也是成林抚育的内容，可参见本书第四章第四节。

## 三、幼林保护

幼林保护是幼林抚育管理的重要内容，包括防气象灾害、防生物灾害、防火及防人畜危害等。

### （一）防气象灾害

防气象灾害主要包括防寒、防霜冻、防冻拔、防日灼等内容。防寒在大多数情况下是防冬春的生理干旱，对幼树（如油松、侧柏）主要采取埋防寒土的办法，实际上也兼防冬季兔害，对少数树种也可采用涂白、包裹防寒纸（塑料薄膜）等办法；防霜冻只能在小范围的集约经营的经济林内进行，如采用放烟、浇水等措施，在大部分情况下霜冻问题只能通过树种选择及营造混交林来预防；防冻拔也要采取综合措施来预防，如高垄整地、春季用大苗植苗造林、秋季培土等，冬春出现冻拔害时要及时检查、扶正踩实；防日灼主要针对未木质化的幼苗而言，播种造林后的覆盖及保留适度侧方遮阴都很有效。

### （二）防生物灾害

防生物灾害主要包括防病、防虫、防鸟兽害等。在造林工作中主要考虑选择抗性强的树种、营造混交林、去除中间寄主等预防措施。

### （三）防火

人工幼林都处在人为活动比较频繁的地方，容易发生火灾，而火灾对于幼林又是毁灭性的，因此幼林的防火工作特别重要。幼林防火工作应成为整个林区防火体系中的一个重要环节。

### （四）防止人畜危害

人们打柴割草伤及幼树和无控制放牧啃食践踏幼树对新造幼林危害极大，这是最不应该发生而又经常发生的事，预防关键在于要加强领导，开展宣传教育及组织工作，认真执行奖惩制度，确保新造幼林地能得到严格的封山保护。

## 第八节 造林规划设计和造林检查验收

造林通常是一项涉及面广、投入人力资金较多、延续时间较长的生产活动，它在相当程度上具有基本建设工作的性质，尤其是近些年我国生态环境建设的几个工程更是如此，为使造林工作得以顺利实施，应把其作为工程项目来管理。

### 一、工程造林的概念和内容

工程造林就是把植苗造林纳入国家的基本建设计划，运用系统的观点、现代的管理方法和先进的造林技术，按国家的基本建设程序进行管理和实施的工程项目。从概念上明显可以看出，工程造林是一项系统工程，是造林学与现代管理科学相结合的产物。其涉及面很广，包括育种、育苗、整地造林、抚育管理等不同生产阶段，包括领导机关、调查设计单位、科技咨询单位、施工执行单位、成果经营单位等不同权益和功能单位，还包括全民、集体、个人等不同所有制形式。

一个完整的工程造林项目，应当包括以下5个方面的内容。

（1）立项：由项目执行单位根据需要提出项目申报书，由决策机关审批，下达计划任务书。

（2）项目可行性研究及方案决策：通过可行性研究拟定几种可能实施的工作方案，由领导决策，并编制项目设计任务书。

（3）工程造林规划设计：以决策机构对项目的批复文件和设计任务书为依据，由专业设计部门进行项目的总体规划设计。这也是工程造林项目的重点内容。

（4）年度施工设计：在工程建设期，由某一级项目执行单位，根据项目总体规划设计要求，参考项目执行以来已经发生的变化和积累的经验。

（5）工程管理：包括工程的组织管理、技术管理、质量管理、资金管理、现场管理、目标管理等，中期有项目阶段性施工检查验收，竣工后还要组织全面的竣工验收。

## 二、造林规划设计

### （一）造林规划设计的类别

造林规划设计是查清造林地区自然条件、经济情况和土地资源，根据自然规律和经济规律，在合理安排土地利用的基础上，对宜林荒山、荒地及其他绿化用地进行分析评价，编制科学合理的造林规划，设计先进适用的造林技术措施，为林业发展决策和造林营林施工提供科学依据。造林规划设计按其细致程度和控制顺序可分为3个逐级控制而又相对独立的工作项目，即造林规划、造林调查设计及造林施工设计。

造林规划指对大范围（全国、省、地区、县、乡、林场）的造林工作进行粗线条的安排，包括发展方向（林种比例）、布局、规模、进度、主要技术措施的规定、投资及效益概算等。它可作为各级林业管理部门制订计划及指挥造林生产的依据。

造林调查设计是在造林规划的原则指导及宏观控制下，对一个基层单位涉及造林工作的各项条件因子，特别是对宜林地资源，进行详细的调查，并在此基础上进行具体的造林设计，落实到山头地块；同时还要对此项工程的种苗、劳力及物资需求、投资数量及效益估计做出更为准确的计算，它是林业基层单位制订计划、申请投资及指导造林施工的基本依据。

造林施工设计是在造林调查设计或林区的森林经理调查规划的指导下，在一个基层单位内为确定下一年度的具体造林地点、面积、按地块（小班）的技术措施、种苗和劳力安排而进行的设计工作，主要作为制订年度造林计划及指导造林施工的基本依据。

这3项工作中，造林调查设计是任务最艰巨、最紧要的工作。

### （二）造林调查设计

造林调查设计是一项意义重大、内容繁多，对技术水平要求较高的工作，通常由专业调查队伍或专业调查设计人员和生产基层的技术人员结合完成。调查设计的主要依据是林业部颁发的《造林调查设计规程》，主要包括准备、外业及内业工作3个阶段。

1. 准备工作

（1）明确调查设计地点、范围、方针和期限等。

（2）收集图面、自然条件、社会经济情况、造林营林技术经验资料等材料。

（3）制订外业计划。

（4）组织调查设计队伍。

（5）准备经费、仪器、文具、交通工具、通信工具等。

2. 外业工作

外业工作是调查设计的中心内容，主要包括以下几个方面。

（1）补充测绘调查设计：需1:10 000或1:5 000甚至更大比例尺的地形图，如收集到的图面资料不满足要求，需补充测绘。

（2）土地利用规划（大农业区划）：是对调查地区内农、林、牧各业用地情况并进行合理安排。

（3）初步调查：是在正式开始调查前采用路线调查方法对设计地区的地貌、土壤、植被、造林及病虫害进行调查，广泛收集资料，编制调查地区的土壤类型表、主要植物类型表、立地条件类型表，同时总结造林经验，供以后具体设计参考。

（4）境界区划：为管理方便及将造林设计落实到适当地块，在一个经营单位内要进行区划。如以林场为经营单位的话，可将其区划为工区（分场）、林班、小班。林班是调查统计和施工管理单位，面积一般控制在100~400 hm$^2$，林班界尽量利用明显的自然地形界线或固定的地物；小班是造林设计和施工的基本单位，要求小班的地类、权属、立地条件等情况都基本一致，面积一般在1~20 hm$^2$，小班区划和勾绘一般以地形界线（山沟、山脊）、道路和明显地物为界，实践中采取实地"登高一望、对坡勾绘"方法区划小班。

（5）详细调查：对所区划小班进行逐块详细调查。小班调查内容包括地类、地貌、土壤、植被等各个方面，有的林地小班还要加上林木调查，填写小班外业调查表。每个小班经调查后都要在现场确定它所属的立地类型，并初步确定造林技术类型和经营类型。

3. 内业工作

内业工作是造林调查设计的完成阶段，主要包括以下几个方面。

（1）调查资料的整理：整理和汇总土壤、植被和小班的调查材料，编制调查地区立地条件类型分布及统计图表；详细填写小班调查表，并计算和统计出小班面积。

（2）造林类型的设计：造林类型的设计不可能逐个小班去做，而是利用调查地区的立地条件类型表，分别为每一个类型设计全套的造林技术措施，包括造林树种的选择、造林密度与种植点的配置以及造林施工技术（整地、造林、幼林抚育等）等，这是造林调查设计最主要的工作。每一立地条件应根据造林目的尽可能多设计几种造林图式，以便有更多的选择余地，满足多方面的需求。在此基础上，为各小班确定造林技术模式。

（3）技术经济核算：根据设计统计的任务量核算种苗、劳力和畜力需要量、造林成本，并编制相应的图表。造林成本应包括种苗费、劳力费、机械及牲畜租金、工具折旧费、某些材料的消耗以及行政管理费等。

（4）编制调查设计成果：主要包括调查设计说明书、图面资料（基本图、造林调查设计图及全林场的调查设计总图）、小班调查簿（或卡片集）以及各项统计表。对于上面各项成果的内容和格式在规程中都有明确规定。

（5）终审造林调查设计成果：在调查设计全部内业成果初稿完成后，由上级主管部门召集会议，对设计成果进行全面审查，并下发终审纪要。设计单位根据终审意见，经修改后复制上报。

### 三、造林检查验收

为确保造林质量，要根据造林施工设计书逐项检查验收。施工单位先行全面自查，上级林业主管部门组织复查和核查。

#### （一）施工作业检查验收

原则上每项造林施工作业完成后都要进行检查验收，但关键的还是在整地及种植后的2次检查验收。检查内容主要是施工面积和施工质量。要对施工面积进行实测检查，或图面勾绘检查与部分实测抽查相结合；对施工质量要按设计要求在现场进行逐项检查，特别要注意一些关键项目的检查。

#### （二）幼林调查验收

对新造幼林经过一个完整生长季后要进行成活率调查。成活率调查采用标准地或标准行的方法，随机抽样。成活株（穴）数占检查总株（穴）数的百分比即为成活率。表3-8为幼林成活率调查验收标准《造林技术规程》（GB/T 15776—2016）。验收后，对不合格的幼林要严格进行补植和重造。一般幼林经3~5年抚育管理后，应对造林面积保存率、造林密度保存率、经营和林木生长情况组织调查，达标后才算验收合格。当幼林达到郁闭成林时，应划为有林地面积，列入森林资源档案。

表3-8 幼林成活率调查验收标准

| 地区 | 合格 | 补植 | 重造 |
| --- | --- | --- | --- |
| 旱区、高寒区、热带、亚热带、岩溶地区、干热（干旱）河谷等生态环境脆弱地带 | ≥70% | 41%~70% | <41% |
| 上述地区以外的其他地区 | ≥85% | 41%~85% | <41% |

#### （三）造林技术档案

为掌握情况、积累资料、摸索规律，各造林单位应该建立造林技术档案，并健全其管理制度。造林检查验收后，即按小班填写技术档案，以后在此小班中进行的各项技术措施及定期的检查成果，都要记录在案。造林技术的档案应由专人负责管理。

## 复习思考题

1. 森林营造和人工林的概念是什么？
2. 我国人工林可划分为哪几个林种？如何看待这些林种在我国社会发展中的作用？
3. 简述造林地立地条件的概念及其组成因子。
4. 简述造林地的种类及其各自的特点。
5. 试述各林种树种选择的原则。
6. 简述适地适树的概念和实现适地适树的途径。
7. 试述林分密度对树木及林分生长的作用。
8. 试述影响林分密度的主要因素及确定林分密度的总原则。
9. 简述混交林与纯林相比有哪些优点和缺点。
10. 根据混交林的树种分类简述混交林主要类型及其特点。
11. 简述造林地清理和造林地整地的概念、主要方式和方法。
12. 简述播种造林、植苗造林、分殖造林各自的特点及其适用条件。
13. 简述植苗造林的技术要求。
14. 幼树管理包括哪些主要内容？
15. 幼林保护包括哪些主要内容？
16. 简述工程造林的概念及其内容。

# 第四章 森林抚育

> **学习目标**
>
> 重点掌握：森林抚育的概念和意义；森林抚育的措施；抚育采伐的概念及目的和任务；抚育间伐的种类和技术。
>
> 掌握：林地施肥；林地灌溉与排水；抚育采伐的理论基础；人工修枝的概念和意义；人工修枝的技术；林分改造的意义和对象；低价值人工林的改造；次生林经营。
>
> 了解：人工修枝的理论基础。

## 第一节 森林抚育概述

### 一、森林抚育的概念和意义

无论是人工林还是天然林，从幼林郁闭开始直到可以利用或发挥作用之前的整个时期，应给予适当的人为作用，连续进行各种抚育管理。为了把森林培育成符合利用目的而实行的各种人工作业，统称为森林抚育。森林抚育可以说是森林培育中的关键问题之一。我国营造了大量的人工林，封育起来大量的次生林，但由于缺乏抚育管理，很多地区出现造林不成林、成林不成材或效益低下的状况。为了使森林有较高的生长量与质量，在我国生态环境建设和国民经济建设中发挥更大的作用，必须搞好森林抚育。可以说森林抚育的好坏是一个林业企业经营水平高低的重要标志。

### 二、森林抚育的措施

森林抚育的措施很多，可以分为林木抚育与林地抚育两大类。

林木抚育的主要措施包括：①除草、割灌、割蔓作业与有控制的火烧；②抚育采伐作业；③人工修枝；④低价值林分改造。幼林刚刚郁闭时期割除杂草、灌木和藤蔓等作业，目的是继续缓和目的树种与其他草本、灌木、非目的材种在生长方面的种间竞争，是用人力保护幼树以使其得到良好的生长条件；在成林以后进行的生长抚育采伐与人工修枝，主要目的在于缓和种内竞争，重点缓和目的树种个体间的竞争，是促进目的树种生长的作业，对于混交林，于成林后进行抚育采伐，当然仍有调节种间竞争的任务；而林分改造则旨在通过抚育采伐、造林等综合营林措施，使低价值人工林与天然次生林变为效益高、质量好的林分。林木抚育既有调整林分结构，解决种内、种间矛盾的作用，又可完成着眼于现有低价值林分内建立下一代优质高效林分的任务。

林地抚育的主要措施包括：①林地施肥；②栽种绿肥作物与可改良土壤的树种；③保护地表枯落物层；④林地灌溉与排水；⑤深翻土壤、农林混作以及防治水土流失。林地抚育的重点是放在防止地力衰退与提高土壤肥力上。尤其是轮伐期短的森林，反复采伐利用林木，会损失林地养分，当然会引起地力下降。皆伐迹地由于地表径流带走土壤表层养分，地力下降更快。防止地力衰退、提高土壤肥力已成为森林抚育中的重要研究课题。

森林抚育从广义来说，还包括森林病虫害防治、森林火灾的预防等内容。由于这些内容在其他章节中已有介绍，这里不再提及。在此仅讨论林地抚育、抚育采伐、人工修枝、林分改造等重点内容。

## 第二节 林地抚育

林地抚育的内容很多，因经营目的不同而不同。如果以生产木材为目的，深翻土壤、施肥、灌溉、排水、栽植绿肥作物与可改良土壤树种，则能有效地促进林木生长；而经营以防护目的为主的山地防护林，一般抚育措施较为粗放，主要依靠林分的自我完善功能；如果经营目的是观赏、游憩、繁殖野生动物等，则林地抚育重点应放在栽植一些花果美观或可作饲料的灌木及混交一些观赏乔木上。本章着重讨论影响林木生长的林地施肥和灌溉抚育措施。需要说明的是，林地在造林时、幼林阶段和成林阶段均涉及水肥管理，且从技术角度讲，不同时期的水肥管理也没有严格界限，所以本节在强调林地抚育过程中施肥和灌溉技术的同时，也将造林时期及幼林阶段两个时期涵盖进来，以较为完整地反映林地的水肥管理技术。

### 一、林地施肥

**（一）林地施肥的必要性**

施肥是造林时和林分生长过程中，改善人工林营养状况和增加土壤肥力的措施。施肥在人工林栽培中之所以必要，是基于以下几个原因：

（1）用于造林的宜林地大多比较贫瘠，肥力不高，难以长期满足林木生长的需要。

（2）多代连续培育某些针叶树纯林，使包括微量元素在内的各种营养物质极度缺乏，地力衰退，理化性质变坏。

（3）受自然或人为因素的影响，归还土壤的森林枯落物数量有限或很少，以及某些营养元素流失严重。

（4）森林主伐（特别是皆伐）、清理林场、疏伐和修枝等，造成有机质的大量损失。

（5）为使处于孤立状态下的苗木尽快郁闭成林，以增强抵御自然灾害的能力。

（6）为促进林木生长，提高林地生产力，减少造林初植密度和修枝、间伐强度及其工作量。

我国对林木施肥的研究与国外先进国家相比开始较晚,生产应用更不普遍,一般仅限于小面积的经济林和速生丰产林。

**(二) 林地施肥的特点与技术环节**

人工林地施肥使用的肥料种类包括有机肥料、无机肥料以及微生物肥料等,以及一些适用于林木的长效缓释肥料。

1. 林地施肥的特点

(1) 林木系多年生植物,施肥应以长效肥料为主。

(2) 用材林以生长枝叶和木材为主,施肥应以氮肥为主,辅以磷肥、钾肥。如欧洲国家都认为,培育各类杨属树种的人工林大量施用氮肥效果显著,不仅应在造林时施入氮、磷、钾肥或磷、钾肥,生长季节还需追施氮肥。磷肥对林木生长的效果一般也很显著。日本的研究材料证明,赤松、落叶松等比柳杉和日本扁柏对磷不足更敏感,当土壤中缺磷时,树叶会变成深绿色或紫色而影响林木生长。磷肥对经济林树木生长和产量提高的作用更为明显。

(3) 林地土壤,尤其是针叶林土壤,以酸性居多,有必要加施钙质肥料;有些林地土壤上施用锌、铜、硼等微量元素也有良好效果。

(4) 林地杂草较多,肥料经常首先被杂草夺取,林地施肥应结合除草(包括化学除草)进行。

2. 林地施肥的技术环节

林地施肥的技术环节包括施肥量、施肥方法和施肥时期等。

1) 施肥量

施肥量可根据树种的生物学特性、土壤贫瘠程度、林龄和施用的肥料种类确定。但是由于造林地的肥力差别很大,各树种林分的养分吸收总量和对各种营养元素的吸收比例不尽相同,同一树种在不同龄期对养分要求也有差别,加之林木还把吸收的养分以枯落物归还土壤,因而使施肥量的确定相当复杂,这方面的研究工作应该得到进一步加强。造林时主要树种每公顷施用有机肥的一般为:杨属树种 7 500 ~ 15 000 kg,杉木 6 000 ~ 7 500 kg,桉 3 000 ~ 4 500 kg。化学肥料每株施用水平大体为:杨属树种施硫酸铵 100 ~ 200 g,杉木施尿素、过磷酸钙、硫酸钾各 50 ~ 150 g,落叶松施氮肥 150 g、磷肥 100 g 和钾肥 25 g。

林木是多年生植物,栽培周期长,最好在一生中能进行多次施肥。日本在幼林郁闭后,会结合修枝,对其每公顷施用氮肥 60 ~ 80 kg,间伐期至主伐期每公顷施氮肥 100 kg。其他国家对欧洲云杉、花旗松、火炬松等树种,一般在主伐前对近成熟林每公顷施用 100 kg 乃至 300 kg 的氮肥或氮肥、磷肥。一般认为氮、磷、钾肥配合施用效果较好。不同树种林分,氮、磷、钾肥的适宜配合比例研究较少。

2) 施肥方法

人工林的施肥方法有手工施肥、机械施肥和飞机施肥等多种。飞机施肥效率高,不受交通条件限制,节省劳力,且成本较低,在工业发达的国家应用越来越普遍。手工施肥,在造林时可将肥料（如有机肥料）均匀撒布在造林地上，然后整地翻入土中，或在栽植时将肥料（如化学肥料）集中施入行间、穴内，并与土壤混合均匀。施肥深度以使肥料集中在根际附近为宜。在林木生长过程中，最好采用在相当于树冠投影范围的外缘或种植行行间开沟施入肥料的沟施方法。施肥深度一般应使化肥或绿肥埋覆在地表以下 20~30 cm 或更深一些的地方。

3）施肥时期

施肥时期应以 3 个时期为主，即造林前后、全面郁闭以后和主伐前数年。造林前后施肥，可以使苗木生长良好，提前郁闭，防止土壤侵蚀，提高林木的抗逆性，以及促使微生物活动旺盛；全面郁闭后施肥，有利于抚育后树势的恢复，增加叶量，促进生长，增加蓄积量，加速有机质分解；主伐前数年施肥，可以进一步增加木材蓄积量，提高干材质量，并有助于腐殖质分解，为下代人工林更新创造条件。

施肥的具体时间主要指成林后的具体施肥时间，与施肥的效果关系极为密切，但是世界各国的研究结果并不一致。产生差异的原因，可能与所在地区的气候条件、土壤湿度和林木生长节律不同有关。我国认为施肥的时间以在每年的速生期以前为宜，例如北方的各类杨树 5 月中上旬至 8 月中上旬的树高、胸径生长量，几乎占全年生长量的 70% 以上，故施肥 1 次的，其施肥适宜时间应在 5 月初至 6 月上中旬之间，而施肥 2 次的，其第一次可在 5 月初至 5 月下旬，第二次在 6 月下旬。最后一次施肥的时间，尤其是施用氮肥的时间，北方不宜迟于 7 月中旬，否则将引起林木贪青徒长，影响越冬。绿肥作物可在 5—6 月刈割压青，或 9—10 月割下翻耕入土。

## 二、林地灌溉与排水

### （一）人工林灌溉

人工林灌溉是造林时和林木生长过程中，人为补充林地土壤水分的措施。灌溉对提高造林成活率、保存率，特别是干旱、半干旱地区的造林成活率、保存率，使林分提早进入郁闭，加速树木生长，实现林地优质高效具有重要意义。灌溉对增加林地及其周围地区空气相对湿度、降低气温具有明显作用。灌溉还可以洗盐压碱，改良土壤，使原来的不毛之地适于乔灌木树种生长。

为合理进行人工林灌溉，必须研究灌水流量、灌溉定额、每年灌溉次数、2 次灌溉间隔时间以及灌溉方法和季节等。

用材林和防护林的灌水量因树种、林龄、季节和土壤条件的不同而不同。一般认为，绝大部分树种，以土壤含水量保持在相当于田间持水量的 60%~70% 时生长最佳，同时土壤浸润深度应不小于根系集中分布深度，可以此作为标准确定灌水量。某一地区每年的灌溉次数和 2 次灌溉间隔时间，随该年的降水量和蒸发量及其分配、树种的需水量、人工林的年龄、水源供应，以及经济条件而定。一般，干旱地区降雨稀少，蒸发量大，在可能的条件下应力争多灌几次。半干旱、半湿润地区培育速生丰产林，灌溉次数虽不必像干旱地区那样多，但也应达到每年 2~3 次。蒸腾强度大的树种和林龄较大的林分，应适当增加次数。2 次灌溉间隔时间，以使土壤含水量尽可能接近田间持水量的 60%~70% 为理想。灌溉时间则应注意与林木的生长发育节奏相协调。灌水次数较少的半湿润地区，可在树木发芽前后或速生期之前进行，减轻春夏干旱的不良影响，至于落叶后是否冬灌，可根据土壤干湿状况决定，以保证林木安全越冬；灌水次数较多的干旱、半干旱地区，可在综合考虑林木生长规律和天气状况的基础上加以安排，除在树木发芽前后、速生期前灌水并适当增加次数外，如夏季雨水稀少，可实行间隔时间不要过长的定期灌水，以保持林木连续速生。灌溉方法有漫灌、畦灌、沟灌等。漫灌工效高，但用水量大，要求土地平坦；畦灌应用方便，灌水均匀，节省用水，但要求作业细致，投工较多；沟灌的利弊介于两者之间。国内外在工业用材林和经济林培育中多采用滴灌、渗灌等节水灌溉技术措施，对提高林木水分利用效率和水资源的可持续利用来说是最为有利的。如北京共青林场利用地下滴灌技术培育杨树速生丰产林，研究表明，3 年生树木平均树高、胸径和材积生长可分别达到 12.71 m、17.92 cm 和 0.138 9 $m^3$/株，比对照组（穴灌）分别提高了 27.9%，49.2% 和 184.6%，且第三年的林分生产力每年可达 26.73 $m^3$/$hm^2$，是对照组（每年 1.78$m^3$/亩）的 4.9 倍。

### （二）林地排水

我国东北、西南等林区有大量的沼泽化林地或水湿森林地段，这些林地的土壤因过于水湿而使树木因缺乏养分、根系缺氧而生长不良，甚至死亡。在沼泽化的土壤中，林木根系分布很浅，容易风倒。种子由于水淹易霉烂，发芽率也低。幼苗被水淹容易死亡，所以森林更新很困难。为了改变沼泽地与其他过湿林地的生境条件，林地排水是森林经营的一项重要工作。我国小兴安岭与长白山林区的林地排水试验与国外在生产中的排水，都说明排水不但可增加林分蓄积量，还可提高地位级。

## 第三节 抚育采伐

### 一、抚育采伐的概念及目的和任务

#### （一）抚育采伐的概念

抚育采伐又称抚育间伐，是指在未成熟的林分中，为了给保留木创造良好的生长环境条件，而采伐部分林木的森林培育措施。抚育采伐具有双重意义，既是培育森林的措施，又是获得部分木材的手段，但重点是抚育森林。

抚育采伐与主伐有着本质的区别：抚育采伐的目的是抚育森林，在未成熟的森林中进行，有严格的选木要求，不存在更新问题；而主伐的主要目的在于取得木材，采伐对象是成熟木，一般不存在选木问题，同时必须考虑森林更新。

#### （二）抚育采伐的目的和任务

不同类型的森林，不同时期的抚育采伐，有着不同的目的和任务。但大致可归纳为以下几个方面。

1. 按经营目的调整林分组成、防止逆行演替

在天然林中,树种复杂,分布不均。不同树种、不同起源的林木混生在一起,互相竞争,有的林分中目的树种在数量上无法占到优势地位,有的目的树种被挤压。抚育采伐能降低非目的树种在林内的比重,使目的树种逐渐取得优势,达到经营的要求。

2. 降低林分密度,改善生境

天然幼林的林分密度经常过大,分布不均匀;人工林幼林虽然分布较均匀,但随着年龄的增长,林木个体的营养面积会逐渐得不到满足。自然稀疏可使林分密度得到一定的调节,但其速度缓慢,经过相当长期的竞争才能定下来。同时,存留者也因竞争而影响生长。在自然竞争激烈的时期,加以人为的干预,伐除部分林木,等于加速自然稀疏过程,减少林木的无益竞争,有利于存留木的生长,加速优良林木的成材。

3. 促进林木生长,缩短林木培育期

抚育采伐是稀疏林木的一种措施,可使单株林木的生长尤其是直径的生长加快,尽快达到用材的工艺标准。所以,抚育采伐可以促进林木的生长,缩短工艺成熟龄,亦即缩短主伐龄。

4. 提高林木质量

自然发展的森林,在生长过程中会有大量林木逐渐死亡,自动调整密度。然而在这种自然稀疏过程中,被淘汰的个体未必是材质低劣的,保留者也未必是干形良好的。因此,应通过抚育采伐,有目的地选择保留木,用人工选优代替自然选择,这样可以提高林木质量,增加单位面积上的木材利用率。

5. 提高木材总利用量

森林生产全部木材的总产量由间伐量、主伐量、枯损量3部分组成。抚育采伐可有效地利用自然稀疏过程中将被淘汰或死亡的那一部分林木。这一部分的材积可以占到该林分主伐时蓄积量的30%～50%。

6. 改变林分卫生状况,增强林分的抗逆性

抚育采伐可除去林内的枯立木、病害木,风折、雪压等不良木,改变林分卫生状况,使林木的生活机能得到加强,从而增加林木对不良气候条件和病虫害的抵抗力,减少森林火灾发生的可能性,提高林分对不利因素的抵抗力。

7. 建立适宜的林分结构,发挥森林多种效能

抚育采伐能使林分具有适宜的树种组成、适中的林分密度和郁闭度及合理的层次。林分适宜的结构,将有效地改善森林的各种防护作用与其他的有益效能。

## 二、抚育采伐的理论基础

### (一) 生物学基础

1. 森林生长发育时期

森林由生长、发育到衰老,会经历几十年甚至上百年的时间。在整个生长发育过程中,

可以分成几个不同的生长发育时期。在每个不同时期，森林与环境的关系及林木个体间的相互关系有着不同的特点。所以在不同的生长发育时期，森林呈现出形态和结构方面的差异，也会要求不同的经营措施。

（1）森林形成期：林木以个体生长为主，未形成森林环境，受杂草的影响大。此期主要以林地抚育为主，促使林木根系发育，帮助林木战胜不良环境。

（2）森林速生期：林木生长迅速，特别是高生长很快。林内光照强度减弱，林地阴湿，开始形成稳定的森林群体。由于高度郁闭，个体林木侧方光照减少，林分愈加密集，进入分化分级和强烈自然稀疏阶段。在该时期主要应进行抚育采伐。

（3）森林成长期：速生期后森林结构基本定型，但仍然生长旺盛。特别是直径生长和材积生长依次出现高峰。该时期森林具有最大的叶面积和最强的生命力，自然稀疏仍在进行。应继续实施强力抚育采伐，保持适当营养面积，缩短成材期。

（4）森林近熟期：林木的直径生长趋势减慢，开始大量开花结实。自然稀疏明显减缓，但生长尚未停止，为获得大径材，可进行生长伐。

（5）森林成熟期：林木大量结实，林下有下种更新，生长明显缓慢，自然稀疏基本停滞，林冠开始疏开。这时，应进行主伐利用。

（6）森林衰老（过熟）期：林木生长停滞甚至出现负生长。林冠更加疏开，结实量减少，种子质量降低，出现枯枝和死亡木，病虫害及心腐病蔓延。应进行主伐更新。

2. 森林林木分化和自然稀疏

森林内的树木，高矮、粗细参差不齐。即使是树种相同、年龄相同，立地条件也很近似的森林，在整个森林的发育过程中，各林木之间的差异仍然也会很大。在森林里，林木之间的这种差异称为林木分化。林木分化的结果，会导致一部分林木死亡。在林业生产上，把森林随着年龄的增加，单位面积上林木株数不断减少的现象，称为森林的自然稀疏。林木分化与自然稀疏是森林生活的主要特点，是林木良好干形形成的必不可少的条件，也是森林适应环境条件，调节单位面积上株数的结果。

森林的林木分化和自然稀疏，在自然状态下是一个漫长的过程。在这漫长的过程中，首先，林木的生长会受到影响。其次，自然稀疏后留下的林木个体，有可能是经济价值不高的非目的树种或有严重的缺陷的树种。因此，有必要在研究和认识林木分化、自然稀疏规律的基础上，通过抚育采伐及时进行人为稀疏，调整密度，促进保留木的生长。

3. 林木分级

森林自然稀疏的结果，使林木在竞争中发生分化，表现在树高、直径、干型、树冠形态不一致。林业生产中，常根据林木生长势、干形、利用价值的不同，进行人为的林木分级，为抚育采伐时选择砍伐木、保留木提供方便。林木分级的方法很多，常用的有以下几种：

（1）克拉夫特分级法（五级分类法），如图4-1所示，根据林木生长势可将林木分为5级。

第一组（正常发育林木）：

Ⅰ级——优势木，树高和直径最大，树冠很大，伸出一般林冠之上。

Ⅱ级——亚优势木，树高略次于Ⅰ级木，树冠均匀，小于Ⅰ级木。

Ⅲ级——中势木，树高和直径生长中等，树冠位于Ⅰ、Ⅱ级木之下。

第二组（生长落后的林木）：

Ⅳ级——被压木，树高和直径生长落后，树冠受挤压。又分为$Ⅳ_a$级木和$Ⅳ_b$级木。

$Ⅳ_a$级木，冠狭窄，侧方被压，但侧枝均匀；

$Ⅳ_b$级木，偏冠，侧方和上方被压。

Ⅴ级——濒死木，生长极落后，完全处于林冠下，分枝稀疏或枯萎。又分为$Ⅴ_a$级木和$Ⅴ_b$级木。

$Ⅴ_a$级木，生长极落后，但还有生活的枝叶；

$Ⅴ_b$级木，基本枯死或刚刚枯死。

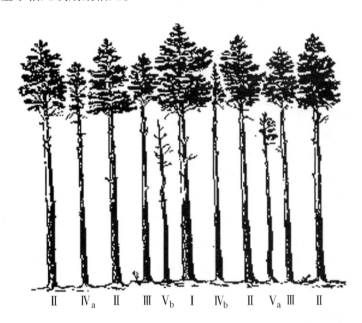

图4-1　克拉夫特分级法

此方法适合于同龄纯林，尤其是针叶纯林。一般在中龄阶段适于采用此方法。这种方法简便易行，但缺点是忽视了树干的缺陷。

（2）寺崎分级法（图4-2），这种分级法将林木分为2组5级。

第一组（优势木）：组成上层林冠的总称。

1级：树干、树冠发育均匀良好。

2级：树干、树冠有缺陷，又分为5种。

$2_a$：树冠发育过强，冠形扁平。

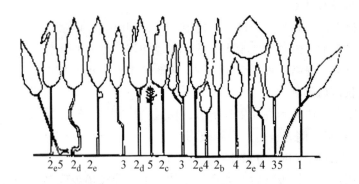

图 4-2 寺崎分级法

$2_b$：树冠发育过弱，树冠特别细长。

$2_c$：树冠受压，得不到发展的余地。

$2_d$：形态不良的"上层木"或分叉木。

$2_e$：被害木。

第二组：劣势木，组成下层林冠的总称。

3 级：中庸，冠未被压，树势减弱，生长迟缓。

4 级：树枝尚绿，但被挤压。

5 级：衰弱木、倾倒木、枯立木。

这个分级法在日本应用广泛。它的可取之处在于不是按生长势将Ⅱ级木完全保留，而是把Ⅱ级木根据树干型、质量分为 5 种情况。

（二）经济原则

抚育采伐的技术措施是以经济条件、经营目的、预期生产量等作为前提的。抚育采伐是否实施，主要取决于该地区和经营单位的经济条件，其中主要是交通、劳力和产品的销售状况。一般来说，只要交通和劳力条件具备，就可以开展抚育采伐工作；只要从生物学角度是合理的、长远利益是合算的，有时在短期亏损的情况下也应进行抚育采伐。

## 三、抚育采伐的种类和技术

（一）抚育采伐的种类

对树种组成和生长发育时期不同的林分，抚育采伐的目的不同。根据 2015 年国家修订的《森林抚育规程》规定，我国森林抚育采伐分为：透光伐、疏伐和生长伐，特殊林分还可采用卫生伐。

1. 透光伐

是在幼林时期进行的抚育采伐。当林冠尚未完全郁闭或已经郁闭，林分密度大，林木受光不足，或者有其他阔叶树或灌木树种妨碍主要树种的生长时，需要进行透光伐。其主要是解决树种间、林木个体之间、林木与其他植物之间的矛盾，保证目的树种不受非目的树种或其他植物的压抑。根据林地形状和大小，透光伐有3种实施方法。

（1）全面抚育：按一定的强度对抑制主要树种生长的非目的树种进行普遍伐除。

（2）团状抚育：主要树种在林地上的分布不均匀且数量不多时，只在主要树种的群团内，砍除影响主要树种生长的次要树种。

（3）带状抚育：将林地分成若干带，在带内进行抚育，保留主要树种，伐去次要树种。一般带宽1~2 m，带间距3~4 m，带间不抚育（称为保留带）。带的方向应考虑气候和地形条件，如：带的方向应与主风方向垂直，以防止风害；带的方向应与等高线平行，以防止水土流失等。

在进行透光伐时，还可用化学除草剂除灭非目的树种或灌木，主要用于天然混交林幼林、人工幼林。应用较广泛的有2,4-D（二氯苯氧乙酸）、2,4,5-T（三氯苯氧乙酸），可采用叶面喷洒、涂抹、注射、毒根等方法。但化学除草剂对环境有污染，同时对生物多样性保护也不利。

2. 疏伐

林木从速生期开始，直至主伐前一个龄级为止的时期内，树种间矛盾焦点集中在对土壤养分和光照的竞争上，为使不同年龄阶段的林木占有适宜的营养面积而采取的抚育措施，称为疏伐。根据树种特性、林分结构、经营目的等因素，疏伐主要有4种方法。

（1）下层疏伐法：砍除林冠下层的濒死木、被压木，以及个别处于林冠上层的弯曲、分叉等不良木，如图4-3所示（图中上半部分和下半部分分别是伐前和伐后的效果）。实施下层疏伐时，利用克拉夫特的生长分级法最为适宜。利用此分级法，可以明确地确定出采伐木。采伐强度取决于砍伐林木的级别，一般下层抚育程度分为弱度、中度和强度3种。弱度，即仅采伐Ⅴ级木；中度，即除砍伐Ⅴ级木外，

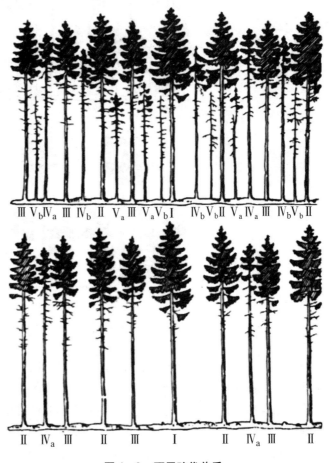

图4-3 下层疏伐前后

尚采伐Ⅳ$_b$木;强度,即伐去Ⅴ级、Ⅳ级木的全部。此方法在针叶纯林中应用较方便。下层疏伐获得的材种以小径材为主,上层林冠很少受破坏,因而有利于保护林地和抵抗风倒危害。

(2)上层疏伐法:以砍除上层林木为主,疏伐后林分形成上层稀疏的复层林,如图4-4所示(图中上半部分和下半部分分别是伐前和伐后的效果)。它应用在混交林中,尤其在上层林木价值低、次要树种压抑主要树种时,应用此法。实施上层疏伐时可将林木分成3级:优良木(树冠发育正常、干形优良、生长旺盛,为培育对象)、有益木(有利于保土和促进优势木自然修枝)、有害木(妨碍优良木生长的分叉木、折顶木、老狼木等,为砍伐对象)。上层疏伐法技术比较复杂,抚育后能明显促进保留木的生长。由于林冠疏开程度高,特别在疏伐后的最初一二年,易受风害和雪害。

图4-4 上层疏伐前后

(3)综合疏伐法:结合了下层疏伐法和上层疏伐法的特点,既可从林冠上层选伐,亦可从林冠下层选伐,如图4-5所示(图中上半部分和下半部分分别是伐前和伐后的效果)。可以认为综合疏伐是上层疏伐的变形,在混交林和纯林中均可应用。进行综合疏伐时,将林木划分出植生组,在每个植生组中再划分出优良木、有益木和有害木,然后采伐有害木,保留优良木和有益木,并用有益木控制应保留的郁闭度。

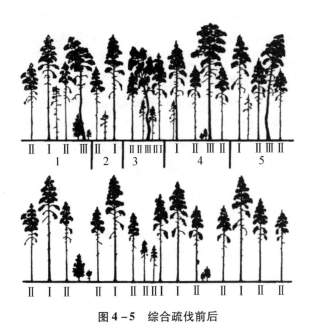

图 4-5 综合疏伐前后

（4）机械疏伐法：又称隔行隔株抚育法、几何抚育法。这种方法常用在人工林中，机械隔行采伐或隔株采伐，或隔行又隔株采伐。

3. 生长伐

为了培育大径材，在近熟林阶段实施的一种抚育采伐方法称为生长伐。在疏伐之后继续疏开林分，可促进保留木直径生长，加速工艺成熟，缩短主伐年龄。生长伐的方法与疏伐相似。因此，有时也可将生长伐与疏伐合成同一范畴进行探讨。

（二）抚育采伐的技术要素

为使抚育采伐得到最好的效果，使用各种抚育方式时都要注意抚育采伐起始期、抚育采伐强度、抚育采伐重复期、抚育采伐的选木原则等技术要素。

1. 抚育采伐起始期

抚育采伐的起始期过早，抚育采伐对促进林木生长作用不大，不利于优良干形形成，也会减少经济收益；抚育采伐起始期过晚，会造成林分密度过大，影响保留木生长。合理确定抚育采伐的起始期，对于提高林分生长量和林分质量有着重要意义。抚育采伐起始期的确定，因树种组成、林分起源、立地条件、原始密度不同而不同，同时还必须考虑可行的经济、交通、劳力等条件，具体可根据以下几个因素确定。

（1）林分生长量下降期：当林分密度合适，营养空间可满足林木生长的需求，则林木的生长量（可用直径生长量表示）不断上升。当生长量降低时，说明林分密度不合适，此时应该开始抚育采伐。

（2）林木分化程度：在同龄林中林木径阶有明显分化，小于平均直径的林木株数达到40%以上，或Ⅳ级木、Ⅴ级木占到林木株数30%以上时，应该进行第1次抚育采伐。

（3）林分直径的离散度：指林分平均直径与最大、最小直径的倍数之间的距离。不同的树种，开始抚育采伐时的离散度不同。例如，刺槐的直径离散度超过0.9~1.0时，应进行第1次抚育采伐。

（4）自然修枝高度：林分密度高会引起林内光照不足，当林冠下层的光照强度低于该树种的光合补偿点时，林木下部枝条会逐渐枯死掉落，从而使活枝下高增高。一般当幼林平均枝下高达到林分平均高1/3时，应进行初次疏伐。有时用树冠长和树高之比来控制（称为冠高比），一般冠高比达到1:3时，应考虑进行初次抚育采伐。另外，必须区别阳性树种和耐阴树种，并且通过实际经验或其他指标加以校正。

（5）林分密度管理图：在系统经营的林区，可用林分密度管理图中最适密度与实际密度对照，实际密度高于图表中密度时，表明该林分应进行抚育采伐。

（6）经济条件：在交通不便，劳力缺少，小径材销路不畅、不能充分利用的地区，抚育采伐可适当推迟；相反，应尽量早进行抚育采伐。

2. 抚育采伐的强度

1）概念和表示方法

抚育采伐时，采伐及保留适当的林木，使林分稀疏的程度称为抚育采伐的强度。不同采伐强度对林内环境条件产生的影响不同，林木生长也有不同反应。确定适宜的采伐强度，直接影响抚育采伐的效果，是抚育采伐技术中的关键问题。表示强度的方法有以下两种。

以株数表示：$P_n = \dfrac{n}{N} \times 100\%$（$n$ 为采伐株数，$N$ 为伐前林分株数）

以胸高断面积表示：$P_g = \dfrac{g}{G} \times 100\%$（$g$ 为采伐木断面积和，$G$ 为伐前林分断面积和）

2）抚育采伐强度的确定原则

合理的抚育采伐强度应满足以下要求：能提高林分的稳定性，不致因林分稀疏而招致风害、雪害和滋生杂草；不降低林木的干形质量，又能改善林木的生长条件，增加营养空间；利于单株材积和林木利用量的提高，并兼顾抚育采伐木材利用率和利用价值；可形成培育林分的理想结构，实现培育目的，增加防护功能或其他有益效能；可紧密结合当地条件，充分利用间伐产物，在有利于培育森林的前提下增加经济收入。

3）抚育采伐强度的确定方法

抚育采伐强度的确定方法分为定性和定量两大类。

（1）定性抚育采伐。①按林木分级确定抚育采伐强度：利用克拉夫特分级法，确定抚育采伐强度。弱度抚育采伐，只砍伐Ⅴ级木；中度抚育采伐，砍伐Ⅴ级和Ⅳ$_b$级木；强度抚育采伐，砍伐全部Ⅴ级和Ⅳ级木。②根据林分郁闭度确定抚育采伐强度：遵照《森林抚育采伐规程》（GB/T 15781—2015）的规定，将过密的林木进行疏伐，使林分郁闭度下降到预定的郁闭度，一般不低于0.7。

（2）定量抚育采伐。①根据树高确定抚育采伐强度：又称营养面积法。即把一株树的树冠垂直投影面积看成其营养面积，用林分平均每株树的树冠面积，求得单位面积上应保留的株数，从而决定采伐强度。②用林分密度管理图确定抚育采伐强度：根据树种、立地、年龄和培育目的编制密度管理图，先测出现实林分的优势木平均高，而后依其年龄在表中查出欲知项，确定抚育采伐的强度。

3. 抚育采伐的重复期

相邻两次抚育采伐所间隔的年限叫作抚育采伐重复期（间隔期）。重复期的长短主要取决于林分郁闭度增长的快慢。因此，喜光、速生、立地条件好的林分，重复期应短；反之，重复期应长。抚育采伐的强度直接影响着重复期的长短。大强度的抚育采伐后，林木需要较长时间才能恢复郁闭，重复期较长；相反，小强度的抚育采伐，重复期较短。透光伐，重复期短；疏伐、生长伐重复期较长。森林生长速度和树种特性也影响重复期，速生树种容易恢复郁闭，重复期短；慢生树种不易恢复郁闭，重复期长。另外，林龄小的林分要比林龄大的林分重复期短。经济条件不良时，要求强度大而重复期长的抚育采伐。

4. 抚育采伐的选木原则

（1）砍坏留好：淘汰低价值的树种，保留目的树种和干形良好、生长健壮的立木。在风景、绿化林中，应以观赏价值评定好坏；在防护林中，应以防护性能的大小评定好坏。

（2）砍小留大：这一原则应用于用材林纯林中，并根据立木品质的优劣确定采伐木。

（3）砍密留稀：在任何林种或任何抚育种类和方法中，为调节营养面积，应遵循这一原则。

（4）维持森林生态平衡：应保留那些对维护生态平衡有益的树木和其他森林成分，使抚育采伐后森林生态系统的功能得以完善以及稳定性得以提高。

# 第四节　人工修枝

## 一、人工修枝的概念和意义

在自然状况下，林木的下部枝条随着年龄的增长，逐渐枯死脱落，这种现象称为自然修枝。人为地除去树冠下部的枯枝及部分活枝的抚育措施，称为人工修枝（或叫整枝）。人工修枝分两种：干修，即去掉树干下部枯枝；绿修，即去掉部分活枝。

人工修枝是一项重要的林木抚育措施，主要目的如下：

（1）能提高木材的材质。因为人工修枝可以消灭木材的死节，减少活节，增加木材中的无节部分，提高树干的圆满度，增加晚材率，提高原木和成材的等级。

（2）修枝可使切口上方的树干生长量有所增加，而切口下部的树干生长量有所减少，从而提高树干的圆满度。

（3）人工修枝可提高林木生长量。如果修除树冠下部受光极差的枝条，修掉妨碍主干生长的竞争枝、大侧枝以及枯枝，则林木的高生长和直径生长都会有所增加。

（4）人工修枝能改善林内通风透光状况，对改善林木生长环境和提高林分稳定性都有好处。

(5) 人工修枝还能产生燃料、饲料、肥料，增加收益。

总之，随着森林经营集约化程度的逐渐提高，人工修枝将成为营林抚育措施的重要组成部分。

## 二、人工修枝的理论基础

自然修枝、林木分枝习性及其生理是人工修枝的理论基础。正确的修枝技术，必须建立在其理论基础上。

### （一）林木下部枝条枯死的原因

幼林郁闭以后，树冠下部枝条上所着生的都是阴生叶，光照不足，会影响叶子的同化作用，造成营养贫乏，妨碍枝条的生长；同时含水量降低，造成枝条干缩，使枝条同树干水液的输导组织失去联系，促使枝条逐渐枯萎。

### （二）林木自然修枝的过程和节的形成

林木的自然修枝分3个阶段：①枝条枯死；②枝条脱落；③死枝残桩（枝痕）为树干所包被。林木下部枝条枯死的速度与林木年龄和林分密度关系密切；枝条脱落则是由于生物、物理和化学等综合因子促成的。下面主要介绍林木自然修枝3个阶段的形成过程。

树干形成层不断向外分裂韧皮部，向内分裂木质部，把树皮向外推移。当形成层位置移到和枝条脱落处（折断处）同一水平面上时，树干形成层便向切口表面延伸，逐渐把枯枝脱落面（折断面）封闭起来。树枝基部包被在树干内部会形成节子。节子有两种：当枝条活着时形成的节子称为活节；被树干组织包围的死枝便形成死节。活节周围树干的年轮是向外弯的，并与枝条的年轮相连；死节周围树干的年轮是向里弯的，由于树干包裹的是枯枝，所以它与枝条的年轮不相连。具有死节（包括腐朽节或松软节）的木材容易松弛脱落留下节孔。因此，要力争人工修枝，并争取早整，避免影响林木生长和形成死节，降低材质。

## 三、人工修枝的技术

### （一）人工修枝的开始年龄、间隔期和修枝高度

林分充分郁闭，林冠下部出现枯枝，是林木开始人工修枝的标志。但有些顶梢生长力弱的阔叶树，如刺槐、白榆等，为了实现控侧枝、促主干生长的目的而采取整形修枝法时，人工修枝开始年龄可提早到造林后2~3年。人工修枝间隔期，是指两次修枝中间相隔的年限。大多数针叶树是在第一次修枝后又出现1~2轮死枝后进行第二次修枝。阔叶树早期修枝有利于控侧枝、促主干生长，间隔期宜短，一般是2~3年。修枝高度视培育的材种而异。一般修到6.5~7 m高，即能满足普通锯材原木的要求。造纸和胶合板材一般修到4~5 m。

### （二）人工修枝的季节

人工修枝一般都是在晚秋或早春（隆冬除外）进行，因这时树液停止流动或尚未流动，

修枝不会影响林木生长,而且能减少木材变色现象。早春修枝,切口也容易愈合。但有些萌芽力很强的树种,如刺槐、白榆以及各类杨属树种等,宜在生长季节进行修枝。有些阔叶树种,如枫杨、核桃等,冬春修枝伤流严重,易染病害;而在树木生长旺盛季节修枝,伤流会很快停止。

### (三) 人工修枝的强度

人工修枝的强度,即修枝的强弱程度,一般是用修枝高度与树高之比,或用树冠的长度与树高之比(冠高比)来表示。人工修枝强度大致可分为 3 级,即强度、中度和弱度。弱度整枝是修去树高 1/3 以下的枝条,保留冠高比为 2/3;中度修枝是修去树高 1/2 以下的枝条,保持冠高比为 1/2;强度修枝是修去树高 2/3 以下枝条,保持冠高比为 1/3。

修枝强度因不同的树种、年龄、立地和树冠发育的情况等条件而异。一般是阴性树种和常绿树种保留的冠高比要大些;阳性树种、落叶阔叶树种、速生树种保留的冠高比可小些;相同树种的冠高比总是随着年龄的增长而减少,年龄越大,冠高比越小。立地条件好的和树冠发育良好的林木,修枝强度可大些;否则相反。

### (四) 人工修枝切口的愈合

干修时,切口的愈合过程与天然整枝相同,枯枝应及时去掉,可加快整枝速度,减少死节。绿修时,伤口周围露出的树干形成层和皮层的薄壁细胞,分裂长出的薄壁愈合组织会逐渐扩大,把整个切口封闭起来。关于绿修的切口,我国现有 3 种方法:①平切,就是贴近树干修枝;②留桩,就是修枝时留桩 1~3 cm;③斜切,就是切口上部贴近树干,切口下部离干成 45°角,留桩成一小三角形。3 种方法各有其优缺点。为达到修枝的良好效果,修枝切口要平滑、不偏不裂,不削皮、不带皮。这样,可减少虫害及腐朽,促使切口良好愈合。

### (五) 摘芽

摘芽是人工修枝的一种变形作业,就是在芽膨大时,把侧芽摘掉,促进顶芽生长的一种措施。摘芽能提高树干的圆满度,培育无节良材。摘芽多在秋冬或春季进行。

## 第五节 林分改造

### 一、林分改造的意义和对象

我国南方和北方都有一些生产力低、质量差与林分密度太小的人工林与天然次生林。在这些林分中,有的由于密度小、树种组成不合理,而不能充分发挥地力;有的生长不良,树干弯扭,枯梢,或遭病虫害与自然灾害,生长势衰退,成林不成材。这些林分不能很好地实现经营目的,没有培育前途。我们将这些林分称作为低价值林分。如我国北方平原与沙区的杨树"小老头"林,南方杉木边缘产区的杉木"小老头"林等。低价值林分的改造已成为中国森林经营工作中的一项重要任务。所谓林分改造就是对在组成、林相、郁闭度与起源等方面不符合经营要求的那些产量低、效益次的林分进行改造的综合营林措施,使其转变为能生产大量优质木材和其他多种产品，并能发挥多种有益效能的优良林分。

我国林分改造的主要对象有：①"小老头"人工林；②生长衰退无培育前途的多代萌生林；③非目的树种组成的林分；④郁闭度在 0.3 以下的疏林地；⑤遭受严重自然灾害的林分；⑥生产力过低的林分；⑦天然更新不良、低产的残破近熟林；⑧大片低效灌丛。下面仅对低价值人工林和天然次生林的改造进行简单阐述。

## 二、低价值人工林的改造

由于低价值人工林产生的原因不同，因而改造的方法也不一样。其形成原因与相应的改造方法大致可以归纳为下列几种。

### （一）造林树种选择不当

造林的立地条件不能满足造林树种的生态学特性要求，导致人工林生长不良，难以发挥最佳效益。原因是树种选择不当，盲目追求造林规模，苗木质量不高。对这类低价值人工林，一般应根据"适地适树"原则，更换树种，重新造林。如用樟子松与油松改造沙地上小青杨的"小老头"林。在更换树种时，也可适当保留原有树种，以便形成混交林。针对这些林分还可用当地适宜的速生型树种进行嫁接。

### （二）整地粗放，栽植技术不当

整地时，没有把土壤中杂灌的根系挖除，或整地太浅，松土面积太小，以及造林时，苗木栽得过浅，培土不够或覆土不实，均会严重影响林木生长。改造时，应加强林地管理、清除杂草、松土、培土、深翻施肥，使林木恢复生长势，可以去掉生长极差的幼树，栽植大苗，或者更换树种。

### （三）造林密度偏大或保存率太低

造林密度过大，营养面积与生长空间不能满足幼树的需要，必然导致林木生长不良。保存率低则长期林分得不到郁闭，林木难以抵抗不良环境条件与杂灌木的欺压。对于密度过大的林分，应尽快进行抚育采伐，结合松土，使生长衰退的幼林得以复壮；对保存率小的人工林，应加以补植，于大块空地上补栽原有树种，小块空地补栽耐阴树种，补植后要跟上幼树抚育措施。

### （四）缺少抚育或管理不当

造林后不及时抚育，或抚育过于粗放，管护不好，则幼树易生长不良或受破坏。补救措施包括以下几种。

1. 深翻土壤

深翻土壤是生产上广泛应用的有效方法。松土时间，北方以雨季前最好，南方最好在秋、冬季；深松土的适宜深度，北方一般为 20~25 cm，南方为 30~40 cm；深松土的间隔期一般为 3~4 年，但在间隔期内还应每年进行 1~2 次一般性土壤管理。

2. 开沟埋青、施肥

开沟本身就是一种深翻改土的措施，而埋青又是一种以肥促林的改造手段。如杉木林地开沟埋青的做法，是在行间挖开宽 50~60 cm 的壕沟，先将表层 30 cm 的土壤挖出放置一旁，再用锄在沟底松土 20~30 cm，然后在其上撒放青草、杂肥，再将沟上存放的表土填回沟内。

3. 平茬复壮

对于因缺乏管护，遭受人、畜破坏而形成的低价值人工林，如果树种具有较强的萌芽能力时，常采用平茬的补救办法。树木平茬，可大大加速林木生长。

4. 封禁林地

对于离居民点近的中幼林，过度放牧、过度整枝、过度搂取枯枝落叶与任意砍柴等活动形成低价值次生林的，应尽快封禁，制止破坏活动。

其他的补救措施还有适度修枝、及时除蘖、实行林粮间作等多种，只要选用得当，就可在一定程度上将低产、劣质的林分改造为优质、高效的林分。

### 三、次生林经营

#### （一）次生林的概念及经营意义

天然林分为原始林与次生林。原始林是从原生裸地上产生并经过一系列的植物群落演替，最后形成的森林。次生林是在大面积的原始林受到自然或人为的反复破坏（不合理的砍伐、采樵、垦殖、过度放牧、火灾）后在次生裸地上发生并形成的森林群落。与原始林相比，次生林不仅植物群落不同，而且森林环境也会有很大差异。但次生林作为一种森林单位，主要是从它的发展过程而言的，并不能说明次生林是质量低劣的森林，因此，不能把次生林认同为低价值林分。在我国，次生林中具有较高价值的树种有东北的落叶松林、华北的油松林、南方的马尾松林、云南松林以及一些常绿的次生阔叶林。

次生林是森林资源中面积很大的一种森林类型，目前我国次生林的面积约占全国森林总面积的一半左右。经营好次生林，在改善我国生态环境、保护生物多样性、为人民提供良好的游憩地以及提供包括木材在内的多种林产品方面具有重要的意义。

#### （二）次生林的特点

次生林在树种组成、林分结构、起源、生长状况等方面与原始林相比，有着很大的差别。主要表现在以下几个方面。

1. 树种组成较单纯

次生林是在原始林破坏后形成的次生裸地上发生的，而次生裸地的环境条件只适宜于少数阳性阔叶树种生长，因而次生林的树种组成较单纯，尤其是在初始阶段构成林分的树种较单一。

2. 年龄小、年龄结构变动大

由于次生林是原始林遭受破坏后产生的，或者在反复进行采伐后重新形成的，因而大多数次生林的年龄较小。我国目前拥有的次生林多数是在解放后经过封山育林、抚育、改造或主伐后发展起来的，所以中、幼龄林较多。林分的年龄结构相差甚大。在撂荒地、火烧迹地或皆伐迹地上发生的未遭破坏的初始次生林多为同龄林；但是，经过反复破坏（单株或群状被砍伐过）的次生林则常为异龄林。

3. 生长迅速、衰退较早

由于次生林多为阳性树种，而且萌生较多，因此林木生长迅速，生长率较大。但是衰退较早，寿命也短。

4. 林分分布不均匀

由于原始林被破坏的原因、时间以及程度不同，使形成的次生林群落内部以及群落之间常常出现林木分布不均匀的状况。有的呈单株散生，有的呈簇式或群团状生长，而且在林分中还常见一些或大或小的空地。

次生林林分虽处在同一山坡上，但因局部生境条件的差异，常见森林类型也有所不同。在华北山地就常常可以见到豹皮状的林分分布方式，群落有明显的镶嵌性。

（三）次生林经营的措施

在确定次生林经营的措施时，应考虑经济条件、次生林的特点、林分类型等因子。

通常，次生林有以下几种经营管理措施：

1. 成熟林的主伐利用

对于成熟的次生林应及时采伐，主伐方式与原始林、人工林的作业没有明显区别。可以根据林分状况与生境条件以及更新方式而采用择伐、渐伐和皆伐。考虑到次生林的特点和演替规律，在主伐时应注意以下问题：

（1）多数阔叶树种构成的次生林生长迅速，衰退较早，尤其以萌芽方式成林的次生林更是早衰，有的病虫害较严重，有的林分状况不好，这些林分要适当提前采伐利用。

（2）采伐作业时，要注意保留经济价值高、生长势好、有培育前途的树种、植株。采伐后，应根据立地条件和经营目的，选用合适的更新方式或人工促进更新的技术措施。

（3）皆伐面积不宜过大，以不超过 5 $hm^2$ 为原则，视林分分布状况采用带状或块状皆伐。另外，目前我国正在开展天然林保护工程，对生态脆弱区次生林的主伐利用应十分慎重。

2. 密度大的幼、中龄林的抚育采伐

（1）抚育采伐的对象：优势树种的郁闭度在 0.7 以上的幼、中龄林；下层珍贵树种多，且分布均匀的林分；林分中非目的树种占优势，且生长势强，干型良好，郁闭度在 0.7 以上；遭受轻度的病、虫、火灾害，急需进行卫生伐的林分。

（2）次生林抚育采伐方法：对次生林进行抚育采伐，其技术要素（开始期、采伐强度、采伐木的选择、间隔期等）的确定与人工林的抚育采伐相似。

在实际工作中，有许多经验值得借鉴。例如，"五砍五留"，即砍次留主、砍病留健壮、砍弯留直、砍密留稀、砍萌留实，"四看"，即看树冠（保持郁闭度适宜）、看树种（正确选择砍伐木与保留木）、看树干（保证留优去劣）、看周围（保证合适的株行距）等，这些生产实践经验，都具有一定的参考价值。

3. 低价值次生林林分的改造

在次生林中，林地郁闭度很小（<0.3）、林木分布不均、优势树种的经济价值低、林木生长量低、成材率低、有较严重的病虫害、没有培育前途的林分，称为低价值次生林。

为了使低价值次生林能更好地发挥森林的防护功能，提高生长量，提供更多的木材与林副产品，必须对其进行改造。其目的是调整林分组成，加大林分密度，提高林分的利用价值和林地的利用率，使这些林分变低产为高产，变劣质为优质。

1）林分改造的对象

（1）由经济价值低的树种组成的林分；或是立地条件不适合树种要求，使林木生长不良、生长率低、生长势过早衰退的林分。

（2）生长衰退无培育前途的多代萌生林。

（3）林木材质差，干形不良，或遭受过雪折、风倒、火灾等造成林况恶化的残破林分。

（4）病虫害严重必须尽早采伐的林分。

（5）天然更新不良，低产的残破近熟林。

（6）林木分布不均，林中空地较多，林分郁闭度不到0.3的疏林地。

（7）没有特殊用途而立地条件优越的大片灌丛。

2）林分改造的原则

次生林林分改造要以加强抚育、积极改造、充分保护、兼顾利用为方针，做好调查规划设计，实现将非目的树种改为目的树种、疏林改为密林、低价值改造为高价值林、多代萌生林改造为实生林、劣质林分改造为优质林分的目的。在次生林改造工作的安排上，要充分利用次生林区交通方便、劳力较多的有利条件，集中优势，按照由近及远、由易及难的顺序开展工作。

3）次生林改造应达到的标准

（1）改造后的林分，树种符合经营要求，既有较高的经济价值，又能适应该立地条件而有较高的生长量。

（2）改造后的林分有足够的株数，密度适中。

（3）改造后的林分卫生状况良好，林木生长健壮。

4）次生林的改造措施

（1）全面改造：这一措施适用于非目的树种占优势而无培育前途的林分，或者大多数难以成材的林分。目的在于改变主要组成树种、林分状况。这一方法一般适用于地势平缓或植被恢复快、不易引起水土流失的地方。根据改造面积的大小，可分为全面改造和块状改造。全面改造的面积不得超过 10 $hm^2$，块状改造面积控制在 5 $hm^2$ 以下。

（2）林冠下造林：一般适合于林木稀疏、郁闭度小于0.5的低价值林分。在林冠下进行播种或植苗造林法，可提高林分的密度。林冠下造林能否成功，关键是选择适宜的树种，引入的树种既要与立地条件相适应，又要与原有林木相协调。

(3) 抚育采伐、伐孔及林窗造林：这是一种将抚育采伐与空隙地造林相结合的方法。这种方法适用于郁闭度大，但组成树种一半以上属于经济价值低劣而目的树种不占优势或处于被压状态的中、幼龄林；适用于小面积林中空地、林窗或主要树种呈群团状分布、平均郁闭度小于0.5的林分，以及屡遭人为或自然灾害破坏，造成林相残破疏密不均，尚有一定优良目的树种的林分。

(4) 带状采伐并引进优良树种：此方法主要应用于立地条件好、由非目的树种形成的低价值次生林。改造时，应把要改造的林分作带状伐开，形成带状空地，在带内用目的树种造林，待幼树长大再逐次将保留带伐完。这种改造方法能较好地保持一定的森林环境，减轻霜冻危害；另外，侧方遮阴有利于幼苗、幼树的生长；施工较容易，便于机械化作业。

(5) 综合改造：在设计改造措施时，应因林制宜，采取不同的措施。有培育前途的中、幼龄林应进行抚育采伐，在稀疏处或林中空地造林；对成熟林首先皆伐利用，而后造林；对于镶嵌性强、目的树种数多但分布不均，郁闭度较小的林分可将抚育采伐与造林结合起来进行。

4. 封山育林

封山育林是利用树木的天然下种和伐根、地下茎萌蘖能力，通过人为的封禁培育，使疏林、灌丛、残林迹地以及荒山、荒地得以休养生息，迅速繁衍为森林植被的方法。这一方法的显著特点是用工省、成本低、收效快、应用面广。封山育林，不仅能扩大次生林的面积，而且在改造低价值次生林方面也能起很好的作用。

1) 封山育林的对象

(1) 郁闭度0.3~0.6的林分，具有天然下种更新能力的残林。

(2) 具有萌芽能力的针、阔叶树的采伐迹地。

(3) 具有一定数量天然更新幼苗幼树，可以封育成林的地段；容易遭受人为破坏，生长势较好，而目前没有能力抚育采伐的林分。

2) 封山育林的地段

(1) 无林、少林区的河流中上游地带的水源涵养林，森林植被遭破坏，水土流失严重，应在适宜地区实行封山育林。

(2) 深山、远山自然条件不良，植被容易退化为草原、荒漠的地段，这类地区人烟稀少，劳力不足，全面进行人工林和林分改造尚有困难，应进行封山育林。

(3) 封禁飞机播种造林地区和有散生母树的次生林、灌丛。

(4) 容易发生水土流失的险坡、陡坡地，宜林荒山、水土保护区和水利工程设施区。

3) 封山育林的基本方法

(1) 全封：一次性封死，封育期严禁进入封禁区内采樵、抚育采伐和放牧。

(2) 半封：又称活封。封育期内，在不影响森林恢复的前提下，在生长季封山，树木休眠期开山。开山期间有计划、有组织地进行割灌、修枝、抚育采伐以及其他林副产品的活动。

（3）轮封：将整个封育山区划分出不同的地段，轮封轮放（牧）。

4）封山育林的步骤

（1）宣传封山育林的意义。在封山育林之前，应广泛宣传封山育林的意义，讲明封山育林的方针、政策，明确山林的地界与权属，提高群众的积极性，消除其后顾之忧。

（2）确定封山育林的地段和方法。根据不同地段的特点，选用不同的方法并划分出各种封育方式的界线。

（3）建立组织，健全制度，订立公约。在基层建立相应的封山育林组织，并与乡、村、户订立封山育林的公约，规定封山、开山的具体措施和办法，并监督执行。

（4）封山与育林相结合。封山育林的过程中，有些自然规律不一定符合人们的要求，如杂草的繁茂、非目的树种的繁茂以及分布不均匀等，出现这种现象必须尽量施行抚育措施，以保证封山育林的成功。

（5）进行封山育林效果的调查。为了解封山育林的效果，掌握更新幼苗幼树的生长发育规律，确定需要采取的各种育林措施，必须对封山育林的效果进行调查。同时建立和健全小班管理卡片或经营档案。

### 复习思考题

1. 简述森林抚育的概念和措施。
2. 简述林地施肥的必要性及特点。
3. 简述抚育采伐的概念及目的。
4. 森林生长发育分哪些时期？各有什么特点？
5. 抚育采伐主要有哪些类型？简述疏伐的类型、特点和适用范围。
6. 简述人工修枝的概念、意义及主要技术。
7. 简述低价值人工林的形成原因和改造方法。
8. 简述次生林改造的主要措施。
9. 简述封山育林的对象和基本方法。

# 第五章　森林主伐与更新

> **学习目标**
>
> 重点掌握：森林主伐与更新的概念；森林主伐方式和森林更新方法；皆伐迹地的天然更新和人工更新；渐伐的更新过程及特点；择伐的更新过程及其特点。
>
> 掌握：皆伐迹地环境条件；渐伐的种类；择伐的种类。
>
> 了解：皆伐、渐伐和择伐的特点与选用条件。

## 第一节　森林主伐与更新概述

### 一、森林主伐与更新的概念

对成熟林分或部分成熟林分进行的采伐称为森林主伐。主伐不仅是要取得木材，还应是提高森林的各种生态效益和社会效益的主要措施，即森林改善生态环境的效益、保护生物多样性的效益、提高林分游憩价值的效益等的主要措施。同时，更重要的是主伐后要保证森林更新，扩大再生产，使森林资源实现可持续发展。

天然林或人工林经过采伐、火烧或因其他自然灾害而消失后，在这些迹地上以自然力或用人为的方法重新恢复森林，叫作森林更新。森林更新是森林资源可持续经营的基础。

森林更新包括采伐老林和更换成新林的一系列工作，既包括采伐老林，创造有助于林木结实、种子发芽和幼苗生长的环境条件，又包括各种育林措施（如采伐迹地的清理、整地和抚育等），以期尽快使目的树种更替老林。森林更新根据采伐前后的不同，可分为伐前更新和伐后更新。伐前更新（简称前更）是在采伐以前，在林冠下面的更新；伐后更新（简称后更）是在采伐以后的更新。

### 二、森林主伐方式和森林更新方法

#### （一）森林主伐方式

所谓森林主伐方式，就是在规定的期限内，在预定采伐的地段上，根据森林更新的要求，按照一定的方式配置伐区，并在规定的期限内进行采伐和更新的整个程序。森林主伐方式依据更新方法的不同，基本可以分为3种类型。

（1）皆伐：一次采伐全部林木，人工更新或天然更新形成同龄林。

（2）渐伐：较长期间内（不超过1个龄级期）分若干次采伐掉伐区的林木，利用保留木下种,并为幼苗提供遮阴条件,林木全部采完后,林地也全部更新起来,同样也形成同龄林。

(3)择伐:单株或群状采伐掉老龄林木,形成并始终维持异龄林。

上述每一种主伐方式,还可以根据伐区(准备采伐的地段)的配置方式、采伐的次数和更新方法,以及确定采伐木所依据的标准进一步分类。主伐方式实际上是森林更新的一个组成部分,森林更新方法决定着森林主伐方式的形式和内容。

(二)森林更新方法

森林更新方法有人工更新和天然更新,对天然更新加以人工辅助,则称为人工促进天然更新。根据我国的林情,在解决森林更新问题时应适当增加人工更新的比重,以加速恢复森林和提高林分生产力。但实践证明,渐伐、择伐迹地和有天然更新条件的地方,可侧重利用天然更新;皆伐迹地或没有天然更新条件的地方,应采用人工更新。同一更新地,可根据具体条件,同时采用几种森林更新相互结合的方法。

更新必须跟上采伐,这是我国林业对森林更新工作的基本要求,也是衡量一个林业单位森林更新工作好坏的重要标志。按照我国有关规定,更新跟上采伐的标准为:在采伐后的当年或者次年内必须完成更新造林任务。更新质量必须达到以下标准:

(1)对人工更新,当年成活率应当不低于85%,3年后保存率应当不低于80%。

(2)对人工促进天然更新,补植、补播后的成活率和保存率达到人工更新的标准;天然下种前整地的,达到所规定的天然更新标准。

(3)对天然更新,每公顷皆伐迹地应当保留健壮目的树种幼树不少于3 000株或者幼苗不少于6 000株,更新均匀度应当不低于60%。择伐、渐伐迹地的更新质量,达到规程所规定的择伐、二次渐伐与三次渐伐的林地所应达到的要求。

森林主伐与更新是林业生产中不可分割的两个方面,是密切结合的。林木成熟后,应该进行采伐利用,充分满足国家建设的需要。森林采伐后,为了再生产,需要及时进行森林更新,使更新跟上采伐,为再生产创造条件,只有这样不断地进行林业生产,才能使林业生产实现可持续发展。但需要强调的是,由于森林与环境是一个统一体,因此在进行森林主伐方式与森林更新方法选择时,必须综合考虑森林的环境保护效益、生物多样性保护及社会效益。

## 第二节　皆伐与更新

皆伐是将伐区上的林木在短期内一次全部伐光或者几乎全部伐光,并于伐后采用人工更新或天然更新恢复森林的一种作业方式。

### 一、皆伐迹地环境条件

皆伐迹地会完全失去原有的遮蔽,裸露迹地上的小气候、植物和土壤条件与林内相比均有显著的变化。这些环境条件的特点，将直接或间接地影响人工更新或天然更新的成败。

(一) 迹地小气候

在皆伐迹地上，太阳辐射直达地表，气温和土温都高于林内，尤其地表温度的升高和相对湿度的降低特别显著。蒸发、降水、风速和积雪也会发生了明显变化。这些气候因子的变化，对迹地更新幼苗的成活和生长，既有不利的影响，也有有利的影响。不利影响表现在：幼苗在早春会提前失去积雪的保温作用，加上这一期间昼夜温差大，容易发生霜冻、冻拔和日灼危害，而造成部分植株的死亡；同时，迹地总的受热量增高，也为虫害的繁殖创造有利条件。有利影响表现在：伐后保留和人工栽植的幼树，由于光照充足、通风良好，可以吸收充分的养分和水分，生长量比在遮阴条件下大为提高。据原东北林学院凉水实验林场调查，皆伐迹地天然更新的红松、云杉、冷杉的小幼树，伐前高生长量每年为 1.6~2.6 cm，伐后则提高到 13~14 cm，为伐前的 5~9 倍。

(二) 迹地植物和土壤

植物生长条件的变化直接受小气候条件的影响。森林皆伐后的最初 1~2 年，植被稀疏低矮，接近林下植被，但处于极不稳定状态，原林下的阴性植物将逐渐被阳性植物所代替。而皆伐后 3~5 年，植被变化较为迅速，覆盖度和草根盘结度逐年增加，一般 5 年以后，呈现为较为稳定的密生阳性灌丛和草被，使地表 10~15 cm 厚的土壤形成密网状草根层。

迹地的土壤，由于植物根系的盘结，逐年失去原有林下疏松多孔的性状，土质变紧，通气性能减弱。在干燥的条件下，土壤会变得更干燥；而在湿润的条件下，土壤水分含量增高，极易造成水分滞积，特别是较平缓地域容易引起地表沼泽化。由此说明，新皆伐迹地具有杂草灌丛少、覆盖度小、土壤疏松等特点，有利于天然和人工更新。进行植苗更新时，可省去刨坑整地工作，仅搂去栽植点上的地被物即可。伐后 4~5 年的旧皆伐迹地为杂草所布满，会大大增加整地、抚育的劳动量。

## 二、皆伐迹地的天然更新和人工更新

(一) 皆伐迹地的天然更新

皆伐迹地天然更新，就是依靠天然种源，俗称由"飞籽成林"形成森林。皆伐后的迹地若能及时更新，会取得较好效果。

1. 迹地的天然更新种源

皆伐迹地的天然更新种源有 3 种：

(1) 来自邻近林分。这一来源的种子主要靠风播于全伐区。一般是靠近林墙的种子数量越多，向中心数量越少。更新幼苗也是离种源越近越密，越远越稀或没有更新。我国东北的落叶松、樟子松，南方的马尾松、云南松及其他风播树种均适用这种更新办法。

(2) 来自采伐木。当采伐林分适为种子年时，更新种子可来自采伐木。这种办法适用于各种阳性树种，更新幼苗一般比较均匀一致。

(3) 来自地被物。森林土壤和枯枝落叶层中经常储存有大量的种子。如果林地上脱落的种子能与采伐年度吻合,或者落种后的第 2 年采伐,则能显著提高地被物中种子在更新中的作用。

2. 伐区的排列方法

欲使种子能较均匀散布于全伐区迹地,需要伐区的大小、形状和排列方法等满足一定的条件。一般,伐区面积应适当减小,形状最好长而窄,呈带状。伐区的可靠落种宽度,因树种不同而异,一般应为树高的 2~5 倍(50~100 m),同时还应了解种子散布期的主风方向,务必使伐区的长边(即伐区的方向)与主风方向相垂直。

伐区排列方法通常有 3 种,即带状间隔皆伐、带状连续皆伐和块状皆伐。

(1)带状间隔皆伐:把即将采伐的林分划分成若干个带,然后每隔一带采伐一带。等采伐迹地完成更新之后,再将保留带采伐完,如图 5-1(a)所示。第 1 次采伐伐区(第 1 采伐带)两侧保留的林墙,专为下种和保护更新幼苗、幼树用。所以采伐带要比保留带适当宽一些,而且不应小于树高的一倍。第 1 采伐带已无林墙的保护,为了达到更新的目的,可采用人工更新、保留母树与种子年采伐等方法。带状间隔皆伐可分为等间隔皆伐、不等带间隔皆伐 2 种类型。

(2)带状连续皆伐:是紧靠前一个伐区设置每一个新伐区。在林地面积很大时,为了采伐集中,时常将林地划分为若干采伐列区,在每一个采伐列区中,划分 3 个或 3 个以上的采伐带,将前两采伐带采伐之后,迹地更新起来了,再接着砍伐第 3 采伐带,依此类推,如图 5-1(b)所示。

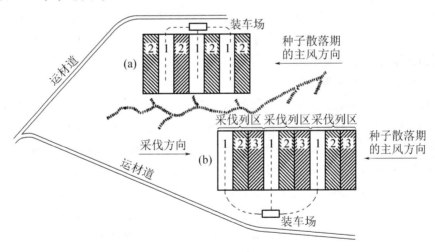

1—第 1 采伐带;2—第 2 采伐带;3—第 3 采伐带。

**图 5-1　伐区排列方法**

(a)带状间隔皆伐;(b)带状连续皆伐

(3)块状皆伐:在地形破碎的山地、异龄林、天然混交林或者伐区不能区划为规则的带状者,均可用块状皆伐。为了有利于天然更新,伐区的形状以长方形为佳。为了避免水土流失,并有较好的更新条件,在实行块状皆伐时,伐区面积一次不得超过 5 hm²。坡度平缓、土壤肥沃、容易更新的林分,可以扩大到 10 hm²,而坡陡与立地条件很差的地段,皆伐面积则应缩小到 1~3 hm²。

3. 保证更新成功的措施

皆伐后良好的天然更新,应有足够的种源,有适于种子发芽与幼苗生长的林地条件和气候条件,这 3 个条件中任一条件得不到满足,更新将遭失败,故称其为天然更新的三要素。通常采取以下保证措施。

(1) 保留母树:保留适当数量的母树(保留母树的数量可根据经验公式或经验来确定),是解决伐区上种子来源的方法之一。我国《森林采伐更新管理办法》中规定,皆伐迹地依靠天然更新的,每公顷应当保留适当数量的单株母树或者母树群。当母树完成下种任务后,应及时伐除,越早越好。

(2) 采伐迹地清理和整地:种子供应有了保证,林地是否有发芽生长条件,对更新影响极大。一般森林采伐、集材后,堆积的大量采伐剩余物,加上灌丛、杂草都是更新的障碍,所以及时清理显得非常重要。清理的方法详见第三章第五节造林地整地。人工促进天然更新是借助于天然种源,为种子发芽和幼苗生长创造良好条件,所以要在更新前进行整地。促进更新的整地办法,通常有人力或机械整地,还有火烧整地。人力或机械整地可在采伐迹地上或林冠下进行,而火烧整地仅在采伐迹地上进行。

(3) 保留前更幼树:成熟林的林冠下,常有较多的幼树。采伐之后保留下来的前更幼树,由于得到充足光照而生长良好,因此保存幼树是一项重要的更新措施。尤其对日灼、霜害、风害抵抗力弱的树种,其皆伐以后依靠天然更新较困难,这项措施更显得重要。对于抵抗力强的阳性树种,保留前更幼树有利于提前郁闭成林,不仅可保证天然更新获得成功,而且可以大大缩短森林培育期。

(二) 皆伐迹地人工更新

随着森林经营强度的提高,皆伐迹地的人工更新已得到广泛应用。南方杉木林的经营即是如此。人工更新通常采用的方法有植苗更新和直播更新,以前者应用较为广泛。迹地人工更新在遵循人工林营造的一般原理基础上,也有一些自身的特点。首先,应充分利用新迹地杂草、灌丛较少和土壤疏松的特点,及时采用人工更新,最好当年采伐当年更新,至迟应在第 2 年更新;其次,采伐迹地上发生有大量的天然幼苗、幼树,所以在人工更新时可适当减少栽植株数,充分利用天然更新的有利条件,以形成多树种组成的混交林。如东北地区常在采伐迹地上采用"栽针保阔"的方法形成接近自然林分结构的混交林。

三、皆伐的特点与选用条件

(一) 皆伐的特点

1. 优点

皆伐作业无论在时间和空间上都更加集中,并且便于利用机械进行采伐和集材,节省人力,降低生产成本;这种方式简便易行,伐区的区划和调查不存在如渐伐和择伐中仔细选择砍伐木和确定采伐强度的问题,年采伐量可由采伐面积来调节;皆伐可使幼林得到充分光照,只要抚育及时,便能加速新林的成长;便于人工更新,最适于需要更换树种的林分。

2. 缺点

皆伐后迹地小气候、土壤、植被条件发生变化,通常对更新不利;皆伐不利于保持水土,会降低森林涵养水源的作用;皆伐迹地更新成林后龄级单调,从风景美化角度来看,比其他方式显得逊色;如不采取各种保证更新的措施,皆伐迹地的天然更新很难获得成功;一次将林木伐尽,会严重干扰森林群落的生态平衡,不利于生物多样性的保护。

(二)选用条件

皆伐人工更新可以应用于各类森林,皆伐天然更新应用的条件受较多的限制,而且需要创造良好的条件,才能获得满意的结果。皆伐最适于全部是成熟木、过熟木的林分,或者需要进行林分改造更换树种的林分;皆伐不应选在沼泽、水湿地,或水位较高排水不良土壤上的森林;在山地条件下,凡陡坡和容易引起冲刷或土壤崩滑危险地区的森林,严禁皆伐;森林火灾危险性大的地域,如沿铁路和公路干线两侧,也不宜选用皆伐;风景名胜区的森林,要避免皆伐。

## 第三节 渐伐与更新

渐伐是将指定采伐地段上的成熟林木,于1~2个龄级内分2次或多次采伐完。在采伐的过程中,逐渐为林下更新创造有利条件,成熟木全部采伐完之后,林地也开始全部更新,逐渐形成相对同龄林。

### 一、渐伐的更新过程及其特点

渐伐的林相如图5-2所示,典型的渐伐可以分为4个步骤。

1. 预备伐

预备伐是在成熟林分中为更新准备条件而进行的采伐。通常在郁闭度大、树冠发育较差、林木密集而抗风力弱、活或死地被物层很厚、妨碍种子发芽和幼苗生长的林分中进行。其目的是:将林冠疏开,改善光照条件,促进林木结实,提高抗风能力,促进死地被物的分解。在预备伐时,要注意淘汰遗传特性不良的个体和非目的树种。一般应伐去林木蓄积量的25%~30%。林分郁闭度在0.5~0.6之间时不宜进行预备伐。

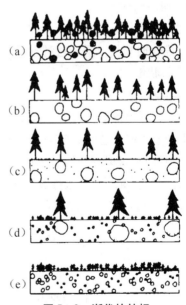

**图5-2 渐伐的林相**

(a)需要采伐更新的林分(采伐前);
(b)预备伐后的林分;(c)下种伐后的林分;
(d)受光伐后的林分;(e)后伐后的林分

### 2. 下种伐

下种伐是在预备伐若干年后，为了疏开林木、促进结实和创造幼苗生长的条件而进行的采伐。下种伐最好结合种子年进行，使种子尽量均匀落在渐伐的林地上，并在林冠下进行整地或松土，为种子和幼苗、幼树的生长创造条件。一般下种伐的强度为 10%~25%，郁闭度保持在 0.4~0.6。

### 3. 受光伐

受光伐是下种伐后，林地上的幼树逐渐长大，对光照要求加强，为解决光照而进行的采伐。但此时幼树仍需一定的森林环境保护，因此林地上还需保留少量的苗木，采伐强度一般为 10%~25%，伐后的郁闭度应保持在 0.2~0.4。

### 4. 后伐

后伐是受光伐后，幼树得到充足的光照，生长速度加快，已达到郁闭或接近郁闭状态时进行的采伐。后伐时，将采伐区内所有的成熟老龄木全部伐完，至此更新完成，渐伐结束。

根据林况和树种，渐伐的次数有时可简化为 2~3 次。

## 二、渐伐的种类

渐伐由于所实施的自然条件（气候、地形、林况等）不同，更新的特点也不一样，因此要求渐伐方式做相应的改变，从而产生了多种类别。渐伐以伐区排列方式不同，一般分为均匀渐伐、带状渐伐和群状渐伐。

### 1. 均匀渐伐

均匀渐伐是不设伐区的渐伐。一般在用材迫切、自然条件较好的森林中采用，又称大面积渐伐或普通渐伐。进行这种渐伐时，在整个林地上按照设计的技术要素实施即可。

### 2. 带状渐伐

带状渐伐的伐区是按一定的方向分带进行排列的（图 5-3）。带状渐伐先从第 1 采伐带的一端开始进行预备伐，当第 1 个采伐带上进行下种伐时，在第 2 个采伐带上同时进行预备伐；当第 1 个采伐带上进行受光伐时，第 2 个采伐带上进行下种伐，同时在第 3 个采伐带上进行预备伐；当第 1 个采伐带进行后伐时，第 2 个采伐带上进行受光伐，第 3 个采伐带上进行下种伐，同时又在第 4 个采伐带上进行预备伐。如此，向前推进，直至成熟林分伐完。伐区的宽度为树高的 1~3 倍，可根据风害危险程度、坡向、坡度以及幼苗幼树需要侧方庇护的情况来确定。

| 采伐带 1 | 采伐带 2 | 采伐带 3 | 采伐带 4 |
|---|---|---|---|
| 1990A | 1993A | 1996A | 1999A |
| 1993B | 1996B | 1999B | 2002B |
| 1996C | 1999C | 2002C | 2005C |
| 1999D | 2002D | 2005D | 2008D |

A—预备伐；B—下种伐；C—受光伐；D—后伐。

图 5-3 带状渐伐的伐区排列及采伐顺序示意图

3. 群状渐伐

在山地地形破碎、林分分布呈群状、天然林窗已经形成更新的基点的情况下，可把伐区灵活地变为环状带，从一点向外扩展，形成群状渐伐。群状渐伐一般更新期长，会形成异龄林。群状渐伐后，可形成群状、宝塔式幼林，林相美观，在风景林、卫生保健林中应用尤为适宜。

## 三、渐伐的特点与选用条件

### （一）渐伐的特点

1. 优点

渐伐因有丰富的种源和上层林冠对幼苗的保护，所以比皆伐或留母树皆伐的更新更有保证，且幼苗分布均匀；渐伐形成的新林，应在采伐老林之前，这样不仅可缩短轮伐期，而且在山地条件下，森林的水源涵养作用和水土保持作用不会由于采伐而受很大影响；同时，渐伐与择伐一样，能美化环境。渐伐不仅具有皆伐作业比较集中的优点，而且具有择伐可以更加有效地促进优良林木生长、提高木材利用价值的优点。渐伐虽比皆伐需要更高的经营技术和采伐工艺，但对经营管理者来说，与择伐相比，渐伐具有有条不紊的优点。由于渐伐主要用于单层林与同龄林，与择伐相比，施工较简单；每次采伐后，剩余物较少，且其在遮阴条件下容易分解，可降低火灾发生的危险。

2. 缺点

渐伐在采伐和集材时对保留木和幼树的损伤较大，同时也不利于林木采伐和林地清理，采伐、集材费用也均高于皆伐。另外，第一次采伐的都是有缺陷的林木，经济上收益不大。渐伐是分 2～4 次将成熟木砍完，每次采伐木与保留木的确定以及采伐量的计算，都要求有较高的技术水平，对树种的生物学与生态学特性、林分状况与幼苗、幼树生长状况都要有一定的了解。林分稀疏强度较大时（如简易渐伐），保留木由于骤然暴露，容易发生风倒、风折和枯梢等现象，尤以一些耐阴树种较为严重。

### （二）选用条件

（1）山区条件下，坡度陡、容易发生水土流失的地方或具有其他特殊价值的森林，以及在容易获得天然更新但土层浅薄的林分，宜采用渐伐。

（2）渐伐的采伐次数和采伐强度具有很大的灵活性，除强阳性树种外，可以适用于任一树种。皆伐天然更新有困难的树种，应采用渐伐更新，成功的可能性要更大一些，尤其幼年需要遮阴的树种，选用渐伐更新，是一种较好的办法。

（3）前更幼树在许多森林更新中起着重要作用，因此可根据林下更新的数量相应采取不同采伐强度，以促进林木更新或加快幼苗生长。如果林下已有足够的更新幼苗、幼树，可以采用更大的采伐强度或全部把老林伐光。这种方法更新成功的条件取决于前更幼树的数量和采伐、集材中对幼树保护的程度。

（4）渐伐适用于同龄林，但也可以在异龄林中采用。

## 第四节　择伐与更新

每隔一定的时期重复地、单株或群状地采伐达到一定径级或具有一定特征的成熟木的主伐方式，称为择伐。这种方法最适合于异龄林，每次伐除一部分成熟木，林地上仍然保持着异龄林分状态。择伐林的林相如图 5-4 所示。

图 5-4　择伐林的林相

### 一、择伐的更新过程及其特点

择伐时成熟木是以单株分散采伐或者呈小群团状采伐方式来进行。不论用哪种办法，采伐均可一直重复进行，始终保持所采伐的林分为异龄林。采伐的过程则与森林的更新紧密结合，每次采伐都可给森林更新创造良好的空间条件，使之有利于幼苗的发生和生长。择伐应尽可能保持更新林分构成一个平衡异龄林分，即每一龄级所占的胸高断面积基本相等。择伐通常是与天然更新相配合进行的，但在天然更新不能保证的情况下，并不排除采用人工植苗或播种的方法。

因为择伐应尽可能保持更新林分构成一个平衡异龄林分，所以择伐法要以主伐为主，并辅以抚育采伐。因此，择伐林可按林木高度分成上、中、下 3 层：组成上层的为高大的、发育良好的单株或成群分布的林木；组成中林层的为高度中等、发育中等成群分布的林木；组成下林层的为矮小的幼林，如图 5-4 所示。选择采伐木时应遵循以下原则：

（1）在上层林内，首先伐去受害的、弯曲的、罹病的、冠形不良的、阻碍幼树生长的成熟木或"霸王树"，疏伐上层能促进保留木的结实和生长。

（2）在中层林内，采伐衰亡的、干枯的、树干价值不大和冠形不良的林木。中层林的林木，是将来的培育木，不可过度疏伐这一林层。

（3）在下层林内，采伐将来不能成为用材的受害木和弯曲木以及非目的树种。下层林的林木，尽可能要密些，以便中层林的良好整枝。

择伐中采伐木的确定很重要，因为它影响到保留林木的生长和质量。如果把病腐木、站杆、虫害木以及次要树种全留下，而将主要树种的大径优良木砍掉，这样第一次采伐时成本固然会降低，但是林分的质量却会越来越恶化；如果择伐主要树种，全留些次要树种，将来的更新会被次要树种所更替，林分质量会下降。合理的择伐应是采、育相结合的择伐。实行择伐作业时，一般要求做到：采坏留好、密间稀留、保护幼树、控制强度。林区也有这样的歌谣：保护幼壮树，伐除病枯木，间密留稀要适度；砍倒"霸王树"，解放被压木，采伐育林双兼顾。

由此可见，合理的择伐应完成3大任务：①采伐利用已经成熟的和无培育前途的林木；②为森林更新创造良好条件；③对未成熟林木进行抚育。

## 二、择伐的种类

择伐就其经营的集约程度，可分为集约择伐与粗放择伐。

### （一）集约择伐

集约择伐无论是单株还是群状择伐，都应始终维护各种大小林木的均匀分布。择伐后的森林结构仍接近于原始林相，其重要区别在于：天然林内通常存在着衰老木、枯死木及风倒木，而人工经营的林分则很规整。严格地说，采伐强度应使采伐量和净木材生产量保持平衡。间隔期则取决于采伐量和生产量。采伐木的选择应本着"去大留小，去劣留优"的原则，并要维持各种大小林木的均匀分布。

单株择伐，是在林地上伐去单株散生的、已达轮伐期和劣质的林木。采伐后，林地上所形成的每块空隙面积较小，因此，只有较耐阴的树种才能得到更新。

群状择伐具有较大的灵活性，可以克服单株择伐的缺点。成熟木的采伐如呈块状，每块可包括2株或更多的林木，块的最大直径可达树高的2倍。块状地大小可根据林木对光照的要求来确定，阳性树种可大些，阴性树种可小些。在实行群状择伐的林分中，每一个块状地是由同龄的林木所组成，但由全林分看，仍是异龄的，并且最好能使各龄级所占的面积相近。这种择伐一般采用天然更新，但更新不良时，也要用人工更新加以辅助。

集约择伐要求很高的经营技术和集约经营，因此很多地方对一般用材林中采用这种办法有异议，而且采伐木分散在全伐区，成本又高。因此这种采伐方式更适用于具有防护意义的森林（如高山陡坡可维护土壤不被冲刷），以及经营强度较高的林区。

### （二）粗放择伐

粗放择伐是与集约择伐相对而言的，着重于当前木材的利用，从而忽视今后森林的产量和质量。目前，世界很多国家的边远林区，由于交通条件的限制，所采用的径级择伐，即为一种粗放择伐。

径级择伐，确定采伐木的标准是径级，即根据对木材的要求，决定最低的采伐径级。凡达最低采伐径级以上的林木才采伐。有时为了追求降低成本，甚至只采伐合乎径级要求的健康优良木，而对已达规定径级的病腐木、站杆、弯曲木等弃之不顾。

径级择伐的强度常在30%~60%，甚至更高，采伐后的林分疏密度时常降低到0.5以下，甚至到0.2，间隔期很长，且在多数情况下，没有固定的间隔期。因此，择伐后林分的目的树种被砍掉，次要树种占优势，易发生枯梢风倒，从而造成对森林的破坏。

### 三、择伐的特点与选用条件

**（一）择伐的特点**

1. 优点

（1）择伐可以保证林地上永远有林木的庇护，创造一个稳定的环境条件；林内的动、植物种群也相对保持不变，一般不会发生突然灾难性的变化。因此，它起着环境保护的重要作用，如防止土壤侵蚀、滑坡和涵养水源等。

（2）择伐形成的异龄林，比皆伐、渐伐形成的同龄林具有更大抵抗或减轻自然灾害的能力。

（3）择伐林内存在着永久的母树种源，幼苗又可得到林冠的保护，不易遭到日灼、霜冻、风、旱的危害。因此，即使在不良的气候条件下，也能逐渐更新起来，特别是耐阴树种的更新可靠性更大些，这样就可大大降低更新费用。

（4）择伐林多层郁闭、大小林木参差不齐，间有少量单株择伐或群状择伐的空地，更加具有美化风景的作用。这是皆伐和渐伐无法比拟的。

（5）择伐林往往是多层林，可充分利用光能，增大林分的生物量。

2. 缺点

（1）择伐与其他方式相比，由于间隔期短、强度小、采伐分散，除采伐老龄木外，还兼顾抚育中、小径木，因此采伐、集材都比较困难，木材成本较高。

（2）择伐林由于各龄级林木相间，采伐、集材时很难避免不损伤未成熟的林木和幼苗、幼树。

（3）择伐要求较高的技术条件。按照树种、立地条件及林分状况来决定采伐强度及间隔期，以期转变成平衡异龄林的状态，是比较复杂的事情。选择砍伐木也需要很慎重地进行。

（4）森林调查和生长量及产量的估算比较困难，而且费时。

（5）不利于阳性树种的更新成长。

**（二）选用条件**

（1）由于择伐林具有较高的防护和美化作用，所以陡坡、岩石裸露、高山角、河流两岸、道路（铁路或公路）两侧，以及难以更新或风景价值高的地区的森林，择伐是一种最好的方式。

（2）耐阴性树种所构成的异龄林，适于采用单株择伐；阳性树种构成的阔叶混交林，适于采用群状择伐；而强阳性树种组成的林分，则不宜采用择伐。

（3）雪害和风倒严重的地区，采用采伐强度小、间隔期短的单株择伐，可以减轻这些自然灾害的发生。

（4）采伐后容易引起林地沼泽化或草原化的林分，采用择伐则可防止林地环境恶化。

（5）在混有珍贵树种的林分中，为了保证珍贵树种的繁衍和发展，应采用择伐。采伐时应将珍贵树种留作母树，以繁殖后代。

（6）经营水平比较高，道路网已经全面铺开的林区，可采用集约择伐。

**复习思考题**

1. 森林主伐的概念是什么？森林主伐有哪几种主要方式？
2. 森林更新的概念是什么？我国对森林更新有哪些要求，标准是什么？
3. 简述皆伐、渐伐、择伐的概念及其特点。
4. 简述皆伐、渐伐、择伐的应用条件。
5. 简述典型渐伐的四个步骤。
6. 简述择伐的选木原则。

# 教 学 实 验

## 林木种子品质检验

林木种子品质的好坏，直接影响育苗和造林的成败。为了达到速生、丰产的目的，除了必须选择遗传品质优良的种子外，还应对种子的播种品质进行严格检验。只有了解种子的播种品质，才能合理地使用种子，同时合理安排种子的调运、贮藏、催芽等工作。

林木种子品质检验的内容包括：林木种实识别、抽样、种子净度测定、种子千粒重测定、种子发芽测定、种子生活力测定、种子优良度测定、种子含水量测定。

要求学生在实验之前，仔细阅读林木种子品质检验的内容。通过实验，进一步理解各项检验指标的意义，并掌握其检验方法。

### 实验一　林木种实识别

**一、目的**

观察各树种种实的外形特征和内部解剖特征以识别种实。

**二、材料、仪器和用具**

材料：15~20个树种的种子标本，如红松、油松、落叶松、樟子松、杉木、侧柏、白皮松、栓皮栎、刺槐、白榆、水曲柳、紫穗槐、各类杨树、银杏等。

仪器和用具：玻璃板、直尺、玻璃皿、解剖刀、镊子、解剖针、手持放大镜。

**三、内容和方法**

1. 外部形态观察

观察种实的大小、性状及种实附属物（是否具有绒毛、种翅、刺等）、果皮和种皮的质地（木质、革质、纸质、膜质）等。观察结果计入附表1。

2. 内部解剖观察

用解剖刀将种实进行纵、横解剖，在放大镜下观察胚乳和胚。首先观察种实是否有胚乳、颜色等，其次观察胚的组成（胚根、胚轴、胚芽、子叶）、胚的位置（中部、侧方、全部）、胚在胚腔里占的比例。观察结果计入附表2。

### 实验二　抽样

**一、目的**

学习抽取样品的方法，使抽取的样品对于种批具有最大的代表性。

## 二、材料和仪器

材料：一批种子

仪器：玻璃板、刷子、取样匙、分样板、天平（1/100）、分样器、小簸箕。

## 三、内容和方法

抽取样品的程序和方法，以及分样方法见第一章第五节中相关内容。

# 实验三　种子净度测定

## 一、目的

测定送检样品中净种子、废种子和夹杂物的数量，并由此计算净度。

## 二、材料、仪器和用具

材料：送检样品。

仪器和用具：玻璃板、取样匙、分样板、刷子、镊子、手持放大镜、玻璃器皿、天平（1/1 000）。

## 三、内容和方法

1. 抽取样品

将送检样品用四分法或分样器进行分样，直至达到实验表1规定的树种净度测定样品质量，测定样品可以是一个全样品，或者至少是这个样品质量一半的两个各自独立分取的半样品。净度测定样品质量，一般按种粒大小、千粒重和纯净程度等情况而定。除大粒的为300～500粒外，其他种子通常要求在净度测定后，能有纯净种子2 500～3 000粒。净度测定样品称重的精确度要求见实验表2。

2. 观察分类

净度的分析常以手工操作为主，常用仪器为手持放大镜、筛子和吹风机等。

实验表1　各树种种子净度测定样品的最低质量

| 树种 | 净度测定样品质量/g |
| --- | --- |
| 栎属树种、文冠果、锥栗、银杏 | 500 粒以上 |
| 核桃、板栗 | 300 粒以上 |
| 红松 | 1 000 |
| 槐 | 300 |
| 水曲柳、沙枣 | 200 |
| 油松、刺槐、柠条锦鸡儿、花棒、白蜡树 | 100 |
| 臭椿 | 80 |
| 侧柏、火炬松 | 75 |

续表

| 树种 | 净度测定样品质量/g |
|---|---|
| 紫穗槐、黑松、黄檗 | 50 |
| 白榆、沙棘 | 35 |
| 樟子松、胡枝子、红皮云杉 | 25 |
| 落叶松、梭梭 | 15 |
| 枸杞 | 5 |

**实验表 2　净度测定样品称重的精确度要求**

| 净度测定样品质量/g | 称量精确至小数的位数 |
|---|---|
| 1.000 0 以下 | 4 |
| 1～9.999 | 3 |
| 10.0～99.99 | 2 |
| 100.0～999.9 | 1 |
| 1 000 或 1 000 以上 | 0 |

测定净度时，关键是要准确地判断出纯净种子、废种子及夹杂物 3 种成分。具体方法是：将净度测定样品倒在玻璃板上或桌面上，仔细观察并区分出纯净种子、废种子及夹杂物 3 种成分，然后分别称重，将结果计入附表 3。如果送检样品中混有较大或较多的夹杂物时，要在分取测定样品前，进行清理并称重。

分类的标准如下：

（1）净种子：完整的、没有受伤害的、发育正常的种子；发育虽不完全（如瘦小的、皱缩的）但无法断定其为空粒的种子；虽已裂开或发芽但仍具有发芽能力的种子。

带翅种子中，凡种子调制时种翅容易脱落，其纯净种子是指除去种翅的种子；调制时种翅不容易脱落的则不必除去，纯净种子是指带翅的种子，但已脱离种子的种翅碎片应归为夹杂物。壳斗科的种子，应把壳斗与种子分开，把壳斗归为夹杂物。

（2）废种子：能明显识别空粒、腐坏粒、已发芽的显著丧失发芽能力的种子；严重损伤的种子和无种皮的裸粒种子。

（3）夹杂物：不属于净种子的其他树种的种子；子叶、鳞片、苞片、果皮、种翅、种子碎片、土块和其他杂质；昆虫的卵块、成虫、幼虫和蛹。

原测定样品质量与纯净种子、废种子及夹杂物 3 种成分的总质量之差不超过实验表 3 规定时，即可计算净度，否则重做。

**实验表3　测定净度的最大容许误差**

| 测定样品质量/g | 最大容许误差/g |
|---|---|
| 5 以下 | 0.02 |
| 5～10 | 0.05 |
| 11～50 | 0.10 |
| 51～100 | 0.20 |
| 101～150 | 0.50 |
| 151～200 | 1.00 |
| 201 以上 | 1.50 |

3. 净度计算

净度一般按下列公式计算：

$$净度 = \frac{纯净种子质量}{纯净种子质量 + 废种子质量 + 夹杂物质量} \times 100\%$$

对先进行清理的送检样品，其净度按下列公式计算：

$$净度 = 送检样品净度 \times 测定样品净度$$

$$送检样品净度 = \frac{除去杂质后的样品质量}{送检样品质量} \times 100\%$$

其他植物种子的质量百分数和夹杂物的质量百分数的计算方法与纯净种子质量百分数（净度）的计算方法相同，测定样品各成分质量百分数总和必须为100%。测定结果应计算到小数点后1位小数。

4. 复检或仲裁

进行复检或仲裁检验时，为了判断两次测定是否在容许误差内，可计算两次测定的平均数。如果两次测定的百分数的平均数不超过实验表4规定，则两次测定结果是符合的。

**实验表4　同实验室同送检样品净度分析容许误差（5%显著性水平的两尾测定）**

| 两次分析结果平均数 | | 不同测定之间的容许误差 | | | |
|---|---|---|---|---|---|
| | | 半样品 | | 全样品 | |
| 50%～100% | <50% | 非黏滞性种子 | 黏滞性种子 | 非黏滞性种子 | 黏滞性种子 |
| 99.95%～100.00% | 0.00%～0.04% | 0.20% | 0.23% | 0.1% | 0.2% |
| 99.90%～99.94% | 0.05%～0.09% | 0.33% | 0.34% | 0.2% | 0.2% |
| 99.85%～99.89% | 0.10%～0.14% | 0.40% | 0.42% | 0.3% | 0.3% |
| 99.80%～99.84% | 0.15%～0.19% | 0.47% | 0.49% | 0.3% | 0.4% |
| 99.75%～99.79% | 0.20%～0.24% | 0.51% | 0.55% | 0.4% | 0.4% |

续表

| 两次分析结果平均数 | | 不同测定之间的容许误差 | | | |
|---|---|---|---|---|---|
| | | 半样品 | | 全样品 | |
| 50%～100% | <50% | 非黏滞性种子 | 黏滞性种子 | 非黏滞性种子 | 黏滞性种子 |
| 99.70%～99.74% | 0.25%～0.29% | 0.55% | 0.59% | 0.4% | 0.4% |
| 99.65%～99.69% | 0.30%～0.34% | 0.61% | 0.65% | 0.4% | 0.5% |
| 99.60%～99.64% | 0.35%～0.39% | 0.65% | 0.69% | 0.5% | 0.5% |
| 99.55%～99.59% | 0.40%～0.44% | 0.68% | 0.74% | 0.5% | 0.5% |
| 99.50%～99.54% | 0.45%～0.49% | 0.72% | 0.76% | 0.5% | 0.5% |
| 99.40%～99.49% | 0.50%～0.59% | 0.76% | 0.82% | 0.5% | 0.6% |
| 99.30%～99.39% | 0.60%～0.69% | 0.83% | 0.89% | 0.6% | 0.6% |
| 99.20%～99.29% | 0.70%～0.79% | 0.89% | 0.95% | 0.6% | 0.7% |
| 99.10%～99.19% | 0.80%～0.89% | 0.95% | 1.00% | 0.7% | 0.7% |
| 99.00%～99.09% | 0.90%～0.99% | 1.00% | 1.06% | 0.7% | 0.8% |
| 98.75%～98.99% | 1.00%～1.24% | 1.07% | 1.15% | 0.8% | 0.8% |
| 98.50%～98.74% | 1.25%～1.49% | 1.19% | 1.26% | 0.8% | 0.9% |
| 98.25%～98.49% | 1.50%～1.74% | 1.29% | 1.37% | 0.9% | 1% |
| 98.00%～98.24% | 1.75%～1.99% | 1.37% | 1.47% | 1% | 1% |
| 97.75%～97.99% | 2.00%～2.24% | 1.44% | 1.54% | 1% | 1.1% |
| 97.50%～97.74% | 2.25%～2.49% | 1.53% | 1.63% | 1.1% | 1.2% |
| 97.25%～97.49% | 2.50%～2.74% | 1.60% | 1.70% | 1.1% | 1.2% |
| 97.00%～97.24% | 2.75%～2.99% | 1.67% | 1.78% | 1.2% | 1.3% |
| 96.50%～96.99% | 3.00%～3.49% | 1.77% | 1.88% | 1.3% | 1.3% |
| 96.00%～96.49% | 3.50%～3.99% | 1.88% | 1.99% | 1.3% | 1.4% |
| 95.50%～95.99% | 4.00%～4.49% | 1.99% | 2.12% | 1.4% | 1.5% |
| 95.00%～95.49% | 4.50%～4.99% | 2.09% | 2.22% | 1.5% | 1.6% |
| 94.00%～94.99% | 5.00%～5.99% | 2.25% | 2.38% | 1.6% | 1.7% |
| 93.00%～93.99% | 6.00%～6.99% | 2.43% | 2.56% | 1.7% | 1.8% |
| 92.00%～92.99% | 7.00%～7.99% | 2.59% | 2.73% | 1.8% | 1.9% |
| 91.00%～91.99% | 8.00%～8.99% | 2.74% | 2.9% | 1.9% | 2.1% |
| 90.00%～90.99% | 9.00%～9.99% | 2.88% | 3.04% | 2% | 2.2% |

续表

| 不同测定之间的容许误差 | | | | | |
|---|---|---|---|---|---|
| 两次分析结果平均数 | | 半样品 | | 全样品 | |
| 50%～100% | <50% | 非黏滞性种子 | 黏滞性种子 | 非黏滞性种子 | 黏滞性种子 |
| 88.00%～89.99% | 10.00%～11.99% | 3.08% | 3.25% | 2.2% | 2.3% |
| 86.00%～87.99% | 12.00%～13.99% | 3.31% | 3.49% | 2.3% | 2 5% |
| 81.0%～85.99% | 14.00%～15.99% | 3.52% | 3.71% | 2.5% | 2.6% |
| 82.00%～83.99% | 16.00%～17.99% | 3.69% | 3.9% | 2.6% | 2.8% |
| 80.00%～81.99% | 18.00%～19.99% | 3.86% | 4.07% | 2.7% | 2.9% |
| 78.00%～79.99% | 20.00%～21.99% | 4.00% | 4.23% | 2.8% | 3% |
| 76.00%～77.99% | 22.00%～23.99% | 4.14% | 4.37% | 2.9% | 3.1% |
| 71.00%～75.99% | 24.00%～25.99% | 4.26% | 4.5% | 3% | 3.2% |
| 72.00%～73.99% | 26.00%～27.99% | 4.37% | 4.61% | 3.1% | 3.3% |
| 70.00%～71.99% | 28.00%～29.99% | 4.47% | 4.71% | 3.2% | 3.3% |
| 65.00%～69.99% | 30.00%～34.99% | 4.61% | 4.86% | 3.3% | 3.4% |
| 60.00%～64.99% | 35.00%～39.99% | 4.77% | 5.02% | 3.4% | 3.6% |
| 50.00%～59.99% | 40.00%～49.99% | 4.89% | 5.16% | 3.5% | 3.7% |

注：黏滞性种子有以下特点：①容易相互黏附或容易黏附在其他物体（如包装袋、分样器上）；②容易被其他植物种子黏附，或容易黏附其他植物种子；③不容易被清洗、混合或扦样。如果全部黏滞性结构（包括黏滞性杂质）占一个样品的1/3或更多，就认为该样品有黏滞性，应使用黏滞性种子栏的容许误差。

## 实验四  种子千粒重测定

### 一、目的
测定送检样品每1 000粒纯净种子的质量，用以说明种子饱满的情况。

### 二、材料、仪器和用具
材料：送检样品。
仪器和用具：玻璃板、分样板、镊子、刷子、天平（1/1 000）。

### 三、内容和方法
1. 百粒法

多数种子的千粒重测定采用百粒法。从净度测定所得的纯净种子中，随机抽取100粒为一组，共取8组，即重复8次测定，分别称重。结果计入附表4。按下列公式计算8组的平均质量、标准差及变异系数。

$$标准差(S) = \sqrt{\frac{n(\sum x^2) - (\sum x)^2}{n(n-1)}}$$

式中：$x$——各次重复质量（g）

$n$——重复次数

$\sum$——总和

$$变异系数 = \frac{S}{\bar{x}}$$

式中：$\bar{x}$——各次重复质量的平均数。

种粒大小悬殊的种子，变异系数不超过0.6，一般种子的变异系数不超过0.4，即可按8次重复的平均数计算，否则要重做。如仍超过，可计算16次重复的平均数。凡与平均数之差超过2倍标准差的各次重复略去不计。最后计算1 000粒种子的平均质量（即$10 \times \bar{x}$）。

2. 千粒法

对种粒大小、轻重极不均匀的种子可采用千粒法测定千粒重。净度分析后，将全部纯净种子用四分法分成4份，从每份中随机取250粒，共1 000粒为1组，再取第2组，即为2次重复。千粒重在50 g以上的可采用500粒为1组，千粒重在500 g以上的可采用250粒为1组，仍为2次重复。分别称重后，计算2组的平均数。当2组种子质量之差大于此平均数的5%时，则应重做。如仍超过，则计算4组的平均数。计算结果记入附表5。

3. 全量法

凡纯净种子粒数少于1 000粒者，将全部种子称重，换算成千粒重。

千粒重的称量精确度要求与净度测定精确度相同，见实验表2。

## 实验五 种子发芽测定

### 一、目的

通过实验掌握测定种子发芽能力的方法，并学会计算发芽率、发芽势及平均发芽时间等指标。

### 二、材料、仪器和用具

材料：送检样品、福尔马林。

仪器和用具：玻璃板、取样匙、分样板、刷子、镊子、解剖刀、温度计、烧杯、发芽皿、滤纸、纱布条、标签、光照发芽箱或培养箱。

### 三、内容和方法

1. 测定样品的抽取

发芽测定所需样品可从净度测定后的纯净种子中抽取。用四分法将种子分成4份，从每份中随机取25粒种子组成100粒，共取4个100粒，即为4次重复；种粒大的可以50粒或25粒为1次重复；特小粒种子用质量发芽测定法，以0.1~0.25 g为1次重复。

2. 消毒灭菌

为了预防霉菌感染影响检验结果，在检验时必须对所使用的各种用具和测定样品进行消毒处理。

(1) 检验用具的消毒：将发芽皿、纱布条、镊子等仔细洗净，并用沸水煮 5~10 分钟。对发芽箱或培养箱内喷洒福尔马林，喷后密封 2 天，然后使用。

(2) 测定样品的消毒：种子不同可采用不同的消毒方法，可采用福尔马林、高锰酸钾等药剂进行消毒。

3. 测定样品的预处理

一般可用始温 45 ℃ 水浸种 24~48 小时，浸种过程中最好再换一两次水。发芽困难的种子可进行预处理（实验表 5）。

4. 置床

在发芽皿上垫上滤纸或纱布即为发芽床。将经过消毒和浸种后的种子分组放置于 4 个发芽床，每个发芽床上整齐放置 100 粒种子（种子较大时可为 50 粒或 25 粒），种粒之间保持一定距离，以免霉菌蔓延和幼根相互接触。种粒的摆放应有一定的序列（实验图 1）。

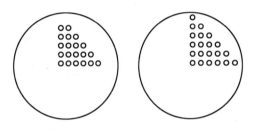

**实验图 1  种粒的排放序列（25 粒种子在发芽床 1/4 范围内排放序列图例）**

种子摆放完毕，在每一个发芽皿上贴上标签，写明送检样品号、树种、重复号、置床日期、姓名，以免混乱，然后将发芽皿放入光照发芽箱或培养箱。

5. 发芽条件

(1) 水：发芽床要保持湿润，但不能使种子四周出现水膜。

(2) 温度：各树种的种子发芽所需温度见实验表 5。仪器的调制温度同预定的温度相差不能超过 ±1 ℃。有些树种要求使用变温，每昼夜保持低温 16 小时，高温 8 小时。温度的变换应在 3 小时内逐渐完成。

(3) 通气：要使种子有通气的条件，但不能使种子周围的空气干燥而影响发芽。

(4) 光照：有些树种的种子发芽需要光照，应按实验表 5 的规定满足光照的时间，光照度为 750~1 250 lkx。

6. 观察记载

发芽测定实验时要定期观察记载，并将结果计入附表 6。为更好地掌握发芽测定的全过程，要每天做一次观察记载。

发芽测定的持续时间见实验表 5。表中所列天数以置床之日为 0 算起，不包括种子预处理的时间。如到规定的结束时间仍有较多的种粒萌发，也可酌情延长测定时间。发芽测定所用的实际天数应在检查报告中说明。

**实验表 5　部分树种种子发芽测定的主要技术规定**

| 树种 | 温度/℃ | 测发芽势的天数/天 | 测发芽率的天数/天 | 备注 |
|---|---|---|---|---|
| 油松 | 20~25 | 8 | 16 | 每天光照 8 小时 |
| 樟子松 | 20~25 | 5 | 8 | 每天光照 8 小时 |
| 沙枣 | 30 | 14 | 30 | 0~5 ℃层积 60 天 |
| 沙棘 | 20~30 | 5 | 14 | 0~5 ℃层积 60 天，每天光照 8 小时 |
| 紫穗槐 | 25 | 7 | 14 | 始温 80 ℃水浸种 24 小时去掉种皮发芽 |
| 柠条锦鸡儿 | 28 | 5 | 12 | |
| 花棒 | 28 | 10 | 20 | 去掉种皮 |
| 胡枝子 | 20~35 | 7 | 15 | 去掉种皮；浓硫酸浸种 30 分钟后用清水反复冲洗 |
| 刺槐 | 20~30 | 5 | 10 | 80 ℃水浸种，自然冷却 24 小时，剩余硬粒再用 80 ℃水浸种并自然冷却 28 小时，每天光照 8 小时 |
| 槐 | 25 | 7 | 29 | 始温 80 ℃水浸种 24 小时 |
| 臭椿 | 30 | 7 | 21 | |
| 枸杞 | 20 | 6 | 14 | 始温 45 ℃水浸种 24 小时，切开种皮继续浸种 2 天 |
| 侧柏 | 25 | 9 | 20 | |
| 白榆 | 20 | 4 | 7 | |
| 杨属树种 | 20~30 | 3 | 6 | |
| 桑 | 30 | 8 | 15 | 每天光照 8 小时 |

发芽期间发现有感染霉菌的种子应及时取出消毒或用清水冲洗数次，直到清洗的水不混浊再将其放回原发芽床，并注意不要使它们触及健康的种粒，发霉严重时整个发芽床都要更换，并在发芽记录表中记述。

按发芽床的编号依次记载，记载项目如下：

（1）正常发芽粒：长出正常胚根，特大粒、大粒和中粒种子的幼根长度为该种粒长度的一半以上，小粒和特小粒种子的幼根长度大于该种粒的长度，如是复粒种子，其中只要长出一个正常幼根即可认为正常发芽。凡符合规定的正常发芽种子，可用镊子取出。

（2）异状发芽粒：胚根短，生长迟滞，并且异常瘦弱，胚根腐坏，胚根出自珠孔以外的部位，胚根呈负向地性，胚根卷曲，子叶生出，双胚联结等。

（3）腐烂粒：内含物腐烂的种粒。

7. 发芽结果计算

在发芽测定结束后进行以下各项指标的统计计算。

1）发芽率

$$发芽率 = \frac{n}{N} \times 100\%$$

式中：$n$——正常发芽粒数

$N$——供测种子数

发芽率按组计算，然后计算4组发芽率的平均值，平均值取整数，如组间差距没有超过实验表6的容许误差，可认为其结果是正确的，即平均值可作为本次测定的结果。

具有下列情况之一时，应进行第2次测定：①各重复之间的最大容许误差超过实验表6所列的允许范围；②预处理的方法不当或测定条件不当，未能得出正确结果；③因发芽粒的鉴别或记载错误而无法核对改正；④霉菌或其他因素严重干扰测定结果。

第2次测定一般在第1次测定以后进行，也可以与第1次测定同时进行，计算两次测定的平均值，并按实验表7检查两次测定是否超过容许误差。如果两次测定间的差距不超过实验表7的容许误差，就以两次测定的平均值作为本批种子的发芽率；如果超过，至少应该再做一次测定。

复验和仲裁检验时，判断两次测定是否相等，也可参照实验表7。

实验表6　平均发芽百分率的最大容许误差

| 平均发芽百分率 | | 最大容许误差 |
| --- | --- | --- |
| 99% | 2% | 5% |
| 98% | 3% | 6% |
| 97% | 4% | 7% |
| 96% | 5% | 8% |
| 95% | 6% | 9% |
| 93%~94% | 7%~8% | 10% |
| 91%~92% | 9%~10% | 11% |
| 87%~88% | 13%~14% | 13% |
| 84%~86% | 15%~17% | 14% |
| 81%~83% | 18%~20% | 15% |
| 78%~80% | 21%~23% | 16% |
| 73%~77% | 24%~28% | 17% |
| 67%~72% | 29%~34% | 18% |
| 56%~66% | 35%~45% | 19% |
| 51%~55% | 46%~50% | 20% |

实验表7　两次测定平均发芽百分率的最大容许误差

| 两次测定的平均发芽百分率 | | 最大容许误差 |
|---|---|---|
| 98%~99% | 2%~3% | 2% |
| 95%~97% | 4%~6% | 3% |
| 91%~94% | 7%~10% | 4% |
| 85%~90% | 11%~16% | 5% |
| 77%~84% | 17%~24% | 6% |
| 60%~76% | 25%~41% | 7% |
| 51%~59% | 42%~50% | 8% |

2）发芽势

发芽势是发芽种子数达到高峰时，正常发芽数占供测种子总数的百分率。各树种种子的发芽势高峰期见实验表5。

发芽势也是分组计算，计算4组平均值，精度要求至小数点后1位，其容许误差为计算发芽率时容许误差的1.5倍。

平均发芽时间是供测种子发芽所需的平均时间（单位为天，或偶用小时表示）。

$$平均发芽时间 = \frac{\sum(D \times n)}{\sum n}$$

式中：$\sum$——总和

$D$——从种子置床起算的天数

$n$——相应各日的正常发芽粒数

平均发芽时间计算到小数点后第2位，以下四舍五入。

8. 对未发芽粒的鉴定

在发芽测定终止日期，对尚未发芽的种粒分组用解剖法进行鉴定，并将其归成新鲜健全粒、涩粒、空粒、硬粒等几类，并计入附表6中。

（1）新鲜健全粒：种粒结构正常但未发芽，或胚根虽已突破种皮，但其长度尚未达到发芽规定。

（2）涩粒：种粒内含物为紫黑色的单宁类物质。

（3）空粒：仅具有种皮的种粒。

（4）硬粒：种皮透性不良的新鲜未发芽粒。

## 实验六　种子生活力测定

一、目的

用化学试剂测定种子生活力，可以在短时间内评定种子质量。

## 二、材料、仪器和用具

材料：送检样品、靛蓝、四唑。

仪器和用具：玻璃板、刷子、镊子、解剖刀、培养皿、小烧杯、手持放大镜。

## 三、内容和方法

种子潜在的发芽能力称为种子生活力。用化学试剂将种子进行染色，即染色法，可以测定种子生活力。特别对有些休眠期长、难于进行发芽测定的树种种子，采用染色法测定其生活力，具有明显的优越性。

测定种子生活力时，从纯净种子中随机取 25 粒或 50 粒，共取 4 组，即为 4 次重复。各种种子的内含物不同，对试剂的反应也不同，可分别选用酸性靛蓝或四唑染色法测定种子生活力。

（一）酸性靛蓝（靛蓝胭脂红）染色法

靛蓝为蓝色粉末，能透过死细胞组织而使其染上颜色，根据胚染色部位和比例可判断种子生活力。将靛蓝用蒸馏水配成浓度为 0.05%～0.1% 的溶液，如发现溶液有沉淀，可适当加量，最好随配随用，不宜存放过久。

1. 浸种

将 4 组样品浸入温水中，浸种时间因树种而异。松属树种的种子在室温条件下应浸泡 2～3 天。

2. 取胚

剥种胚要细心，勿使胚损伤，要挑出空粒、腐坏和有病虫害的种粒，并计入附表 7。剥出的胚先放入盛有清水或垫湿纱布的器皿中。全部剥完后再放入靛蓝溶液中，使溶液淹没种胚，要将上浮者压沉。

3. 染色

染色时间因温度、树种而异，温度在 20～30 ℃时需 2～3 小时；温度低于 20 ℃要适当延长染色时间；温度低于 10 ℃则染色困难，甚至不能染色。

4. 观察记载

到达染色所规定的时间之后倒出溶液，用清水冲洗种胚，立即将种胚放在垫湿纱布的器皿中。根据染色部位和比例大小来判断每一个种胚有无生活力，并计入附表 7 中。以松属树种为例，靛蓝染色法测定种子生活力的主要标志如下。

（1）有生活力者：胚全部未染色；胚根尖端少量染色；胚基部分有斑点状染色，但染色部位未成环状；子叶少许斑点染色。

（2）无生活力者：胚全部被染色；胚根全长 1/3 或超过 1/3 部分染色；胚基部分包括分生组织在内种胚全长的 1/3 部分染色；子叶染色。

5. 结果计算

分别统计各组有生活力种子的百分率，并计算 4 次重复的平均值。平均值计算到整数。按实验表 6 的规定，检查几次重复间的差是否为随机误差。如果各次重复中最大值与最小值的差没有超过允许范围，就用各次重复的平均值作为测定的生活力。

（二）四唑染色法

四唑染色法用到的最主要的化学药剂是 2,3,5 - 三苯基氯化（或溴化）四唑，又称四唑红，为白色粉末。四唑的水溶液无色。被种子吸收的四唑会参与细胞的还原过程。活细胞会被染色，死细胞不会被染色。以染色的位置和比例大小判断种子有无生活力。

配制四唑水溶液时，用中性蒸馏水（pH = 6.5 ~ 7）溶解，浓度为 0.1% ~ 1%，一般为 0.5%。浓度越高，染色时间越短。用磷酸盐缓冲溶解四唑。缓冲液的配制如下：在 1 000 mL 水中溶解 9.078 g 磷酸二氢钾（$KH_2PO_4$）配制成溶液甲；在 1 000 mL 水中溶解 11.876 g 磷酸氢二钠（$Na_2HPO_4$）配制成溶液乙。取溶液甲 400 mL 及溶液乙 600 mL 混在一起，将 5 g 四唑溶解于配制的 1 000 mL 缓冲溶液中，即得到 pH 为 7.0 的 0.5% 四唑溶液。配好的溶液须储存在黑暗处或棕色瓶里，以免光照而变质。这种溶液可在室温下保存几个月，但每次用后溶液作废。

1. 浸种

小粒薄壳的种子应浸泡 2 天，厚壳的中、小粒种子应浸泡 3 ~ 5 天，注意每天换水。

2. 取种

以松属树种为例，剥去外种皮和内种皮，尽量不使胚乳受损伤，剥去种皮的种子先放入盛有清水或垫湿纱布的器皿中，全部剥完后再放入四唑溶液中，使溶液淹没种子，要将上浮者压沉，挑出空粒、腐坏和有病虫害的种粒，并计入附表 7。

3. 染色

染色时放在黑暗处，保持温度 25 ~ 30 ℃ 左右为最适宜。染色时间因树种而异，至少 6 小时。

4. 观察记载

到达染色所规定的时间之后倒出溶液，用清水冲洗种子，立即将种子放在垫湿纱布的器皿中。根据染色部位和比例大小来判断每一粒种子有无生活力。并解剖种子，借助手持放大镜逐粒观察胚的染色情况，并计入附表 7。以松属树种为例，四唑红染色法测定种子生活力的主要标志如下：

（1）有生活力者：胚乳及胚全部染色；胚乳仅小部分（小于整个胚乳的 1/4）未染色；胚全部染色；胚乳全染色，仅胚尖端（小于胚根长度的 1/3）少许未染色或仅胚轴少许未染色；胚乳及胚均少许未染色。

（2）无生活力者：胚乳及胚全部未染色；胚乳染色，胚未染色；胚乳未染色，胚染色；胚乳及胚仅小部分染色；胚乳及胚局部染色，其面积不超过胚乳、胚的 1/3。

5. 结果计算

同靛蓝染色法。

## 实验七　种子优良度测定

### 一、目的

应用解剖法、挤压法及软 X 射线摄影法快速测定种子优良度。

## 二、材料、仪器和用具

材料：送检样品。

仪器和用具：玻璃板、刷子、取样匙、镊子、解剖刀、小烧杯、酒精灯、手持放大镜、载玻片、X光机。

## 三、内容和方法

优良度测定是根据种子的外观和内部状况鉴定其品质，具有简易快速的特点，适用于大多数树种。

从纯净种子中随机取100粒，种粒大的取50粒或25粒，共取4组重复进行测定。

优良度测定结束后，分别统计各次重复中优良种子的百分率，并计算4次重复的平均数。平均数计算到整数。按实验表7的规定，检查几次重复间的差异是否为随机误差。如果各次重复中最大值与最小值的差没有超过表中的允许范围，则此平均值可作为该批种子的优良度。计算结果计入附表8。

1. 解剖法

根据种子的坚硬程度、含水量、解剖难易程度等决定是否需要浸种处理。如不浸种就能解剖鉴定的，尽量不浸种。种子可分为优良和低劣两类，判断的一般原则：凡内含物充实饱满、色泽新鲜、无病虫害或受害极轻的种子都属于优良种子。凡是病虫害较重或受害程度虽然不重但在要害部位的，空粒、无胚的以及发育不全的种子都属于低劣种子。优良种子和低劣种子的外部和内部特征见实验表8。

**实验表8 优良种子和低劣种子的外部和内部特征**

| 树种 | 优良种子 | 低劣种子 |
| --- | --- | --- |
| 银杏 | 胚乳饱满，表面浅黄色，切开后胚乳呈黄绿色，胚呈浅黄绿色 | 胚乳干瘪，切开后呈石灰状色，胚干缩，呈深黄色，或僵硬发霉 |
| 榧树 | 胚乳饱满，呈淡黄色，有香味 | 胚呈乳黄色、干缩、无香味 |
| 罗汉松、竹柏 | 胚呈乳白色，胚呈黄绿色或浅绿色 | 胚乳柔软呈白色，胚萎蔫干缩呈褐色或淡黄色 |
| 杉木 | 种粒饱满，胚乳呈暗白色有油光或胚根稍带粉红 | 空粒、半仁，胚和胚乳干缩无油光，硬化变深褐色，涩粒 |
| 红松、油松、赤松、樟子松、马尾松、落叶松、沙松 | 种粒饱满，胚、胚乳呈白色，有松脂香味 | 空粒或有胚乳无胚，胚乳呈淡黄色透明，皱缩或腐烂，发霉有哈喇味 |
| 圆柏 | 胚饱满，较软，胚乳呈白色 | 空粒、胚萎缩、干瘪、较硬，呈黄褐色，或过嫩未成熟 |
| 棕榈 | 种粒饱满，胚乳呈清白色，胚呈黄白色 | 种粒干瘦，胚乳及胚呈深黄色 |

续表

| 树种 | 优良种子 | 低劣种子 |
|---|---|---|
| 胡桃楸、核桃 | 内种皮呈淡黄色有光，子叶饱满呈淡黄白色，有油香味 | 内种皮呈褐黄色或蓝黑色，子叶呈深褐色，有哈喇味、苦味、干瘪、皱缩或发霉 |
| 山核桃、美国山核桃 | 子叶饱满，呈乳白色，有油香味 | 子叶呈灰白、淡黄色或白色，干缩、有涩味，有哈喇味 |
| 麻栎 | 种粒饱满，子叶硬而有弹性，摇动时无声，呈浅黄白色或带红色。胚芽、胚根正常，子叶有暗棕色条纹以及淡蓝色或没有菌丝体的斑点，其所占面积不超过子叶的1/4，未发芽或虽发芽但短而未干能继续生长，无虫害 | 子叶较软干缩，无弹性，摇动时有声，条纹和斑点靠近胚轴，且大小超过子叶的1/4。已发芽，芽长而干缩，不能继续生长，受热产生酒味，或子叶变褐色，有虫害 |
| 板栗 | 种壳有光泽，子叶较硬，有弹性，呈浅黄色有光泽，有清香味，子叶上虽有暗棕色条纹，但面积不超过子叶的1/4 | 种壳无光泽，色较暗，子叶软，无弹性，皱缩，味甜或发霉，子叶有暗色条纹，且面积超过子叶的1/4，有时呈僵死石灰质状 |
| 杜仲 | 种粒饱满，呈棕褐色，胚乳完整有弹性，胚呈白色 | 种粒干瘦，黑褐色，胚乳萎缩，柔软或半仁，胚灰白色或浅黄色 |
| 刺槐、紫穗槐、胡枝子 | 种粒饱满，呈褐色有光泽，子叶及胚根均为淡黄色，发育正常 | 种粒为瘪粒、空粒，呈褐色无光泽，子叶内侧有白色菌丝或蜡状透明块斑，有虫孔 |
| 凤凰木 | 胚呈淡黄色，坚硬饱满，胚乳呈灰白色 | 胚呈黄褐色，胚乳呈黑褐色 |
| 槐 | 种粒饱满，子叶呈浅绿色，胚根呈黄色 | 种粒干瘪，子叶及胚根呈黄色或浅褐色，硬实种子呈深褐色 |
| 皂角 | 胚根、子叶呈浅黄色，种粒饱满，子叶多展开，种壳呈黄褐色 | 胚根、子叶呈深黄色，子叶多闭合，子叶胚根有蜡状或透明状块斑，种皮呈深褐色者，多为硬实 |
| 铁刀木 | 种子呈褐色有光泽，子叶呈黄绿色，胚根呈白色有弹性 | 种子空粒或子叶呈灰色无弹性，并有褐黄色斑点或条纹 |
| 苦楝、川楝 | 种粒饱满，胚根呈淡黄色，子叶呈白色有光泽 | 种粒干缩，子叶及胚根呈褐色或黄色无光泽 |
| 黄连木 | 种粒饱满，略有油香味，稍苦。子叶呈淡黄色或淡黄绿色，胚根呈白色 | 种粒皱缩或空粒 |

续表

| 树种 | 优良种子 | 低劣种子 |
|---|---|---|
| 香椿 | 种粒饱满，胚呈淡黄色，胚乳有弹性 | 种粒瘦，胚呈黄或黄褐色，胚乳干缩 |
| 乌桕 | 胚乳、胚根、子叶均呈白色，新鲜有弹性 | 胚乳、胚根、子叶均为黄色或深黄色，胚及胚乳干缩 |
| 油桐 | 胚乳光滑，呈黄白色，胚呈白色 | 胚和胚乳干缩，胚乳呈土黄色，胚呈黄褐色 |
| 元宝树、茶条槭 | 种粒饱满，种皮呈橙黄色，子叶呈黄色或浅黄绿色，胚根较白 | 种粒干缩或空粒，种皮呈深棕色或黑色，子叶呈灰黄色或灰绿色相镶，有时子叶有虫孔 |
| 椴树 | 种粒饱满，干种解剖胚呈黄色，胚乳呈黄白色；浸种后解剖，胚乳呈白色，胚呈淡黄色，子叶舒展 | 空粒，干种解剖胚乳和胚萎缩脱离。浸种后，胚乳和胚均为黄褐色或胚乳白色变软或蜡黄色发硬，子叶不舒展 |
| 沙棘 | 胚根呈浅黄色，子叶呈乳白色，饱满，切开时发脆，切面平滑 | 子叶、胚根变暗色，种仁切面仍为白色，但切时易碎 |
| 沙枣 | 种粒饱满，肉质。子叶呈白色有光泽，剖面呈浅黄色或近白色 | 空粒或干瘪，肉质。子叶呈黄或浅褐色，剖面深绿色或变软透明 |
| 女贞 | 种粒饱满，胚、胚乳呈白色 | 种粒干瘦，胚乳萎缩，胚呈灰白色有斑痕 |
| 君迁子 | 种粒坚硬较厚，胚乳呈灰白色坚硬，胚呈白色 | 种粒薄，瘪粒，胚带黄色干缩 |
| 水曲柳、花曲柳 | 种粒饱满较硬，胚呈白色，胚乳呈乳白色或淡蓝色，较硬，无虫害 | 种粒薄、瘪、萎缩。胚呈黄色或灰白色，较软透明，胚乳变硬，浸水时胚腐烂，有虫孔 |
| 文冠果 | 种粒较大饱满，呈深褐、黑褐色有光泽，胚呈白色较软 | 种粒呈褐色、黑褐色无光泽，不饱满，胚干缩呈白色或黄色 |
| 枸杞 | 种粒饱满，胚乳和胚均为白色 | 种粒为空粒，干瘪，胚乳呈淡黄褐色 |
| 梓 | 种粒饱满，呈灰色或灰棕色，子叶呈白色 | 种粒干瘪，呈深棕色或棕黑色，子叶呈淡黄白色、黄褐色或子叶腐烂呈糊状 |
| 水冬瓜、桦木 | 种粒饱满，子叶呈白色 | 种粒干瘪，为空粒或半空粒，子叶呈浅黄色或腐烂 |

## 2. 挤压法

可将特小粒种子用水煮 10 分钟，置于两块载玻片间挤压。饱满的种子会挤出种仁，空粒会挤出水，变质的种子挤出的种仁呈黑色。

油脂性的特小粒种子，可放在两张白纸间，用瓶滚压，小粒种子可用指甲或镊子挤压。凡显示油点的为好种子，无油点的为空粒或劣种子。

## 3. 软 X 射线（伦琴射线）摄影法

软 X 射线（伦琴射线）摄影是利用一种波长较长、穿透力较弱的软系 X 射线作为光源进行透视摄影的技术。其优点是：可快速而准确地反映种粒内部胚和胚乳的发育情况；检验过的种粒不受损伤，仍然可以用于播种；用重金属盐溶液浸泡后的种子摄影能检验出虽饱满但已经失去生活力的种子。

当软 X 射线透射光束通过种子时，部分光线会滞留并被吸收掉。当种子内部有缺损或空粒时，所滞留的 X 射线就少，在胶片上就产生阴影；而充实饱满的种子，组织致密均匀，吸收 X 射线多，在胶片上是明亮的。据此可判断种子的好坏，较准确地测定种子的优良度。

软 X 射线摄影图像清晰度与所选电压、电流、曝光时间、距离、底片及显影技术有密切关系，并因种子的厚薄及质地疏密程度而异。一般林木种子用电压 10~30 千伏，电流强度 8~30 毫安，曝光时间 5~30 秒。薄而质地疏松的种子用低电压、小电流、短时间；厚而坚实或致密的种子用较高的电压、电流和较长的曝光时间。

对某种粒软 X 射线摄影图像（实验图 2）可判读如下：

（1）优良种子：白色透明发亮，内部组织均匀，有立体感，胚或内含物清晰。

（2）劣质种子：种子发黑，内含物乌云状，灰白色或胚与胚乳间呈黑色的，胚柄部分发黑或子叶呈灰黑色。

（3）空粒：种子全部发黑。

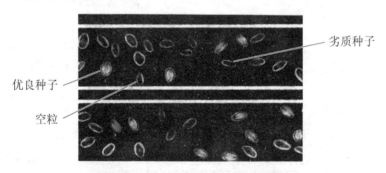

实验图 2　松树种子软 X 射线摄影图像

## 实验八　种子含水量测定

### 一、目的

测定种子含水量的目的是为贮藏和调运种子时控制种子适宜的含水量提供依据。

## 二、材料、仪器和用具

材料：送检样品。

仪器和用具：玻璃板、取样匙、分样板、镊子、刷子、称量瓶、天平（1/10 和 1/1 000）、坩埚钳、干燥器、干燥箱。

## 三、内容和方法

将含水量送检样品在容器内充分混合，并把种子与大夹杂物分开，从中分取测定样品。操作时，测定样品暴露在空气中的时间应尽量减少到最低限度。

种粒小的以及薄皮种子可以原样干燥，种粒大的要从送检样品中随机取 50 g（不少于 8 粒），切开或打碎，充分混合后，取测定样品。测定用两次重复，每一次重复的测定样品质量：大粒种子 20 g，中粒种子 10 g，小粒种子 3 g。称量精确度要求小数点后 3 位。两次重复间的误差不得超过 0.5%，如超过，则需重做。

### 1. 105 ℃恒重法

105 ℃恒重法适用于所有林木种子。随机取出样品 2 份，放在预先烘干的铝盒或称量瓶内，放入干燥箱中，打开盒（瓶）盖搭在盒（瓶）旁，烘至恒重。一般先用 80 ℃烘 2~3 小时，然后用 105 ℃±2 ℃烘干 5~6 小时后，放入有干燥剂的干燥器内，冷却 20~30 分钟后称重。按下列公式计算到小数点后 1 位小数。

$$含水量 = \frac{测定样品烘干前质量 - 测定样品烘干后质量}{测定样品烘干前质量} \times 100\%$$

### 2. 二次烘干法

二次烘干法适用于含水量高的林木种子。一般种子含水量超过 18%，油料种子含水量超过 16%时，则需要采用二次烘干法。

将测定样品放在 70 ℃的烘箱中，预烘 2~5 小时，取出后置于干燥器内冷却，称重。将预烘过的种子磨碎或切碎，称取测定样品，用 105 ℃恒重法测定含水量。最后根据第 1 次预干后测定失去的水分和第 2 次 105 ℃恒重法测定失去的水分计算种子含水量。

$$含水量 = \left(S_1 + S_2 - \frac{S_1 \times S_2}{100}\right) \times 100\%$$

式中：$S_1$——第 1 次预干后测定失去的水分

$S_2$——第 2 次 105 ℃恒重法测定失去的水分

### 3. 其他方法

除可用上述方法测定含水量外，还可采用红外线水分速测仪、各种水分电测仪等方法测定种子含水量。但这些测定需与 105 ℃恒重法相对照。

上述几种方法测定的结果，两次重复间的容许误差不超过 0.5%，即可计算平均含水量。如超过，则需重做。含水量的测定结果计入附表 9。

最后，所有检验结束后，应签发林木种子品质检验证书（附表 10）。

**附表 1　种实形态记录表**

| 编号 | 树种 | 果实类型 | 种实外部形态 | | | | 备注 |
|---|---|---|---|---|---|---|---|
| | | | 大小/cm | 形态 | 色泽 | 其他 | |
| | | | | | | | |
| | | | | | | | |
| | | | | | | | |

　　　　　　　　　　　　　　　　　　　　　　　　　　检验员：
　　　　　　　　　　　　　　　　　　　　　　　　　　年　月　日

**附表 2　种实解剖特征记录表**

| 编号 | 树种 | 果皮 | | 种皮 | | 胚乳 | | 胚 | | 备注 |
|---|---|---|---|---|---|---|---|---|---|---|
| | | 颜色和质地 | 厚度/cm | 颜色和质地 | 厚度/cm | 有无胚乳 | 颜色 | 颜色 | 子叶数目 | |
| | | | | | | | | | | |
| | | | | | | | | | | |
| | | | | | | | | | | |

　　　　　　　　　　　　　　　　　　　　　　　　　　检验员：
　　　　　　　　　　　　　　　　　　　　　　　　　　年　月　日

**附表 3　净度测定记录表**

树种：　　　　　　　　　　　　　　　样品号：

| 测定样品质量/g | | |
|---|---|---|
| 纯净种子/g | | |
| 夹杂物 | 废种子/g | |
| | 虫卵块/g | |
| | 成虫/g | |
| | 幼虫/g | |
| | 其他夹杂物/g | |
| 净度 | | |
| 总量 | | |
| 误差 | | |
| 备注 | | |

　　　　　　　　　　　　　　　　　　　　　　　　　　检验员：
　　　　　　　　　　　　　　　　　　　　　　　　　　年　月　日

附表4　种子千粒重测定记录表（百粒法）

树种：　　　　　　　　　　　样品号：

| 组号 | 1 | 2 | 3 | 4 | 5 | 6 | 7 | 8 | 9 | 10 | 11 | 12 | 13 | 14 | 15 | 16 |
|---|---|---|---|---|---|---|---|---|---|---|---|---|---|---|---|---|
| 样品质量/g | | | | | | | | | | | | | | | | |
| 标准差 $S$ | | | | | | | | | | | | | | | | |
| 平均值 $\bar{x}$/g | | | | | | | | | | | | | | | | |
| 变异系数 | | | | | | | | | | | | | | | | |
| 千粒重 $10\bar{x}$/g | | | | | | | | | | | | | | | | |

检验员：

年　　月　　日

附表5　种子千粒重测定记录表（千粒法）

树种：　　　　　　　　　　　样品号：

| 组号 | 1 | 2 | 3 | 4 |
|---|---|---|---|---|
| 样品质量/g | | | | |
| 平均质量/g | | | | |
| 容许误差/g | | | | |
| 实际误差/g | | | | |
| 千粒重/g | | | | |
| 备注 | | | | |

检验员：

年　　月　　日

附表6　种子发芽测定记录表

树种：_____　　采集地：_____　　采种时间：_____
样品号：_____　　样品情况：_____　　测试地点：_____
环境条件：室内温度_____℃　　湿度_____
测定前种子处理：_____
发芽测定条件：_____

| 测定次数 | 日期 | | | | | | | | | | | | |
|---|---|---|---|---|---|---|---|---|---|---|---|---|---|
| | 置床天数 | 1 | 2 | 3 | 4 | 5 | 6 | 7 | 8 | 9 | 10 | 11 | 12 | 13 |
| 1 | 发芽粒数 | | | | | | | | | | | | | |
| | 腐烂粒数 | | | | | | | | | | | | | |
| | 异状发芽粒数 | | | | | | | | | | | | | |
| | 未发芽粒数 | | | | | | | | | | | | | |
| 2 | 发芽粒数 | | | | | | | | | | | | | |
| | 腐烂粒数 | | | | | | | | | | | | | |
| | 异状发芽粒数 | | | | | | | | | | | | | |
| | 未发芽粒数 | | | | | | | | | | | | | |
| 3 | 发芽粒数 | | | | | | | | | | | | | |
| | 腐烂粒数 | | | | | | | | | | | | | |
| | 异状发芽粒数 | | | | | | | | | | | | | |
| | 未发芽粒数 | | | | | | | | | | | | | |
| 4 | 发芽粒数 | | | | | | | | | | | | | |
| | 腐烂粒数 | | | | | | | | | | | | | |
| | 异状发芽粒数 | | | | | | | | | | | | | |
| | 未发芽粒数 | | | | | | | | | | | | | |
| 备注 | | | | | | | | | | | | | | |

| 测定次数 | 未发芽粒分类统计 | | | | | | | 结果统计 | | 备注 |
|---|---|---|---|---|---|---|---|---|---|---|
| | 新鲜粒 | 腐烂粒 | 硬粒 | 空粒 | 涩粒 | 虫害粒 | 小计 | 平均发芽率 | 平均发芽势 | |
| 1 | | | | | | | | | | |
| 2 | | | | | | | | | | |
| 3 | | | | | | | | | | |
| 4 | | | | | | | | | | |

检验员：
年　月　日

### 附表7　种子生活力测定记录表

树种：_____　　样品编号：_____　　染色剂：_____

| 组号 | 测定种子数 | 种子解剖结果 ||||  染色粒数 | 染色结果 |||| 平均生活力（百分数） | 备注 |
|---|---|---|---|---|---|---|---|---|---|---|---|---|
| | | 腐坏粒 | 病虫害粒 | 空粒 | 其他 | | 无生活力 || 有生活力 || | |
| | | | | | | | 粒数 | 比例（百分数） | 粒数 | 比例（百分数） | | |
| 1 | | | | | | | | | | | | |
| 2 | | | | | | | | | | | | |
| 3 | | | | | | | | | | | | |
| 4 | | | | | | | | | | | | |
| 小计 | | | | | | | | | | | | |
| 平均值 | | | | | | | | | | | | |
| 测定方法 | | | | | | | | | | | | |

检验员：

年　月　日

### 附表8　种子优良度记录表

树种：_____　　样品号：_____

| 组号 | 测定粒数 | 优良种子粒数 | 低劣种子粒数 |||| 优良度（百分数） |
|---|---|---|---|---|---|---|---|
| | | | 空粒 | 腐坏粒 | 涩粒 | 其他 | |
| 1 | | | | | | | |
| 2 | | | | | | | |
| 3 | | | | | | | |
| 4 | | | | | | | |
| 小计 | | | | | | | |
| 平均值 | | | | | | | |
| 测定方法 | | | | | | | |

检验员：

年　月　日

### 附表9　种子含水量测定记录表

树种：_____　　样品号：_____

| 测定次数 | 容器号 | 容器质量/g | 容器质量及测定样品质量/g | 烘干恒重/g | 水分质量/g | 测定样品原质量/g | 含水量（百分数） | 容许误差（百分数） | 实际误差（百分数） | 平均含水量（百分数） |
|---|---|---|---|---|---|---|---|---|---|---|
| 1 | | | | | | | | | | |
| 2 | | | | | | | | | | |
| 测定方法 | | | | | | | | | | |
| 备注 | | | | | | | | | | |

检验员：

年　月　日

附表10　林木种子品质检验证书

编号：_____

报送检人陈述_____

树种中文名：_____　　树种学名：_____　　产地：_____

| 种批编号 | 种批质量（kg） | 容器件数 | 抽样日期 | 送检样品号 |
|---|---|---|---|---|
|  |  |  |  |  |

送检人：_____　　单位地址：_____　　邮政编码：_____

### 正式报告

| 种批编号 | 样品封域 | 样品质量（kg） | 样品收到日期 | 检验结束日期 |
|---|---|---|---|---|
|  |  |  |  |  |

### 检验结果

被检树种中文名：_____　　树种学名：_____

| 净度测定（百分数） | | | 发芽测定（百分数） | | | | | | 千粒重/g | 含水量（百分数） | 生活力（百分数） | 优良度（百分数） | 病虫害感染度（百分数） |
|---|---|---|---|---|---|---|---|---|---|---|---|---|---|
| 纯净种子（净度） | 夹杂物 | 其他种子 | 天数 | 正常幼苗（发芽率） | 不正常幼苗 | 新鲜粒 | 硬粒混粒 | 死亡粒 |  |  |  |  |  |
|  |  |  |  |  |  |  |  |  |  |  |  |  |  |
|  |  |  |  |  |  |  |  |  |  |  |  |  |  |

| 分级依据 | | 质量等级 | |
|---|---|---|---|
| 备注 | | | |

检验机构全称：_____　　主持人：_____

地址：_____　　校核人：_____

邮编：_____　　技术负责人：_____

电话：_____　　签发日期：____年____月____日

# 教 学 实 习

## Ⅰ．苗圃教学实习

苗圃教学实习的目的是使学生能够系统地、全面地了解育苗生产过程，学习和掌握各项操作技术。

苗圃教学实习的内容包括播种前的种子催芽、育苗前的整地、播种育苗、扦插育苗、育苗管理、苗木移植、苗木调查、起苗等作业，以及现代化苗圃的参观。

根据育苗生产季节性的特点，结合苗圃作业的内容，计划用一周的时间将可能实习的内容做完。关于育苗地的管理、抚育和保护等工作可结合生产完成。

要求学生在实习前，仔细阅读教材中有关苗圃教学实习的内容，做好实习准备，认真参加实习；实习结束后撰写实习报告，并采用不同形式对学生进行考核。

### 实习一　种子的催芽

#### 一、目的
练习并掌握种子催芽各种方法的操作技术，并进一步理解催芽的原理。

#### 二、内容
种子的水浸催芽、化学药剂催芽和层积催芽等。

#### 三、方法
分别进行深休眠种子和被迫休眠种子的催芽。重点掌握层积催芽的方法。

#### 四、材料、仪器和用具
1. 种子：小粒种子、中粒种子、大粒种子、带翅种子。
2. 仪器和用具：铁锹、钢卷尺、镐、盛种容器、消毒容器、温度表、通气设备。
3. 药剂：各种种子消毒用药。

#### 五、层积催芽的技术要点
1. 挖沙藏坑

选地势高燥、排水良好、背风、背阴地方挖沙藏坑。其深度为 60~80 cm，宽度为 80~100 cm，长度依种子多少决定。

2. 种子消毒、浸种、混沙

层积催芽前先用 40~50 ℃ 温水浸种一昼夜，捞出后用清水冲洗，再进行种子消毒（参照第一章第六节林木种子休眠与催芽），然后将种子和沙子按 1∶3 的容积比混合均匀（或不混合，以待层积），沙子的湿度为其饱和含水量的60%，手握成团但又不滴水即可。

3. 入沙藏坑进行层积催芽

坑底铺10 cm的湿沙，再将已混好的种沙放入坑内但不超过50 cm厚，然后再覆湿沙，最后用土堆成丘形，中间每隔1 m放通气孔1个。以便通气和检查湿度变化情况。坑的四周挖小沟，以利排水，并绘制平面图，做好记载。

沙藏期间，应每天定时测量其温度，温度超过5 ℃时，应人为加以控制。

**思考题**

圆柏、椴树、油松、核桃、刺槐等种子各适用何种方法催芽？催芽的技术要点和注意事项是什么？

## 实习二　播种

**一、目的**

学习培育播种苗播种工作的全部过程，了解和掌握播种前种子处理和播种工作中的关键技术问题。

**二、内容**

播种前的种子处理、作高床和低床、作垄；练习播种大、中、小粒种子技术。

**三、方法**

种子处理、作床、作垄、人工播种，要求每个同学亲自操作。

**四、材料、仪器和用具**

（1）种子：小粒种子、中粒种子、大粒种子、带翅种子。

（2）药剂：各土壤消毒用药、各种子消毒用药。

（3）仪器和用具：铁锹、平耙、镐、钢卷尺、划印器、开沟器、木牌、镇压磙、测绳、稻草。

**五、播种技术**

1. 种子的准备

（1）对于层积催芽的种子，应在播前3~7天内将种子取出，并进行种沙分离，如发芽强度不够时应置于15~20 ℃条件下催芽。

（2）温水浸种：需要温水浸种或冬季来不及层积催芽的种子应进行温水浸种，并在播种前1~2周内着手进行。

一般树种种子用水温度参考前面有关章节，用水量为种子体积的2倍以上，先倒种后倒水，边浸边搅拌。种粒过小、种皮过薄的种子用水温度为20~30 ℃；硬粒种子（刺槐）可用逐渐增温的办法，分批浸种，先用60 ℃温水浸一昼夜，将吸胀的种子捞出后再用80 ℃以上的热水浸种，一昼夜后再捞出吸胀的种子，分批催芽，分批播种；种粒透性不强，吸胀速度不快时，可延长浸种时间，每天换水1~2次，待种子吸胀后捞出并置于15~25 ℃条件下保持湿润，每天用温水冲洗2~3次，待有30%的种子已裂开时即可播种。

播种前称其总重，按床或米计算好播种量。

2. 土壤条件的准备

（1）秋耕地。经过粗平后应灌足底水，施足底肥，翌春顶凌耙地并细平。

（2）作床。高床规格：长 10 m，宽 0.8 m，高 15 cm，床面宽 80 cm。低床规格：长 10 m，宽 1.3 m，床心宽 1.0～1.2 m，床埂宽 30 cm，埂高 12～15 cm。技术要点：先按床要求的规格定点、划印、放线。如作高床，要将步道土翻到床上，如作低床，心土堆床埂、挖床面。如作高床，还要按规格平整好床的两侧。无论高床还是低床，床面要求细碎、平整、疏松、无坷垃。

（3）作垄。用机具按规格作垄，一般垄距 70 cm，垄高 15 cm，垄面宽 30 cm。机具做好后，要进行人工修整、平垄面。

（4）土壤消毒。为防止病虫害发生，在作床、作垄前用药剂消毒。将称好的药剂混土并堆于土壤表面，待平床或作垄时可将药土混均。

土壤条件准备和种子的准备要齐全、一致，切勿影响正常播种期。

3. 播种方式与方法

（1）播种方式：中小粒种子用条插，大粒种子用点播。

（2）播种方法：南北向开沟，开沟用开沟器，沟要直、沟底要严、宽窄深浅要一致。沟距即是行距，一般为 20 cm，覆土厚度要与沟的深浅一致。极小粒种子一般为 0.1～0.5 cm，小粒种子为 0.5～1.0 cm，中粒种子为 1～3 cm，大粒种子为 3～5 cm。

开沟后撒药、撒种、播种要均匀，特别是中、小粒种子，按播种量计划用种；撒种后马上覆土，覆土要均匀，薄厚要一致，要按树种种粒大小、土壤墒情决定覆土厚度，厚度要适宜；覆土后要进行镇压，土壤水分条件适宜时才能镇压；最后插牌，注明树种、播期、负责班组。

六、注意事项

（1）要计算好播种量。

（2）播种时，开沟、撒种、覆土、镇压，各个环节要严格要求，紧密配合，形成流水作业。

（3）种子、药剂要准备齐全。

（4）已经催过芽的种子在播种过程中注意种子的保管，并应有专人负责。

（5）使用药剂时要注意安全。

思考题

1. 如何确定实习树种的播种期？为什么？

2. 如何确定覆土厚度？列举出大、中、小 3 种具体树种的适宜覆土厚度。

3. 以某一树种为例，谈谈为提高场圃发芽率，在播种阶段应掌握哪些主要技术环节？

## 实习三　扦插育苗

一、目的

了解和掌握一般树种的硬枝扦插原理和育苗技术。

## 二、内容

插穗的选择、制穗、作垄、扦插。

## 三、材料、仪器和用具

(1) 插穗:选芽饱满、无病虫害、发育充实的 1 年生苗干或萌芽条,树种选择与实际结合。

(2) 仪器和用具:剪枝剪、盛条容器、铁锹、钢卷尺、测绳、打孔器、木牌、平耙、镐。

## 四、扦插技术

1. 插穗的准备

硬枝扦插时,一般在秋季落叶后采集插穗,并按规格制穗后贮藏,以备翌春扦插用。也可在春季树液开始流动前采条,随采随插。没有做好准备时,插穗长度为 15~20 cm,上切口距第一个芽以 0.5 cm 为宜,下切口最好在芽下 1 cm 处。

2. 插壤的准备

插壤最好用秋耕地,翌春浅耕,平整后再作垄。一般应采用高垄,垄距 70 cm,垄高 15 cm,垄面宽 30 cm。扦插前,应进行土壤消毒(方法同播种育苗)。

3. 扦插方法

(1) 株距:应根据树种生长特性而定,每垄扦插 1 行。

(2) 扦插:扦插时,先用打孔器打孔再扦插,孔深与插穗长度一致,不能大于插穗的长度;一般将插穗垂直插入土中,插时注意极性,小头朝上,大头朝下;插后,插穗的上切口与地面平,干旱风大地区,扦插后,要在插穗顶端堆一小土堆。

## 五、注意事项

(1) 插穗采集、制作、扦插过程中,要注意保护好插穗,防止失水风干。

(2) 扦插时切忌用力从上部击打,也不要使插穗下端蹬空。

(3) 不能碰掉上端第一个芽,也不能破坏下切口。

(4) 插后踏实,随即灌水,使插穗与土壤紧密结合。

## 思考题

1. 什么时候采条最好?应选择什么样的枝条做插穗?

2. 怎样确定插穗规格?如何采集和制作插穗?

3. 提高插条成活率的关键是什么?

# 实习四 移植

## 一、目的

掌握移植育苗技术,并了解移植工作在生产实践中的意义。

## 二、内容

区划、作床、定点、划印、栽苗、灌水等。

## 三、材料、仪器和用具

(1) 苗木:针叶树小苗、阔叶树小苗。

（2）仪器和用具：铁锹、装苗器、剪枝剪、短途运输工具、钢卷尺、小木棍、划印器、移植铲、木牌。

#### 四、移植技术

1. 土地准备

按照垄或床的规格，在平整好土地的基础上定点、划印，作床埂。

2. 苗木的准备

冬季假植贮藏的苗木，春季移植时，应随用随起。春季随用随起的苗木，也应提前做好准备，并严格做好苗木的保护工作，严防苗木根系失水。移植前要进行修根，一般针叶树小苗根长 15~20 cm，阔叶树小苗根长 20~40 cm。

3. 移植方法

（1）确定移植的株行距：不同树种、不同苗龄的苗木，其移植时的株行距不同。树冠的开展程度、机具的使用和培养年限不同，株行距也不同。一般针叶树小苗株行距分别为 6~15 cm、10~30 cm，阔叶树小苗株行距分别为 12~25 cm、30~40 cm。

人工管理时，行距可窄些，一般为 25~60 cm。机械或畜力中耕、起苗时，行距应与轮距相结合，一般为 70~120 cm。

（2）定点、划印：按株、行距大小定点、划印。

（3）移植：穴位法按定点移植。小苗用移植铲，大苗用铁锹挖穴，栽苗时不许窝根，使根系舒展并与土壤紧密结合。沟移法按预定行距进行开沟，将苗木沿垂直沟壁放入沟内，再培土，然后踏实。栽植深度应比原土印深 2~3 cm。

#### 五、注意事项

（1）严格禁止苗木干燥，如风吹、日晒、移植时手中留苗过多等，都会导致苗木失水。

（2）严禁窝根、根系不舒展或踏不实现象。

（3）移植季节要在苗木休眠期内进行，春季移植越早越好，并按不同树种萌动时间早晚安排先后次序。

（4）移植后要立即灌透水，及时抚育。

**思考题**

1. 苗木移植的意义是什么？为提高移植成活率应注意哪些关键技术？
2. 何时进行苗木移植较好？请你把苗圃需要春季移植的树种按作业时间顺序排列出来。

## 实习五　苗木调查

#### 一、目的

熟悉优良苗木应具备的条件，掌握苗木调查方法。

#### 二、材料、仪器和用具

（1）材料：苗圃现有未出圃的苗木。

（2）仪器和用具：测绳、皮尺、钢卷尺、计算器、调查结果记录和统计表等。

## 三、内容

采用机械抽样法进行苗木的产量、苗高和地径的调查,并进行计算,最后根据各样方调查结果推算整个调查区的产量、质量指标。

## 四、苗木调查方法

苗木调查所得到的质量数据,是否代表苗木的实际情况,主要取决于抽样方法与苗木检测的准确程度。苗木调查的抽样方法必须应用数理统计的原理进行科学的抽样。在苗木调查中最常用的是机械抽样法(又称系统抽样法)。它的特点是各样地的距离相等、样地分布均匀。机械抽样法的起始点用随机法定点。

### 1. 划分调查区

将树种、苗木种类、苗龄、作业方式都相同的划为一个调查区,进行调查统计。调查区划分好后,按一定的顺序,将床(畦、垄)进行编号,记下总数。

### 2. 样地种类

苗木调查一般常用的样地分为方形和线形,即样方和样段。

样方是以长方形地段作为调查单元,适用于条播和撒播育苗;样段是以一条线形的地段作为调查单元,适用于条播和点播育苗。

### 3. 样地规格

样地面积的大小取决于苗木密度、育苗方法和要求检测苗木质量的株数等条件。一般以 20~50 株苗木(针叶树以 30~50 株苗木)所占面积为样地面积。

### 4. 样地数量

样地数量的多少,直接影响调查精度和调查工作量。样地数量由苗木的密度和苗木质量的变动情况所决定。一般情况下,初设样地数为 20~50 个,就能达到要求的精度。

对初设样地苗木的质量进行调查后,计算苗木质量的调查精度,如果调查精度达到要求,则可结束外业,如果调查精度没有达到要求,则可用下列公式计算实际所需设的样地块数:

$$n = \left(\frac{t \cdot c}{E}\right)^2$$

式中:$n$——样地块数

$t$——可靠性指标(粗估时可靠性定为 95%,则 $t = 1.96$)

$c$——变异系数

$E$——容许误差百分比(精度为 95% 时,$E = 5\%$)

上式中 $t$、$E$ 是已知数,变异系数 $c$ 值参考过去的变异系数。如无过去资料,可根据极差来确定,即根据正态分布的概率,一般以标准差的 5 倍来估算,由极差估算该调查区的标准差,然后由标准差求变异系数。具体做法是在调查区已设定的样地面积范围内,找出比较密的株数与比较稀的株数之差,定为极差($R$)。按以下公式计算:

$$S = \frac{X_{\max} - X_{\min}}{5}$$

$$c = \frac{S}{\overline{X}} \times 100\%$$

式中：$S$——粗估标准差

$X_{\max}$——设定样地面积内比较密的株数（以株表示）

$X_{\min}$——设定样地面积内比较稀的株数（以株表示）

$\overline{X}$——初估样地内平均株数（以株表示）

$c$——变异系数

例如：油松 2 年生移植苗，以平均密度为 16 株所占面积为 0.25 m² 定为样地面积，在调查区内以 0.25 m² 的样地面积找比较密的株数如为 20 株，比较稀的株数如为 11 株，则实际所需设的样地块数的计算如下：

$$R = 20 - 11 = 9$$

$$S = \frac{9}{5} = 1.8$$

$$c = \frac{S}{\overline{X}} \times 100\% = \frac{1.8}{16} \times 100\% = 11.3\%$$

$$n = \left(\frac{t \cdot c}{E}\right)^2 = \left(\frac{1.96 \times 11.3\%}{5\%}\right)^2 = 20（块）$$

为了保证调查精度，在粗估需设样地块数时，按 95% 的精度计算，容许误差 E 为 5%，可使粗估的样地块数接近实际所需设样地块数。

粗估样地块数确定后，用机械抽样法将样地落实在调查区内。

5. 样地布设

调查区内样地布设是否均匀，是否有代表性，对苗木质量调查结果影响很大，同时也直接关系到调查结果的可靠性和精度，所以样地布设必须客观、均匀，才能有最大代表性，通常用机械抽样法布设样地。如果是样方，则需计算出样地的中间距离，其可按下列公式计算：

$$d = \frac{M}{n}$$

式中：$d$——样方的中间距离

$M$——调查地面积

$n$——样方数

如果是样段，则需计算出样段的间隔距离，其可按下列公式计算：

$$d = \frac{L}{n}$$

式中：$d$——样段的间隔距离

$L$——调查地长度

$n$——样段数

6. 检测苗的间隔株数计算

根据计划检测苗总数和样地总块数可算出每块样地需要检测苗的数量。检测苗的间隔株数按下列公式计算：

$$n = \frac{\overline{X} - N}{C} - 1$$

式中：$n$——间隔株数

$\overline{X}$——样地平均株数

$N$——样地块数

$C$——计划检测苗数

不管各个样地中苗木数量多少，一律按计算的间隔株数确定检测对象。

7. 苗木质量调查

苗木质量调查时，用系统抽样法抽取一定数量样苗进行苗木检测，并将结果分别计入实习表1中。

苗木质量调查内容主要包括产量、苗高、地径。

（1）地径：用游标卡尺测量，如测量的部位出现膨大或干形不圆，则测量其上部苗干起始正常处，读数精确到 0.05 cm。

（2）苗高：用钢卷尺或直尺测量，自地径沿苗干量至顶芽基部，读数精确到 1 cm。

实习表1　苗木调查记录

| 样地号 | 株数 | 苗木质量指标 | 样地号 | 株数 | 苗木质量指标 |
| --- | --- | --- | --- | --- | --- |
|  |  |  |  |  |  |
|  |  |  |  |  |  |
|  |  |  |  |  |  |

精度计算：

8. 精度计算

苗木检测后，首先要分别计算各质量指标的平均值、标准差、标准误、误差百分数和精度。然后按下列公式计算精度：

（1）平均值

$$\overline{X} = \frac{\sum_{i=1}^{n} X_i}{n}$$

（2）标准差

$$S = \sqrt{\frac{\sum_{i=1}^{n} X_i^2 - n\overline{X}^2}{n-1}}$$

(3) 标准误

$$S_{\bar{X}} = \frac{S}{\sqrt{n}}$$

(4) 误差百分数

$$E = \frac{t \cdot S_{\bar{X}}}{\bar{X}}$$

(5) 精度

$$P = 1 - E$$

若精度没有达到规定要求,则需补设样地。先根据粗估标准差($S$)和初估样地内平均株数($\bar{X}$),按照上述的计算公式计算变异系数($c$)和所需设样地块数($n$)。精度达到规定要求后,才能计算苗木质量指标。

9. 苗木质量指标计算

各项苗木质量指标的平均值即为苗木质量指标。

10. Ⅰ、Ⅱ级苗木百分率计算

根据对应树种的苗木分级标准计算相应级别苗木的百分率。

### 五、注意事项

(1) 苗木检测时,要注意保护苗木。

(2) 认真填写调查表。

(3) 调查后要做好统计工作,并撰写一份实习报告。

**思考题**

简述苗木调查的步骤和方法,如何计算调查结果?

## 实习六 起苗和苗木的分级、统计、包装、假植

### 一、目的

了解起苗、分级、统计、包装、假植等工作的实际意义和操作技术。

### 二、方法

结合苗木移植或出圃,进行实际操作。

### 三、材料、仪器和用具

(1) 树种:针叶树播种苗、阔叶树插条苗、带土坨的针叶树大苗。

(2) 仪器和用具:铁锹、镐、剪枝剪、卡尺、钢卷尺、草绳、标签、起苗犁。

### 四、技术要点

1. 起苗

(1) 人工起苗:首先在床的一侧挖一条沟,沟深取决于起苗根系的长度,一般播种苗沟的深度为 20~25 cm,插条苗、移植苗沟的深度为 25~30 cm;其次从两行苗的行间垂直向下切断侧根,主根从沟壁下部斜向切断。带土坨的针叶树移植苗,起苗前应先将侧枝束紧,以保护顶芽和侧枝。起大苗时,其根系长度一般取决于地径的粗度,具体规

格如实习表 2 所示。

实习表 2　大苗的具体规格

| 地径/cm | 根幅/cm | 垂直根长度/cm |
| --- | --- | --- |
| 3~4 | 40~50 | 30~40 |
| 5~6 | 60~70 | 40~50 |
| 7~8 | 70~80 | 50 |

（2）机械起苗：利用起苗犁起苗后，人工再进行分级、修剪、过数、包装、假植等。

（3）注意事项：①起苗时根系长度要长于规定起苗根长的 5 cm 以上。②要求起苗犁刀锋利，苗木根系无劈裂。③要保护好顶芽和侧枝。④带土坨的苗木，起苗时切勿松散土坨。⑤起苗前，如圃地干燥要提前灌水。⑥起苗后，应按要求进行修根、修枝。

2. 分级和统计

苗木起出后，应马上在背风处进行分级，并按各级苗木数量分别统计苗木实际产量；如来不及分级，应暂时埋湿土以保护根系。

分级后，合格苗可以出圃，不合格苗继续留圃培养，对病虫害、严重损伤的废苗要剔除销毁。各树种质量分级标准，参照国家标准《主要造林树种苗木质量分级》（GB 6000—1999）。

苗木分级时要注意，选择在背风、背阴的室内或阴棚内进行，严防风吹、暴晒，造成根系失水。

3. 包装

（1）目的：为防止运输过程中苗根干燥，运输前应做好包装工作。

（2）裸根苗包装：先将湿润物放在蒲包内或草袋内，用湿润物包裹根系，将蒲包从根颈处绑好。

（3）带土坨针叶树包装：按照规格将土坨起出后，应立即放入蒲包内，然后将蒲包拉紧，再用草绳绕过底部绑紧。

（4）落叶阔叶树大苗包装较困难时，可在装车后进行覆盖，以保护好根系。

（5）注意事项：①要包严根系；②要保护好顶芽；③附有标签，按包注明树种、苗龄、育苗方法、苗木株数、级别；

4. 假植

（1）临时假植：起苗后、修剪后及分级后，来不及运输时要及时进行临时假植，严防风吹日晒。

（2）越冬假植：在秋季起苗后进行，同学们可以在指导教师的指导下参观越冬假植的操作过程。

假植时，要注意埋严根系，保护好顶芽。

**思考题**

1. 起苗、分级、包装、假植时，为保证苗木质量应注意哪些关键问题？
2. 如何进行苗木分级？有何实践意义？
3. 假植有几种？具体方法有何不同？

## 实习七　苗圃参观

### 一、目的

了解苗圃合理区划的意义、原则和现代育苗新技术（工厂化容器育苗和试管育苗）。

### 二、方法

选择布局比较合理、机械化水平较高、育苗技术先进、比较有特色的苗圃进行参观学习。

**思考题**

根据参观内容谈谈收获和体会。

# Ⅱ．森林营造教学实习

森林营造教学实习，主要是通过现场参观、实际进行造林施工等，使学生增加感性知识，验证课堂理论，掌握一定的生产技能。我国造林地立地条件变化极大，可以营造的人工林种类和模式极其丰富，各个地区的学生必须根据自己所在地区的特点选择实习内容。

## 实习一　人工林参观

### 一、目的

对当地的自然环境、造林地和人工林具有一般性概念，初步认识造林工作的对象，了解该地不同树种造林成败的经验教训以及影响林分生长的各项因子，为以后指导实际工作打下基础。

### 二、要求

根据各地人工林的主要经营目的选择不同类型的林场，确定相应的参观路线。参观路线最好有多条，而且应包括由当地的几种主要造林树种组成的不同年龄、不同结构（不同密度、纯林和混交林）及不同造林方法的人工林。参观时可依具体情况，选择1~2条路线供实习之用。

在每一个参观地点，学生应认真听取教师和有关人员的介绍，仔细了解人工林的造林历史、造林地区的自然条件，同时细致地观察林分的生长状况，分析其可能的发展前景；在参观过程中要善于抓住可对比因素，找出不同人工林产生生长差异的原因；对于一些典型林分还要做人工林标准地调查（方法见森林营造教学实习七），并进行林木生长的对比，以便更深入地分析人工林成败的经验教训。

### 三、内容

1. 人工林选择

参观人工林时，林种选择可参照表 3-1 中国林业区划（一、二级）来定，树种选择可参照《造林技术规程》（GB/T 15776—2016）中有关造林分区与主要造林树种的相关内容。

2. 记录及调查内容

每参观一个人工林分，必须记录和调查以下内容。

（1）调查地点：林场名称、人工林所处林班、小班或小地名。

（2）立地条件：地形（海拔、坡向、坡度、坡位、小地形等）；植被（主要植物种类、覆盖度等）；土壤（母岩类型、土壤类型、土壤剖面特征等）。

（3）造林历史：整地（清理及整地类型、时间等）；造林（树种、林龄、造林时间、造林方法、株距和行距、配置方式、树种组成、混交方法等）；抚育（时间、具体措施等）。

（4）树木生长情况：平均树高、平均胸径、林地蓄积。

### 四、作业

参观结束后，每个人撰写一份实习报告。报告应包括所参观人工林基本情况、对参观人工林自然条件的认识、对参观人工林的造林历史的评述以及其他认识与体会。

## 实习二 造林整地

### 一、目的

掌握当地常用的几种整地方法及其操作技术；了解整地时的合理劳动组织形式。

### 二、要求

了解当地主要有哪几种整地方法，在此基础上，根据已有的设计要求，进行造林整地的施工，通过实际操作掌握当地主要整地方法的施工技术及其随立地条件的变化。

### 三、内容

1. 整地方法选择

实习的整地方法的选择参照第三章第五节造林地整地的相关内容及当地的实际情况。

2. 整地规格

整地规格参照第三章第五节造林地整地的相关内容及当地的实际经验。整地规格主要包括整地的深度、破土面的大小（长和宽）、破土断面的形状等。

3. 操作技术

操作技术根据不同整地方法的实际情况而定。以华北石质山地整地操作技术为例，华北石质山地整地应按自上而下的顺序，为保证整地人员的安全，整地者应左右一字排开，自上而下逐行进行。具体操作步骤如下：

（1）定点：根据设计规格进行定点，初次可用尺和绳，熟练后可用目测或借助镐把比量。定点要求规整，也就是行应近于水平，山地整地时相邻行上的各点上下错开成品字形排列，点之间的距离也要符合要求。但在石块较多的造林地上，也应因地制宜地定点，尽量保证密度。确定的点可用镐先刨一土印，大规格的整地方法应画出其轮廓。定点可由整地者自己或由专人完成。

（2）植被清理：用镐在定点上按块地面积大小铲除草皮，杂草不多的造林地可免去此项工序。如果造林地上的杂草灌木非常茂密，则应事先进行带割清理。

（3）土壤翻垦：先将表土挖出，置于一侧，再把底层心土翻松，将其中石块起出垒埂，石块不多时可用心土垒，然后加以镇压使之牢固；在整较长的水平条时应顺条挖掘，这样操作会比较方便，石块又容易起出。翻挖深度应保证规格要求。一般都用镐挖，必要时可用铁锹，把表土铲入坑（阶或块）内，按要求的规格留出积水坑或反坡，最后平整阶（块）面，修整土石埂，按规格完成一切要求，再适当铲去阶（块、坑）上方的植被。

在进行上述整地时，面要平、土要松、埂要牢、石块草根要拣净，深度和大小应完全符合设计要求。整完地后可随即组织整地的验收工作，其方法见后。

四、作业

整理撰写本次整地实习的工序及实习心得。

## 实习三 植苗造林

### 一、目的和要求

根据已有的设计要求进行植苗造林施工，掌握针、阔叶树种穴植造林各工序的操作技术，并在可能的条件下进行窄缝栽植的操作练习。

### 二、内容

植苗造林的操作技术包括从苗木出圃后到栽植完毕的整个过程，它由下列几个工序组成：

1. 运苗

运苗是把已起出的苗木从苗圃送到造林地。运苗时应注意苗木的包装物不能松散，始终保持湿润，防止苗木根系干枯，运送针叶树种苗木时，还应注意不要碰伤苗木顶芽。

2. 造林地

假植运到造林地的苗木，除了马上要进行栽植的以外，全部要在背阴、土壤湿润的地方假植起来。假植方法与在苗圃中临时假植的方法相同，即将苗木成排地斜放在假植沟内，根系上覆湿土、踏实，必要时可适量浇水。

3. 提苗（取苗）

栽植者每次从假植地点取苗，不要过多，有时在栽植前要对苗木进行蘸泥浆、修剪等处理，处理完毕后将苗木放在专制的盛苗箱或其他代用容器内（草包、桶、提篮等），盛苗器内应铺有吸湿物，并始终保持湿润。

4. 定点

植苗一般是在预先整过地的造林地上进行，每一个栽植点都应有其恰当的位置。在山地植苗造林时，种植点一般在块状或带状地的中心或鱼鳞坑、水平沟的内侧斜面上。

5. 栽植

（1）穴植：植苗造林一般用穴植的方法。先在已定的栽植点上挖穴，穴的大小和深浅应保证苗木根系舒展，并保证一定的栽植深度；挖穴后将苗木放入穴内，比要求的栽植深度要深一些，理好根系，覆以湿润的表土，随覆随压实，覆到将近一半时把苗木往上轻提一下，再覆土至坑满，用脚踏实，其上再覆一层浮土。栽植的基本要求是苗根舒展，栽植深度合适，覆土紧实，表面疏松。栽植时可由专人挖坑，专人植苗。如在已整好的地上栽植时可2人一组，前面一人挖穴，后面一人随即栽植，前面挖出的土可供后面覆土之用。

（2）窄缝栽植：分为锹植法和镐植法两种。锹植法用植树锹进行。栽植时是一人使锹，一人植苗配合操作，镐植法（斜植法）是用山镐进行栽植，也是一人用镐，一人植苗配合操作。

### 三、作业

整理并撰写本次植苗造林实习的工序及实习体会。

## 实习四　播种造林

### 一、目的和要求

根据已有的设计要求，进行播种造林施工，了解大、中粒种子穴播造林的操作技术，以及其他几种播种方法，掌握播种造林的操作技术。

### 二、内容

播种造林的操作技术工序比植苗造林简单，因为种子的运输比较容易，但必须注意催过芽的湿润种子不能放在阳光下暴晒。种子的播前处理技术参照第二章第二节播种苗培育。

在山地，播种大、中粒种子一般都采用穴播法。穴播时先在已整好的造林地上定点（同穴植），然后挖穴，穴深应按播种深度具体确定，穴底应平整紧实。穴挖好后即进行播种，特大粒种子（核桃、板栗等）每穴2~3粒；大粒种子（栎属的各类树种以及文冠果、山杏等），每穴3~5粒；中粒种子（红松、华山松等），每穴4~6粒；小粒种子（油松、樟子松等），每穴10~20粒。播后覆土，其厚度应根据种粒大小、土壤湿度及播种季节等因子决定，一般大粒种子覆土厚3~6 cm，中粒种子覆土厚1~3 cm，覆土后稍加镇压，上面盖虚土或覆草。

有条件的话，学生应了解飞机播种，平地机械化条播和簇播、块状密播等播种方法的操作技术。

### 三、作业

整理并撰写本次播种造林实习的工序及实习体会。

## 实习五　人工幼林的抚育管理

### 一、目的和要求

了解幼林成活阶段及郁闭前阶段的抚育管理内容；掌握人工幼林的土壤操作技术。

## 二、内容

首先，对幼林进行调查了解，根据造林地的条件及幼林生产情况确定幼林对抚育管理的需要程度、抚育管理的内容及方法；其次，在确定必须对幼林进行土壤管理后，还要了解林地的干土层厚度、苗木根系分布深度、主要杂草种类及其危害情况，以便规定松土深度及其他操作要求；再次，在完成上述工作后，进行土壤管理的实际操作时，特别要注意里浅外深、不伤苗根、在规定的范围内把草除净的原则；最后，在条件可能时，学生也可参加一些其他抚育项目，如施肥、灌溉、间苗、修枝，以及平原地区造林的机械化土壤管理等。

## 三、作业

整理并撰写本次幼林抚育实习的内容及实习体会。

## 实习六 造林检查验收和造林成活率调查

### 一、目的和要求

造林检查验收是为确保造林质量，对造林的主要技术环节（如整地、检疫、苗木运输、假植、栽植、造林、幼林抚育、补植等）施工后的一种验收制度。学生通过学习造林检查验收，可以体会各项工序在造林营林上的重要性，了解检查验收的方法，学会制定各种验收证明书。造林成活率调查是评定造林质量和造林成败的一项工作。成活率的高低可决定另外新造幼林是否可计入造林面积，或是否需补植、重造。要求学生掌握造林成活率的调查方法，并能够用之于生产或科研。

### 二、内容和方法

1. 造林检查验收

造林检查验收是为了核定造林的数量和质量，检查按造林设计施工的执行情况，因此，应随施工随验收。发现问题，须及时纠正。验收由各种人员组成检查组或用其他方式进行。

检查验收按造林地块（或小班）逐个进行，方法一般可目测作业质量，同时选定标准地（或标准行）进行详查。

整地验收要测定深度、规格是否达到标准；栽植验收要挖出少量苗木，观察是否窝根，栽植深度是否适宜及覆土后踏实情况；造林密度验收要检查是否过稀或过密；幼林抚育验收要检查松土深度、除草后的杂草死亡情况以及幼树损伤情况等。

检查验收还应统计造林地面积，可用简单仪器实测，或用已测量过的施工设计图逐块（或小班）核实；也可用不小于万分之一比例尺的地形图现场勾绘，核实面积。造林地如为坡地面积应一律将其折合成水平面积。

检查验收完毕后，应填写验收证明书。整地验收证明书和造林验收证明书分别如实习表2和实习表3所示。

2. 造林成活率调查

造林成活率调查一般是按小班或造林地块进行。为此，应先对造林地（或小班）做全面调查,然后随机抽样进行统计。

**实习表 2　整地验收证明书**

_____分区_____林班_____小班

施工单位:_____

| 1. 小班面积 | | 7. 整地密度 | |
|---|---|---|---|
| 2. 其中纯造林地面积 | | 8. 整地起止日期 | |
| 3. 计划整地面积 | | 9. 整地用工量 | |
| 4. 实际整地面积 | | 10. 整地工具 | |
| 5. 整地方法及规格 | | 11. 整地的主要缺点及纠正方法 | |
| 6. 整地质量 | | 12. 验收结果总评 | |

施工单位负责人(签字):

验收负责人(签字):

____年____月____日

**实习表 3　造林验收证明书**

施工单位:_____

| 1. 小班面积 | | 8. 整地起止日期 | |
|---|---|---|---|
| 2. 其中纯造林地面积 | | 9. 种苗来源及质量 | |
| 3. 计划整地面积 | | 10. 种植质量 | |
| 4. 实际整地面积 | | 11. 造林用工数 | |
| 5. 原计划造林图式及其执行情况 | | 12. 造林工具 | |
| 6. 实际造林密度及平均株、行距 | | 13. 造林的主要缺点及纠正方法 | |
| 7. 造林方法 | | 14. 验收结果总评 | |

施工单位负责人(签字):

验收负责人(签字):

____年____月____日

成片林地采用标准地或标准行的方法:面积在 100 亩以下的,标准地(行)应占 5%;面积为 100~500 亩的,标准地(行)应占 3%;面积在 500 亩以上的,标准地(行)应占 2%。标准地(行)在山地要包括不同坡向和部位,防护林每隔 100 m 检查 10~20 m。

对于植苗造林和播种造林,应在标准地(行)上对每一种植点进行检查,若每穴中有 1 株或多株苗木成活,均作为成活 1 株(穴)计数。苗木的成活情况分为健全、不确定及死亡 3 类。健全的苗木是指叶色正常、生长良好、顶芽完全的苗木;不确定的苗木是指叶色不正常、生长不良、顶芽发育弱，成活与否尚难确定的苗木；死亡的苗木是指枯萎、变黄的苗木。

造林成活率按以下公式计算：

$$标准地成活率 = \frac{标准地（行）成活率株数（穴）数}{标准地（行）种植的株（穴）数} \times 100\%$$

$$平均成活率 = \frac{1号小班面积 \times 成活率 + 2号小班面积 \times 成活率 + \cdots}{1号小班面积 + 2号小班面积 + \cdots} \times 100\%$$

计算出每个小班（或林地地块）的造林成活率后，按下述标准评定：

（1）合格：成活率85%以上（含85%），速生丰产林90%以上（含90%）。
（2）补植：成活率41%~84%。
（3）重造：成活率40%以下。

凡成活率为40%以下者，不计入造林完成面积，而应列入宜林地，重新整地造林；凡成活率相当于补植水平者，应进行补植；凡成活率相当于合格者，可以不必补植。

全部新造幼林调查完毕后，可按树种和造林方法计算加权平均成活率。

造林成活率调查表如实习表4所示。

**实习表4 造林成活率调查表**

_____分区_____林班_____小班
造林面积_____造林方法_____
造林日期_____年____月

| 标准地（行）编号 | 树种 | 标准地（行）内种植点数量 | | | | 生长不良或死亡原因 |
|---|---|---|---|---|---|---|
| | | 合计 | 健全的 | 可疑的 | 死亡的 | |
| | | | | | | |
| 总计 | | | | | | |
| 百分率 | | | | | | |

检查人（签字）_____　　　　　　　　　　____年____月____日

### 三、作业

整理此次造林检查验收和成活率调查的方法、程序，并计算造林成活率。

## 实习七　人工林的标准地调查

### 一、目的和要求

标准地调查是揭示各树种在不同立地条件和不同栽培技术下人工林生长状况存在差异原因的基本手段，也是林业工作者从事生产和科研常用的一种方法。要求学生初步掌握这种方法，以便为今后参加实际工作打下有利基础。

## 二、内容和方法

### (一) 标准地的设置

调查对象的选择要根据调查目的及林地的状况而定。选定调查对象时，在可能的情况下，最好在各个有调查价值的小班内较广泛地设置标准地，以保证调查条件的多样性及必要的重复。在小班内标准地位置的具体选定，主要考虑立地条件及林木生长的代表性，避免一些偶然因素的干扰。在立地条件变化较大，林木生长状况差异明显的小班内，也可根据需要分别设置2个或更多数量的标准地进行分别调查。

设置标准地时，应尽量保证标准地内立地条件的一致性，为此，应设计好标准地的大小、边长、形状和走向，必要时，可以设置不规则形状的标准地（应注意面积计算的方便）。标准地边界测量的闭合差应小于1/200。在标准地的四角应设置较明显的临时性标志，在标准地的任一角上埋设一个临时标桩，注明标准地编号，以便检查时复位。标准地的面积，一般规定为 0.04 $hm^2$（标准地林木应不少于100株）。标准地按造林队－组－标准地号编排，如×××造林队第二小组第3号标准地，应编为×××－二－3。

### (二) 造林历史调查

调查标准地所在小（细）班的造林历史，是分析标准地材料、总结造林经验不可缺少的基础。造林历史的调查应力求详细，为弄清造林历史，要充分利用现有的技术档案资料，还必须访问参加造林工作的老工人、技术人员和老农核实和补充有关内容。调查人员自己也要在小班内进行必要的观察，核实人工林的实行情况与技术上的资料是否相符以及造林后的一些变迁情况等。

造林历史调查的内容包括造林时间（年、月、日）、造林树种、造林密度、种植点配置、混交方法、整地方法、造林方法、苗木来源、抚育管理措施等。

### (三) 立地条件调查

立地条件调查主要包括地形、植被、土壤调查3部分。此立地条件调查反映的是标准地的立地条件，一切应以标准地具体情况为准，可能与小（细）班的平均情况相吻合，也可能与其不相吻合。

地形调查中大地形以大的地貌类型单位填写，海拔按地形图（1:10 000 比例尺）上标准地位置的平均海拔高度填写；坡向按指北针所确定的方位归纳为北、东北、东、东南、南、西南、西及西北等8个方位填写；坡度按实测标准地的平均坡度填写；部位根据标准地在山坡上所处的位置，分山脊、中上部、中部、中下部、山麓等类别填写，有必要时，可加注鞍部、阶地、台地、谷地等字样；小地形分凹、凸、平直、起伏等。

植被调查以标准地的林下植被为对象，主要用目测调查方法估计植被种类及其多度、平均高度、植被覆盖度（分层填写），最后确定林下植被的植物群丛野外名称。植物群丛名称的优势植物种按其层次及优势顺序定名，同一层植物以"＋"相连，不同层植物以"－"相连，如荆条＋酸枣－白草。

土壤调查以标准地内有代表性的地方的土坑调查为准。在标准地内及附近自然剖面观察到的一些现象可作为备注；土壤调查各项目的填写方法详见土壤外业记录说明，土壤名称要按发生学的变种名称来定名；其下的立地条件类型名称均在内业时确定；造林地种类（造林前地类）按照技术档案、访问及现场判断来确定。

（四）测树因子调查

1. 每木调查

（1）径阶大小：根据林木胸径的大小，规定两种组距。林木的平均胸径在 8 cm 以下（林分中最粗树木的胸径在 14 cm 左右）时，采用 1 cm 组距的径阶；林木的平均胸径在 9 ~ 16 cm（林分中最粗树木的胸径为 16 ~ 28 cm）时，采用 2 cm 组距的径阶。

（2）起测径阶：一律由 2 cm 径阶起测。

（3）测定位置：在上坡的 1.3 m 处测定横坡方向的直径。树干的横断面呈明显的椭圆形时，要测长、短两个方向的直径，记载其平均值。如树干的 1.3 m 处有节、瘤或其他变形时，要测定上、下 2 个直径，记载其平均值。

（4）检尺：按林木生长发育级进行检尺（划分为 5 级）。

（5）统计：不同树种要分别统计。

（6）计算平均木的标准：现场计算优势树种和平均胸径，作为平均木的标准。

2. 测树高

（1）根据树木的高度、林分状况和树种，分别采用测高器或竹竿测量树高。

（2）采用竹竿测量时，应将竹竿截成整数米的长度，用红漆以 0.1 m 为单位作明显标志。竿长以下的高度必须用米尺测量，不准估计。

（3）测定树高的样木株数为标准地总株数的 20%，为保证各径阶都分配以样本，在每木检尺时，特规定好各径阶的第一株样木，以后每五株测一株（即各径阶的第一、六、十……为测树高的样木）。若被抽中的样木断梢缺顶时，可顺延一株，其余仍按原定方法抽取。

（4）测树高的样木也可用作树冠和生长量测定的样木。

（5）测树高的样木的胸径，应记载实际值。

3. 树干解析

一个标准地一般选择一株平均标准木作解析木。平均木的标准：平均胸径（$D_g$）±5%，平均树高（$H$）±5%。

将解析木伐倒以前，应完成下述工作：标出树干上的北向和胸高位置；量测解析木与邻接木的关系；作解析与邻接木的树冠投影图；应于立木状态时填写项目。

解析木分段长度根据树高而定：树高在 4 m 以下时，分段长为 0.5 m；树高在 4 m 以上时，分段长为 1.0 m。圆盘要薄，一般不超过 1 cm。注意填写各圆盘的编号与注记。注意梢头底部的断面，以 3 ~ 5 年为一个龄级，在各圆盘上按南、北、西、东 4 个半径确定各龄级的位置，量测各龄级的直径（记 2 个直径的平均值。）

（五）其他项目的调查与观测

根据各标准地的具体调查目的可附加观测项。如树冠调查、近年生长量调查、枯落物量调查、照度调查、菌根调查、土壤水分及生理指标（蒸腾强度、光合效率等）测定、种间关系断面图的绘制等。

### 三、作业

计算标准地林分平均胸径、平均树高、蓄积量和年生产力等。

## Ⅲ. 森林经营教学实习

森林经营教学实习主要是通过现场参观、进行实际营林施工，使学生增强感性知识，验证课堂理论，掌握一定的生产技能。我国地域广大，森林类型丰富，营林条件各不相同，各个地区的学生必须根据自己地区的特点选择实习内容。

### 实习一　森林经营现场参观

#### 一、目的

通过森林经营现场参观对当地的森林经营类型、方法和技术有初步的了解，初步认识森林经营的对象，增加感性知识，为以后参加实际工作打下基础。

#### 二、要求

根据各地森林经营中所涉及的抚育采伐、主伐更新、次生林经营、封山育林的主要经营目的，选择不同类型的林场，确定相应的参观路线，参观路线最好有多条，应包括代表当地特点的森林经营典型林分或现场。参观时可依具体情况，选择1~2条路线供实习之用。

在每一参观地点，学生应认真听取教师和有关人员的介绍，并认真细致地观测现场工人的作业工序及工艺，仔细了解当地森林经营中主要考虑的问题和主要方法。在参观过程中要善于抓住可对比因素，找出不同经营方式下林分生长产生差异的原因。对于一些典型林分还要做人工林标准地调查，并进行林木生长的对比，以便更深入地分析森林经营的经验教训。

#### 三、内容

1. 森林经营林分和现场选择

所选择经营林分和现场应能够代表当地森林经营特点，并涵盖抚育采伐、主伐更新、次生林经营、封山育林等主要森林经营方式和类型。

2. 抚育采伐参观内容

对比相同立地条件下经抚育采伐和未经抚育采伐同类林分树木的生长情况、林相特点，以了解抚育采伐的目的和意义。如为现场参观，则应了解抚育采伐的几个主要技术要素（抚育采伐起始期、抚育采伐强度、抚育采伐重复期、抚育采伐的选木）确定的原则和方法。

3. 主伐更新参观内容

通过参观主伐更新的现场，对当地主伐更新的主要方法有系统的认识，并对采伐方式的特点，各技术要素确定的原则和方法有深入的了解，尤其是对采伐迹地更新中的问题应做主要了解，必要的话要进行各采伐迹地更新情况（幼苗、幼树数量和生长情况）的调查。

4. 次生林经营参观内容

通过参观了解当地次生林的主要类型和特点，并深入了解当地次生林经营和改造的方法及技术特点。

5. 封山育林参观内容

通过参观了解当地封山育林采取的主要方式和特点。

### 四、作业

参观结束后每人撰写一份实习报告。报告应包括参观森林经营类型的基本特点、经营技术的确定原则和方法，对参观经营林分的评述以及体会等。

## 实习二　森林抚育采伐技术

### 一、目的

通过参与森林抚育采伐技术的实际作业，对森林的自然稀疏特点、林木分级方法、抚育采伐类型和技术有较为深刻的认识。

### 二、要求

熟悉林木分级的方法，初步了解抚育采伐的几个主要技术要素（抚育采伐起始期、抚育采伐强度、抚育采伐重复期、抚育采伐的选木）确定的原则。

### 三、内容

1. 抚育采伐试验林的选择

结合当地实习林场实际作业情况，选择能够代表当地特点的林分，最好为密度较大、树木分化较为显著的林分。

2. 抚育采伐标准地调查和林木分级

在抚育采伐试验林的典型地段设置标准地进行每木调查，填写每木调查表（实习表5），并采用克拉夫特分级法对林木进行分级，具体分级标准见本书第四章第三节。采用当地的材积表计算林地蓄积量。

实习表 5　每木调查表

树种：　　　　　　　　　　　　　　　　　　　　　　　　标准地号：＿＿＿＿＿

| 树号 | 林层 | 胸径 | | 生长状况（生长级） | 备注 |
|---|---|---|---|---|---|
| | | 留存木 | 采伐木 | | |
| | | | | | |

调查日期：　　　　　　　　　调查员：

3. 抚育采伐强度确定

本次实习采用定性方法确定抚育采伐强度。

（1）按林木分级确定抚育采伐强度：利用每木调查结果和克拉夫特分级法，确定抚育采伐强度。弱度抚育采伐：只砍伐Ⅴ级木；中度抚育采伐：砍伐Ⅴ级和Ⅳ$_b$级木；强度抚育采伐：砍伐全部Ⅴ级和Ⅳ级木。

（2）根据林分郁闭度确定抚育采伐强度：遵照《森林抚育规程》（GB/T 15781—2015）的规定，将过密的林木进行疏伐后，林分郁闭度会下降到预定的郁闭度，一般不低于0.7。

具体采伐强度结合生产单位要求确定，并用胸高断面积比和株数比2种方法表示。

4. 抚育采伐选木

根据本书第四章第三节中有关抚育采伐选木原则及采伐强度的内容确定采伐木和保留木。

5. 采伐实施

具体实施抚育采伐。

6. 后续调查

最好跟踪调查抚育采伐标准地，对比采伐前后树木生长和林地蓄积量的变化，理解抚育采伐的意义。

四、作业

整理抚育采伐标准地调查结果、林木分级方法、抚育强度确定方法、采伐作业程序、后续调查结果并撰写心得体会。

# 参 考 文 献

［1］梅莉，张卓文. 森林培育学实践教程. 北京：中国林业出版社，2014.

［2］刘勇. 林木种苗培育学. 北京：中国林业出版社，2019.

［3］孙时轩. 林木种苗手册（上册）. 北京：中国林业出版社，1985.

［4］翟明普，沈国舫. 森林培育学. 3 版. 北京：中国林业出版社，2016.

［5］盛伟彤. 中国人工林及其育林体系. 北京：中国林业出版社，2014.

［6］ASHTON M S, KELTY M J. The Practice of Silviculture：Applied Forest Ecology（10th Edition）. New Jersey：Wiley – Blackwell, 2018.

［7］齐明聪. 森林种苗学. 哈尔滨：东北林业大学出版社，1992.

［8］孙时轩. 造林学. 北京：中国林业出版社，1992.

［9］王九龄. 中国北方林业技术大全. 北京：科学技术出版社，1992.

［10］马履一. 林学概论. 北京：经济科学出版社，1998.

［11］吴增志. 植物种群合理密度. 北京：北京农业大学出版社，1996.

［12］沈国舫，翟明普. 混交林研究——全国混交林与树种间关系学术研讨会文集. 北京：中国林业出版社，1997.

［13］王斌瑞，王百田. 黄土高原径流林业. 北京：中国林业出版社，1996.

［14］孙长忠. 黄土高原荒坡径流生产潜力研究. 北京：林业科学，2000，36（5）：12 – 16.